陆海统筹水环境治理
技术、实践与成效

蓝文陆　雷　坤　熊建华　邓　琰 **著**

海洋出版社

2025 年·北京

图书在版编目(CIP)数据

陆海统筹水环境治理技术、实践与成效 / 蓝文陆等著. -- 北京 : 海洋出版社, 2025. 2. -- ISBN 978-7-5210-1496-9

Ⅰ. X143

中国国家版本馆 CIP 数据核字第 2025EC9999 号

责任编辑：吕宇波

责任印制：安 森

海洋出版社 出版发行

http://www.oceanpress.com.cn

北京市海淀区大慧寺路 8 号　邮编：100081

涿州市殷润文化传播有限公司印刷　新华书店经销

2025 年 2 月第 1 版　2025 年 2 月第 1 次印刷

开本：787 mm×1092 mm　1/16　印张：18.25

字数：336 千字　定价：168.00 元

发行部：010-62100090　总编室：010-62100034

海洋版图书印、装错误可随时退换

前　言

　　沿海地区的河口及近岸海域往往是人口最密集和经济最发达的地区，也是中国乃至世界上重要的经济带，处于社会经济发展的战略高地，因此沿海地区生态安全不管是对社会经济稳定繁荣，还是对人类生存发展都有着至关重要的意义。近几十年来，河口及其邻近海湾、近岸海域生态安全面临最首要的问题是氮磷等水质因子的严重超标所导致的富营养化。富营养化已成为全世界海洋面临的最大生态问题，严重影响了沿海地区的生态安全。河口海湾的水质超标及富营养化的治理修复至关重要，党中央、国务院高度重视沿海地区生态治理和修复。《中华人民共和国国民经济和社会发展第十四个五年规划和 2035 年远景目标纲要》要求"打造可持续海洋生态环境""加快推进重点海域综合治理，构建流域–河口–海湾–近岸海域污染防治联动机制，推进美丽海湾保护与建设"；《中共中央　国务院关于深入打好污染防治攻坚战的意见》明确"着力打好重点海域综合治理攻坚战""强化陆域海域污染协同治理"，这些部署为新时期沿海地区流域及海域污染治理和修复提供了基本遵循，指明了前进方向。已有研究表明，河口海湾的污染及富营养化归根到底是陆源污染的问题。因此，树立陆海统筹的系统理念，强化陆域海域污染的协同治理，是从根本上系统解决全流域和河口海湾生态环境问题的正确途径。

　　由于研究的局限性，流域和海域的研究学者往往重点聚焦于所研究的领域，淡水和海水、流域和海域在过去的研究中往往被割裂开来。进入 21 世纪后，我国的部分环境、生态学者开始着眼于流域–河口–海湾–近岸海域的物质输送、迁移转化等方面的研究，以及陆域、流域重大工程对近岸海域生态环境的影响，陆海统筹的初步理念萌生。但传统的海洋和陆域管理都是基于行政辖区的条块分割或要素行业的分割管理模式，流域上下游、左右岸、支干流以及海湾的周边、流域−海域的分割无法从流域−河口−海湾−近岸海域的整体性、系统性进行管理和治理，流域、河口及海湾的污染防治、富营养化治理、生态系统保护修复等成效不佳。

在我国，通过多年的生态环境治理实践，学者和管理者开始深刻认识到流域、陆海分割式管理的问题及后果，不断寻求解决之道。在进入"十二五"时期后，国家开始正式提出以陆海统筹为理念加强生态环境保护工作。尤其是党的十八大以后，山水林田湖草沙及海洋、从山顶到海洋等系统性观念不断深入人心，开始开展整体性、系统性陆海统筹生态环境治理研究。2018年国家新一轮机构改革后，将原海洋、水利、农业等部门的生态环境保护相应职能统一到生态环境部，由生态环境部统一行使我国不同要素、不同行业中的生态环境保护监管职能，打通了陆地和海洋的生态环境保护工作的关键节点，为有效实施和推广陆海统筹生态环境治理奠定了基础，使陆海统筹生态环境治理顺应了时代要求以及未来的发展趋势。

我国入海河流众多，大小河流约1 800条，仅长度超过100 km的河流就逾60条；我国沿海的海湾也众多，《中国海湾志》中有标准名称的大小海湾多达1 467个，面积大于10 km²的海湾约有150个。这些流域−海域的陆海统筹生态环境治理，急需一些成功案例进行借鉴参考。近年来，我国不断推动重点河口海湾的综合治理工作。2018年11月，生态环境部、国家发展和改革委、自然资源部联合印发了《渤海综合治理攻坚战行动计划》；2020年12月，全国人大常委会通过并颁布了《中华人民共和国长江保护法》；2021年10月，中共中央、国务院印发《黄河流域生态保护和高质量发展规划纲要》等，这些仍未能完全体现从山顶到海洋的陆海统筹系统治理，渤海攻坚战只局限于沿海省市，长江、黄河是主要考虑流域，但长江、黄河流域及渤海湾范围太大、系统太庞杂，其他流域−海域的治理经验较难直接借鉴。因此，一个中等尺度的流域−海域陆海统筹系统治理的成功实践就显得尤为重要。

在我国的北部湾，有一个典型的中等河流——南流江，其流域范围接近3 000 km²，干流长度接近300 km，其汇入的廉州湾面积约300 km²，不论是流域还是海域都跨越了市级行政区，为流域-海域陆海统筹系统治理提供了一个具有代表性的研究案例。近10年来，作者研究团队及所在单位在南流江-廉州湾开展了一系列污染防治、生态保护等相关研究，通过成果转化促进了广西北海市、钦州市及玉林市在该研究区域开展陆海统筹治理实践，并取得了显著成效。其中科研项目包括国家自然科学基金重点支持项目"北部湾陆海系统氮磷循环及其生态环境效应"（U23A2048），广西重大科技专项"北部湾陆海统筹环境监控预警与污染治理技术研发及示范"（桂科 AA17129001）和广西科技基地与人才专项"北部湾全流域生态治理集成技术研发高层次人才培养示范"（桂科 AD19110140），"河口-近海生态系统变异及环境污染调控技术在广西近岸海域的成果转化与合作研究"（桂科合 14125008-2-8）等；编制的规划方案包括《南流江重点流域"十三五"时期水污染防治建设规划》《南流江-廉州湾陆海统筹水环境综合整治规划（2016—2030）》《南流江-廉州湾陆海统筹水体污染防治总体实施方案》《北海市合浦县西门江老哥渡断面水体达标方案》《北海市合浦县南流江亚桥和南域断面水体达标方案》《北海市合浦县西门江水体污染防治总体实施方案》《玉林市南流江玉林-北海断面水体达标方案》等。这些规划方案也分别被广西壮族自治区政府、生态环境厅以及北海市、钦州市、玉林市及合浦县政府等部门印发或批复实施。规划方案的研究制定主要是在"十三五"时期的前期，通过5年左右南流江-廉州湾的具体治理实践，至"十三五"时期末以及"十四五"时期初，南流江-廉州湾的陆海统筹治理取得了很好的成效，为其他流域海湾的陆海统筹系统治理提供了一个较好的技术、实践及成效的参考。作者研究团队利用这些研究数据资料，结合治理实践及效果，围绕北部湾环境问题较突出的重点区域（廉州湾）以及汇入的南流江（含西门江）开展了陆海统筹环境治理系列研究。经过近10年坚持不懈的调查、研究、整理、分析和总结，编写了本书。

本书分为陆海统筹水环境治理技术方案、工程实践、成效评估三篇共13章，较为系统地介绍了以海定陆、从山顶到海洋的陆海统筹水环境系统治理和污染防治区域联防的技术方案、工程实践及成效评估等内容，能为立足生态系统完整性、生态环境保护体制机制改革等研究及具体流域-海域水环境综合整治提供参考，为其他流域河口海湾的研究与实践提供更好的借鉴。本书不仅适合高校、科研院所和企事业单位环境和生态领域科研人员参阅，也适合从事生态环境治理工程人员参阅。由于作者的学术水平有限，书中难免出现错漏，敬请专家学者批评指正。

本书是集体劳动的结晶，大部分的数据资料来源于广西壮族自治区生态环境厅、广西壮族自治区海洋环境监测中心站、广西壮族自治区生态环境监测中心及北海市、钦州市和玉林市相关部门，以及广西博世科环保科技股份有限公司。本书出版获得了广西重点研发计划"典型河口海湾生态环境评估体系与水质实时预报关键技术研究"（2024AB23015）、"北部湾流域—海湾氮磷污染源解析关键技术研发与应用示范"（桂科 AB24010128 ）和广西科技基地和人才专项"北部湾海洋生态环境广西野外科学观测研究站科研能力建设"（桂科 23-026-271）等项目的资助。在研究过程中也得到了上述相关科研项目、规划方案等项目组、编制组成员的鼎力支持，尤其是得到了广西壮族自治区环境保护科学研究院陈志明教授级高工和黄喜寿高级工程师等在流域调查及治理技术方案研究中的帮助，中国环境科学研究院邓义祥博士和孟庆佳博士在治理技术方案、总量分配等研究中的帮助，在此表示衷心的感谢！特别感谢广西壮族自治区生态环境厅、广西壮族自治区海洋环境监测中心站的领导及全体同仁给予的大力支持和帮助。

蓝文陆

2025 年 1 月

目　　录

第一篇　陆海统筹水环境治理技术方案

第二篇　陆海统筹水环境治理工程实践

第三篇　陆海统筹水环境治理成效评估

第一篇

陆海统筹水环境治理技术方案

第1章 研究区域概况

1.1 研究范围及单元划分

1.1.1 研究区域范围

我国入海河流众多，除了众所周知的长江、珠江、黄河、淮河等大江大河之外，还有大小入海河流约 1 800 条，仅河流长度超过 100 km 的河流逾 60 条。这些入海河流直接汇入我国沿海海域或海湾，对近岸海域和河口海湾的水质有着直接的影响甚至决定作用。我国沿海的海湾也众多，《中国海湾志》中有标准名称的大小海湾多达 1 467 个，面积大于 10 km^2 的海湾约有 150 个。近年来，我国不断推动重点河口海湾的综合治理工作，如长江、黄河等大流域的生态环境保护，以及从山顶到海洋的陆海统筹系统治理。大流域不仅流域范围太广、系统过于庞杂，而且需要跨省进行协调，因此真正实现从大流域源头–流域–河口–近海的陆海统筹治理难度过大，而此时一个中小尺度的流域–海域陆海统筹、协同治理的成功实践案例就显得尤为重要。

本研究选择了一个非跨省的中小流域和海湾——南流江流域–廉州湾，开展先行先试的示范研究与实践探索，技术要点主要适用于沿海地级市及沿海省级行政区内跨地级市的流域–海域范围内的协同治理，流域范围跨沿海省级行政区的大江大河陆海统筹治理与管控亦可参考。

南流江古称合浦水或廉江，位于广西壮族自治区东南部。广西南部独流入海河流中，南流江流程最长、流域面积最大、水量最丰富。廉州湾位于北部湾西北部，是南流江汇入北部湾的入海海域。

南流江发源于北流市新圩镇大容山南侧，自北向南流经玉林市的北流市、玉州区、福绵区、博白县，钦州市的浦北县、灵山县、钦南区，北海市的合浦县以后，在合浦县党江镇汇入廉州湾。南流江干流全长约 290 km，流域面积约 9 500 km²，属于中等大小的河流。南流江干、支流跨越玉林、钦州、北海 3 个地级市 10 个县（区、市），合浦县党江水闸以下属感潮河段。流域全境地理坐标位于 20°38′—23°07′N，109°30′—110°53′E。

廉州湾位于广西北海市北侧，湾口朝西半开放，呈半圆状。口门南起北海市冠头岭，北至合浦县西场高沙，海湾口门宽约 17 km，海湾面积约 190 km²，其中滩涂面积约 100 km²，该湾大部分区域水深较浅，仅在北海市冠头岭至外沙沿岸形成一条潮流深水槽。流入廉州湾的河流最主要是南流江，还有七星江等。西门江原属南流江的一个重要入海支流，有水道跟南流江沟通，因此在本研究中将西门江作为南流江流域的一部分。在"十一五"和"十二五"期间，随着沿海地区和南流江流域工农业生产的迅速发展，大量工业、生活污水污物排入廉州湾，导致廉州湾水质状况日趋恶化，多次有赤潮发生，海湾生态系统质量明显下降，急需从根本上开展综合治理工作。

本研究范围内共有 3 个地级市，分别为玉林市、钦州市和北海市。县级行政区分别为玉林市的北流市、兴业县、玉州区、福绵区、陆川县、博白县，钦州市的浦北县、灵山县、钦南区，以及北海市的合浦县和海城区，共 11 个县（区、市），83 个乡镇和街道，其中玉林市 48 个镇（街道），钦州市 18 个镇（街道），北海市 17 个镇（乡、街道）（表 1-1）。研究范围总面积约 1 万 km²，占 3 个地级市总面积的 47%，约占广西全区陆域面积的 4%。

表 1-1　研究范围的行政区分布

地级市	县（区、市）	乡镇和街道
玉林市	北流市	塘岸镇、大里镇、新圩镇（北流）、西埌镇
	兴业县	大平山镇、葵阳镇、龙安镇、石南镇、卖酒镇、小平山镇
	玉州区	南江街道、城西街道、玉城街道、名山街道、城北街道、仁厚镇、仁东镇、茂林镇、大塘镇
	福绵区	沙田镇、石和镇、樟木镇、新桥镇、成均镇、福绵镇
	陆川县	沙湖镇、米场镇、马坡镇、平乐镇、珊罗镇
	博白县	新田镇、菱角镇、东平镇、凤山镇、沙河镇、旺茂镇、顿谷镇、黄凌镇、江宁镇、三滩镇、亚山镇、那林镇、水鸣镇、博白镇、径口镇、永安镇、浪平镇、双凤镇
	小计	48 个

地级市	县(区、市)	乡镇和街道
钦州市	浦北县	泉水镇、石埇镇、安石镇、张黄镇、大成镇、白石水镇、小江街道、江城街道、龙门镇、北通镇、三合镇、平睦镇、福旺镇
	灵山县	新圩镇(灵山)、檀圩镇、文利镇、武利镇
	钦南区	那思镇
	小计	18个
北海市	合浦县	星岛湖镇、曲樟乡、西场镇、党江镇、廉州镇、沙岗镇、石康镇、石湾镇、乌家镇、常乐镇
	海城区	地角街道、西街街道、驿马街道、海角街道、中街街道、东街街道、高德街道
	小计	17个
合计		83个

1.1.2 控制单元划分

根据流域内的支流分布情况和行政区划边界,将本研究范围划分为18个控制单元,分别为车陂江、清湾江、塘岸河、丽江、干流福绵陆川段、绿珠江、水鸣河、干流博白北段、干流博白南段、东平河、武利江、张黄江、马江、干流浦北段、洪潮江、干流合浦段、合浦廉州湾区、海城廉州湾区。

南流江-廉州湾流域控制单元划分清单及与行政区的对应关系见表1-2。

表1-2 南流江-廉州湾流域控制单元划分

编号	控制单元	地级市	县(区、市)	乡镇和街道
1	车陂江	玉林市	兴业县 福绵区	大平山镇、葵阳镇、龙安镇、石南镇、卖酒镇、小平山镇 成均镇、福绵镇
2	清湾江	玉林市	北流市	大里镇
			玉州区	城西街道、玉城街道、名山街道、城北街道、仁厚镇、仁东镇、大塘镇
3	塘岸河	玉林市	北流市	新圩镇(北流)、西埌镇
			玉州区	南江街道、茂林镇
4	丽江	玉林市	北流市	塘岸镇
			福绵区	新桥镇
			陆川县	米场镇、马坡镇、平乐镇、珊罗镇
5	干流福绵陆川段	玉林市	福绵区	沙田镇、石和镇、樟木镇
			陆川县	沙湖镇

续表

编号	控制单元	地级市	县（区、市）	乡镇和街道
6	绿珠江	玉林市	博白县	浪平镇、双凤镇
		钦州市	浦北县	平睦镇
7	水鸣河	玉林市	博白县	水鸣镇、永安镇
8	干流博白北段	玉林市	博白县	旺茂镇、黄凌镇、三滩镇、亚山镇、博白镇、径口镇
9	干流博白南段	玉林市	博白县	菱角镇、沙河镇、顿谷镇
10	东平河	玉林市	博白县	新田镇、东平镇、凤山镇
11	武利江	钦州市	浦北县	大成镇、白石水镇、北通镇、三合镇
			灵山县	新圩镇（灵山）、檀圩镇、文利镇、武利镇
12	张黄江	钦州市	浦北县	张黄镇、龙门镇
13	马江	玉林市	博白县	江宁镇、那林镇
		钦州市	浦北县	小江街道、江城街道、福旺镇
14	干流浦北段	钦州市	浦北县	泉水镇、石埇镇、安石镇
15	洪潮江	钦州市	钦南区	那思镇
		北海市	合浦县	星岛湖镇
16	干流合浦段	北海市	合浦县	曲樟乡、党江镇、石康镇、石湾镇、常乐镇
17	合浦廉州湾区	北海市	合浦县	西场镇、廉州镇、沙岗镇、乌家镇
18	海城廉州湾区	北海市	海城区	地角街道、西街街道、驿马街道、海角街道、中街街道、东街街道、高德街道

1.1.3　控制片区划分

在控制单元的基础上，为更精准分解治理责任，结合自然特征和行政区划特点，又将南流江-廉州湾分为 6 个片区，分别为玉林北片区、福绵片区、博白北片区、博白南片区、浦北合浦片区和廉州湾片区。

6 个片区划分清单和所对应的行政区、控制单元情况见表 1-3。玉林北片区的控制单元有车陂江、清湾江和塘岸河；福绵片区的控制单元有丽江和干流福绵陆川段；博白北片区的控制单元有绿珠江、水鸣河和干流博白北段；博白南片区的控制单元有干流博白南段和东平河；浦北合浦片区的控制单元有武利江、张黄江、马江、干流浦北段、洪潮江和干流合浦段；廉州湾片区的控制单元有合浦廉州湾区和海城廉州湾区。

表1-3 南流江-廉州湾流域6个片区的划分

序号	片区	控制单元	地级市	县(区、市)	镇名
1	玉林北片区	车陂江	玉林市	兴业县	大平山镇、葵阳镇、龙安镇、石南镇、卖酒镇、小平山镇
			玉林市	福绵区	成均镇、福绵镇
		清湾江	玉林市	北流市	大里镇
			玉林市	玉州区	城西街道、玉城街道、名山街道、城北街道、仁厚镇、仁东镇、大塘镇
		塘岸河	玉林市	北流市	新圩镇(北流)、西埌镇
			玉林市	玉州区	南江街道、茂林镇
2	福绵片区	丽江	玉林市	北流市	塘岸镇
			玉林市	福绵区	新桥镇
			玉林市	陆川县	米场镇、马坡镇、平乐镇、珊罗镇
		干流福绵陆川段	玉林市	福绵区	沙田镇、石和镇、樟木镇
			玉林市	陆川县	沙湖镇
3	博白北片区	绿珠江	玉林市	博白县	浪平镇、双凤镇
			钦州市	浦北县	平睦镇
		水鸣河	玉林市	博白县	水鸣镇、永安镇
		干流博白北段	玉林市	博白县	径口镇、亚山镇、旺茂镇、三滩镇、黄凌镇、博白镇
4	博白南片区	干流博白南段	玉林市	博白县	菱角镇、沙河镇、顿谷镇
		东平河	玉林市	博白县	新田镇、东平镇、凤山镇
5	浦北合浦片区	武利江	钦州市	浦北县	大成镇、白石水镇、北通镇、三合镇
			钦州市	灵山县	新圩镇(灵山)、檀圩镇、文利镇、武利镇
		张黄江	钦州市	浦北县	张黄镇、龙门镇
		马江	玉林市	博白县	江宁镇、那林镇
			钦州市	浦北县	小江街道、江城街道、福旺镇
		干流浦北段	钦州市	浦北县	泉水镇、石埇镇、安石镇
		洪潮江	钦州市	钦南区	那思镇
			北海市	合浦县	星岛湖镇
		干流合浦段	北海市	合浦县	曲樟乡、党江镇、石康镇、石湾镇、常乐镇
6	廉州湾片区	合浦廉州湾区	北海市	合浦县	西场镇、廉州镇、沙岗镇、乌家镇
		海城廉州湾区	北海市	海城区	地角街道、西街街道、驿马街道、海角街道、中街街道、东街街道、高德街道

1.2　研究区域自然环境状况

1.2.1　南流江流域自然环境状况

南流江流域属典型的南亚热带季风气候,气候温暖,冬短夏长,最冷是1月,最热是7—8月。南流江流域土地肥沃,四季适宜农作物生长,为农业生产提供良好的基础条件。粮食作物以水稻为主,玉米、红薯、大豆次之;经济作物主要有甘蔗、花生、蚕桑、芝麻、烤烟、黄红麻及亚热带水果;林业有天然林、速生桉树林以及经济果林。

受海洋暖湿气候的影响,南流江流域年径流分布极不均匀,60%~80%集中在汛期5—9月,年际丰枯变化大。流域多年平均降雨量为1 400~1 760 mm,略高于广西多年平均降雨量(1 533 mm)。

1.2.2　廉州湾自然环境状况

廉州湾位于广西海岸中部,北海半岛北面,由北海半岛西南端冠头岭岬角至大风江口东岸大木城村连线与沿岸围成,湾口朝西半开放,呈半圆状,海湾口门宽约17 km,全海湾岸线长约72 km,面积约190 km²。该海湾北面有广西最大的入海河流南流江汇入,为典型的河口湾。巨大的径流带来大量的入海泥沙,导致廉州湾内大部分区域水深较浅,滩涂面积约100 km²,仅在廉州湾南部的北海市冠头岭至外沙沿岸形成一条潮流深水槽,形成即北海港深槽区的航道,一般水深5~8 m,最大水深约10 m。

廉州湾潮汐类型为不正规全日潮,潮差大。平均涨、落潮流速分别约为6 cm/s、9 cm/s。潮汐特征值根据北海站1996—2004年验潮资料统计,该海区平均海平面0.38 m(黄海基面起,下同),最高高潮位为3.39 m,最低低潮位为-2.12 m,平均高潮位为1.68 m,平均低潮位为-0.82 m(图1-1)。多年平均潮差为2.46 m,最大潮差为5.36 m(表1-4)。

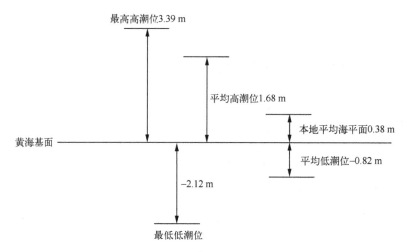

图 1-1   北海站潮汐特征值与黄海基面起算的高程关系（1996—2004 年）

表 1-4   北海站各月多年平均潮差和最大潮差及平均海平面（1996—2004 年）（单位：m）

	1 月	2 月	3 月	4 月	5 月	6 月	7 月	8 月	9 月	10 月	11 月	12 月	全年
平均潮差	2.54	2.21	2.17	2.36	2.57	2.66	2.57	2.34	2.39	2.46	2.55	2.47	2.46
最大潮差	5.30	4.58	4.75	4.49	4.91	5.13	5.24	4.93	4.66	4.74	4.85	5.36	5.36
平均海平面	0.29	0.27	0.30	0.32	0.36	0.41	0.41	0.41	0.39	0.51	0.47	0.38	0.38

1.3   人口和经济社会状况

1.3.1   人口状况

以乡镇和街道为单位，统计了 2015 年南流江-廉州湾流域人口分布。按照县（区、市）进行分类统计，研究范围内各县（区、市）的农业和非农业人口统计数量结果见表 1-5。根据表 1-5，2015 年，南流江-廉州湾流域范围内总人口为 529.21万，其中非农业人口 180.68 万，占总人口的 34%；农业人口 348.53 万，占总人口的 66%，表明了研究范围内仍以农业为主。

研究范围内，玉林市、钦州市和北海市的人口状况见图 1-2，从图中可看出，玉林市人口最多，总人口、非农业人口和农业人口分别占研究范围内各总人口的 61%、64% 和 60%；其次是钦州市，总人口、非农业人口和农业人口分别占研究范围内各总人口的 21%、6% 和 28%；北海市人口最少，总人口、非农业人口和农业人口分别占研究范围内各总人口的 18%、30% 和 12%。在研究范围内，北海市总人口为钦州市的 88%，但非农业人口却是钦州市的 4.8 倍，表明北海市的城镇化率最高，主要是因为在南流江入海口附近为合浦县的县城，同时在廉州湾的东南部为北海市的市区，是研究范围内城镇化相对集中的区域。

表 1-5 研究范围内的人口状况（单位：万人）

地级市	县（区、市）	总人口	非农业人口	农业人口
玉林市	北流市	25.04	7.42	17.62
	兴业县	33.44	12.05	21.39
	玉州区	65.76	40.89	24.87
	福绵区	43.13	13.87	29.26
	陆川县	31.47	7.08	24.39
	博白县	125.11	33.81	91.30
	小计	323.95	115.12	208.83
钦州市	浦北县	71.06	9.30	61.76
	灵山县	35.18	2.00	33.18
	钦南区	2.94	0.08	2.86
	小计	109.18	11.38	97.80
北海市	合浦县	58.66	21.38	37.28
	海城区	37.42	32.80	4.62
	小计	96.08	54.18	41.90
合计		529.21	180.68	348.53

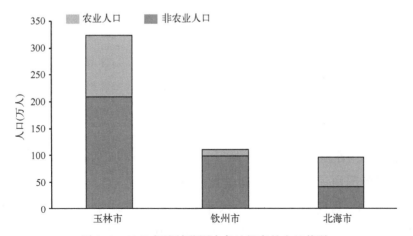

图 1-2 2015 年流域范围内各地级市的人口状况

1.3.2 社会经济状况

根据各地级市统计公报，研究范围所涉及的玉林市、钦州市和北海市 2015 年经济状况见表 1-6。总体而言，南流江流域涉及的广西三市经济总量较低，2015 年地区生产总值（GDP）总量为 3 282.6 亿元。

表 1-6 2015 年各地级市社会经济状况（单位：亿元）

地级市	GDP	第一产业	第二产业	第三产业
玉林市	1 446.12	258.92	635.83	551.37
钦州市	944.4	205.2	381.7	357.5
北海市	892.08	159.43	450.13	282.52
合计	3 282.6	623.55	1 467.66	1 191.39

根据各地级市历年来的社会经济发展情况，以及流域范围内县（区、市）农业用地、工业用地和居民用地面积比例，估算流域范围内的经济状况，具体见表 1-7。2015 年研究范围内的 GDP 总量为 2 063.95 亿元，约占所涉及的 3 个地级市行政区总 GDP 的 2/3。其中玉林市 GDP 最高，为 1 082.15 亿元，占 52.43%；其次是北海市，为 731.98 亿元，占 35.47%；钦州市为 249.82 亿元，占 12.1%，这与研究范围所涉及 3 个行政区的面积成正比。

表 1-7 2015 年研究范围内各地级市经济状况（单位：亿元）

地级市	GDP	第一产业	第二产业	第三产业
玉林市	1 082.15	158.22	499.06	424.87
钦州市	249.82	34.19	149.18	66.45
北海市	731.98	141.05	362.02	228.91
合计	2 063.95	333.46	1 010.26	720.23

研究范围内，各地级市第一、第二、第三产业增加值的分布情况见图 1-3。2015 年，流域范围内三次产业结构的比例为 16∶49∶35，同期全国平均水平为 9.0∶40.5∶50.5。与同期全国平均水平相比，该流域第一产业的比例相对较高，而第三产业的比例相对较低，表明该流域的农业占据重要的地位，相对落后于东部发达地区。

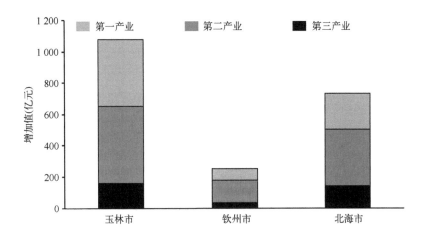

图 1-3　2015 年流域范围内各地级市的经济状况

1.3.3　经济社会发展趋势分析

1.3.3.1　人口发展情况

1）人口历年变化情况

流域涉及的 3 个市，2006—2015 年人口变化情况见表 1-8。从总人口的平均增长率来看，玉林市人口年均增长率最高，为 1.73%；钦州市第二，人口年均增长率为 1.66%；北海市人口年均增长率最低，为 1.56%。

表 1-8　2006—2015 年三市人口变化情况（单位：万人）

地区	2006	2007	2008	2009	2010	2011	2012	2013	2014	2015	年均增长率（%）
北海市	152.06	156.32	157.72	160.18	161.75	163.04	168.1	169.38	169.31	171.97	1.56
钦州市	348.56	356.00	364.51	371.2	379.11	382.62	391.7	396.52	402	404.10	1.66
玉林市	609.31	625.01	641.73	653.41	671.23	677.47	691.87	700.88	707.95	710.73	1.73

数据来源：三市统计年鉴及统计公报。

根据表 1-8，三市历年人口变化趋势如图 1-4 所示。玉林市是广西人口大市，也是研究范围所涉及 3 个市中人口最多的市，在 2015 年人口为 710.73 万，高于钦州市和北海市人口之和。在研究范围内，人口主要分布在玉林市，其次是钦州市，北海市最少。

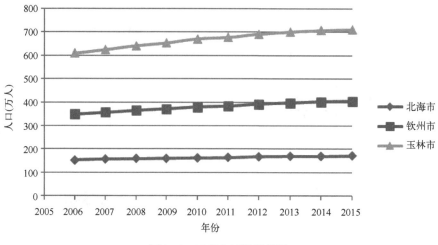

图 1-4　三市人口增长情况

2）城镇化率发展情况分析

流域涉及的广西 3 个市城镇化率都较低，2015 年的城镇化率为 37.0%～
55.3%，见表 1-9。城镇化率除北海市接近于全国的平均水平外，玉林市和钦州市
都低于全国平均水平，也低于广西平均水平，表明了研究范围内的城镇化率处于全
国和广西较低的水平，仍以农村为主。

表 1-9　2006—2015 年三市城镇化率

| 地区 | 人口（万人） | | | | | | | | | | 城镇化率（%） |
	2006	2007	2008	2009	2010	2011	2012	2013	2014	2015	
北海市	47.8	48.01	49.12	50.4	51.3	51.3	52.0	54.0	54.5	55.3	1.64
钦州市	27.5	30.7	32.8	33.96	35.5	37.5	38.4	35.3	36.1	37.0	3.47
玉林市	33.5	34.2	35.44	36.6	38.5	40.8	43.1	43.51	44.5	46.5	3.72
自治区	34.64	36.24	38.16	39.2	40.6	41.8	43.53	44.8	46.0	54.5	5.26
全国	43.9	44.94	45.68	46.59	49.68	51.27	52.57	53.7	54.8	56.1	2.77

流域涉及的 3 个市城镇化率变化趋势如图 1-5 所示。2009 年、2010 年、2011
年北海市均超全国平均水平，但 2010—2012 年增长缓慢，2013—2015 年逐步提高
但仍低于全国平均水平。钦州市、玉林市的城镇化率相对较低，与全国城镇化率差
距较大，但两市的城镇化率不断提高，尤其是玉林市在 2006—2015 年增长幅度较
大，从 33.5% 增长到 46.5%，逐步接近全国和广西的平均水平。

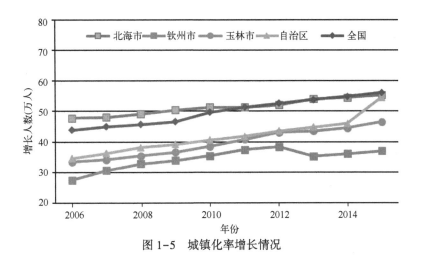

图 1-5　城镇化率增长情况

1.3.3.2　经济发展情况

"十一五"时期以来，南流江-廉州湾流域的北海市、钦州市和玉林市逐步发展成为集工业、畜禽养殖和林业为特色产业的城市，社会经济发展取得了令人瞩目的成就。2006—2015 年，三市经济一直保持良好发展势头，地区 GDP 增速加快，财政收入、工业、投资、消费、进出口等主要经济指标增速位于广西前列，成为拉动广西经济增长的重要引擎。

1）玉林市

2013—2015 年，玉林市 GDP、产业增加值、对经济贡献率的情况见表 1-10，玉林市的生产总值从 1 198.46 亿元增长到 1 446.12 亿元，呈不断上升态势。

表 1-10　玉林市 2013—2015 年经济发展状况

年份	GDP（亿元）	增长率（%）	第一产业			第二产业			第三产业		
			增加值（亿元）	增长率（%）	贡献率（%）	增加值（亿元）	增长率（%）	贡献率（%）	增加值（亿元）	增长率（%）	贡献率（%）
2013	1 198.46	10.0	243.83	4.2	7.8	526.62	13.8	65.1	428.01	7.8	27.1
2014	1 341.74	8.4	248.81	3.4	6.9	591.66	10.9	63.3	501.27	7.2	29.8
2015	1 446.12	8.9	258.92	1.4	2.5	635.83	11.1	61.7	551.37	9.4	35.8

玉林市第一、第二、第三产业结构情况见图 1-6。玉林市的三产结构以第二产业为主，其次为第三产业。2013—2015 年，第一产业的比重稍有下降，第三产业比重稍有增加，表明玉林市的产业结构正在调整。

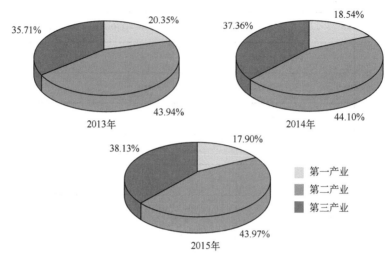

图 1-6　2013—2015 年玉林市三次产业结构情况

自 2006 年以来，玉林市生产总值（GDP）连续 10 年增长，其中在 2006—2010 年保持高增长的态势，2011—2015 年增长速度放缓。

2015 年玉林市农林牧渔业总产值 448.04 亿元，比 2014 年增长 2.1%。其中，农业产值比 2014 年增长 3.1%，林业产值比 2014 年下降 3.2%，畜牧业产值比 2014 年增长 0.4%，渔业产值比 2014 年增长 4.3%，农林牧渔服务业产值比 2014 年增长 10.3%。蔬菜种植面积 10.69 万 hm²，比 2014 年增长 3.17%；油料面积 1.68 万 hm²，比 2014 年增长 7.04%；生猪出栏 613.53 万头，比 2014 年下降 2.03%；家禽出栏 21 928.79 万羽，比 2014 年增长 2.09%。全部工业增加值 509.64 亿元，比 2014 年增长 10.9%。全市规模以上工业总产值 1 590.49 亿元，比 2014 年增长 10.1%；规模以上增加值 464.16 亿元，比 2014 年增长 11.3%。

2）钦州市

钦州市的 GDP 是研究范围内 3 个市中最低的市，2013—2014 年钦州市 GDP、产业增加值、对经济贡献率的情况见表 1-11。

表 1-11　钦州市 2013—2014 年经济发展状况

年份	GDP （亿元）	增长率 （%）	第一产业			第二产业			第三产业		
			增加值 （亿元）	增长率 （%）	贡献率 （%）	增加值 （亿元）	增长率 （%）	贡献率 （%）	增加值 （亿元）	增长率 （%）	贡献率 （%）
2013	753.75	7.9	181.77	4.6	12.3	316.85	10.3	63.6	255.13	6.3	24.1
2014	864.97	9.8	193.91	4.0	8.2	338.94	13.9	70.4	332.12	7.0	21.4

钦州市第一、第二、第三产业结构情况见图 1-7。与玉林市相似，钦州市的第二产业和第三产业比重较高，第一产业比重低于 40%，第二产业比重也比玉林市略低。

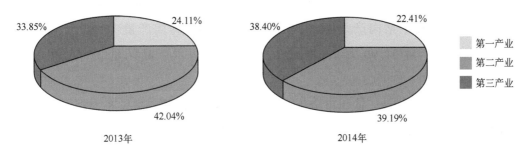

图 1-7 钦州市 2013—2014 年三次产业结构情况

2009—2014 年，钦州市生产总值不断升高，与玉林市的发展趋势相似，在 2009—2011 年保持着非常高的增长率，均高于 15%，但 2012—2014 年增长速度放缓。

2014 年，钦州市 GDP 为 864.97 亿元，同比增长 9.8%，增速全区排名第 3 位，增幅分别高于全区、全国 1.3 个、2.4 个百分点，比 2013 年提高 1.9 个百分点。第一产业增加值 193.91 亿元，增长 4%；第二产业增加值 338.94 亿元，增长 13.9%，其中工业增加值 250.57 亿元，增长 11.2%，建筑业增加值 88.37 亿元，增长 27.3%；第三产业增加值 332.12 亿元，增长 7%。三次产业对经济增长的贡献率分别为 8.2%、70.4% 和 21.4%，其中工业对经济增长的贡献率为 47%。

从三次产业贡献率看，2014 年钦州市的工业仍然是主动力。三次产业对经济增长的贡献率分别为 8.2%、70.4% 和 21.4%，其中工业对经济增长的贡献率为 47%，建筑业对经济增长的贡献率为 22.9%。与 2013 年相比，第一产业贡献率下降 4.1 个百分点；第二产业贡献率提高 6.8 个百分点，其中，工业贡献率提高 8.5 个百分点，建筑业贡献率下降 1.7 个百分点；第三产业贡献率下降 2.7 个百分点。从三次产业的构成看，经济结构不断优化，三次产业增加值的结构由 2013 年的 23.8∶37.2∶39 调整为 2014 年的 22.7∶39.6∶37.7，第一产业比重下降 1.1 个百分点，第二产业比重提高 2.4 个百分点，第三产业比重下降 1.3 个百分点。

2014年，钦州市实现农林牧渔业总产值314.36亿元，比2013年增长4.1%。其中农业产值145.52亿元，增长6.2%；林业产值22.67亿元，增长2.9%；畜牧业产值78.63亿元，增长0.3%；渔业产值61.85亿元，增长3.9%；农业服务业产值5.69亿元，增长17.0%。养殖业产品产量：全年肉类总产量30.34万t，比2013年减少1.6%，其中猪肉产量12.32万t，增长2%；禽肉产量16.63万t，减少5.0%。水产品产量51.90万t，增长2.5%，其中海水产品产量37.65万t，增长0.3%。

2015年，初步统计，钦州市全年GDP完成944.4亿元，增长8.4%；规模以上工业总产值完成1 373.9亿元，增长5.9%；财政收入完成162.2亿元，增长17.3%；固定资产投资完成810亿元，增长22.9%；港口吞吐量完成6 510万t；集装箱吞吐量完成94.2万标准箱，增长34%；外贸进出口总额58.3亿美元，增长9.2%；社会消费品零售总额333.5亿元，增长10%；城镇居民人均可支配收入27 281元，增长7.3%；农村居民人均可支配收入9 710元，增长9.2%。财政收入、固定资产投资增速分别排全区第一、第三位。

3）北海市

2015年，北海市GDP为892.08亿元，按可比价计算，增长11.4%，其中第一产业增加值为159.43亿元，增长3.2%；第二产业增加值为450.13亿元，增长13.3%；第三产业增加值为282.52亿元，增长11.4%。三次产业结构调整为17.9∶50.4∶31.7，与2014年相比，第一、第三产业分别提高0.2和2.5个百分点，第二产业回落2.7个百分点。三次产业贡献率分别为3.7%、68.8%和27.5%，分别拉动经济增长0.4、7.9和3.1个百分点。

2015年，北海市农林牧渔业生产完成总产值254.43亿元，实现增加值161.37亿元，产值增加值均增长3.5%，其中畜牧业生产完成产值33.28亿元，实现增加值14.45亿元，同比下降0.2%，比2014年半年降幅收窄0.97个百分点。渔业生产全年水产品产量106.35万t，同比增长2.3%；全年养殖量53.29万t，同比增长3.7%。

4）综合分析

2015年，南流江流域涉及的三市生产总值达3 282.6亿元，其中玉林市生产总值1 446.12亿元，名列三市首位，钦州市和北海市分别为944.4亿元和892.08亿元。

流域三市工业总产值呈稳步上升趋势，从三市生产总值的平均增长率来看，北海市居首，年均增长率为 18.1%，钦州市位居第二，年均增长率为 16.2%，玉林市为 14.9%。

1.3.3.3　重要产业发展现状

1）三市重要产业发展现状

流域三市重要产业对三市的经济贡献最大，是影响三市工业发展的关键因素。

2）北海市工业发展情况

北海市 2014 年全部工业累计完成产值 1 648.83 亿元，增长 22.1%；实现增加值 407.8 亿元，增长 20.5%。其中规模以上工业累计完成产值 1 597.86 亿元，增长 22.7%；实现增加值 388.4 亿元，增长 21.5%。

从增加值完成情况来看，北海市全年规模以上工业各行业中，增长较快的有以下行业：金属制品业增长 1 457.2%；酒、饮料和精制茶制造业增长 153.3%；通用设备制造业增长 130.3%；计算机、通信和其他电子设备制造业增长 44.1%；黑色金属冶炼和压延加工业增长 42%；石油和天然气开采业增长 20.5%；电气机械和器材制造业增长 19.2%。

北海市 2015 年规模以上工业企业共 180 家，实现主营业务收入 1 494.5 亿元，增长 22.2%；利税总额 136.91 亿元，下降 0.6%；应交增值税 57.05 亿元，增长 2.5%；利润总额 27.05 亿元，下降 15.2%；工业产品销售率 97.86%，较上年提高 1.04 个百分点。

3）钦州市工业发展情况

2014 年钦州市规模以上工业实现产值 1 291.44 亿元，增长 13.9%；实现增加值 222.03 亿元，增长 12.5%。产值和增加值增速全区均排第 4 位。

从轻重工业看，轻工业保持较快增长，重工业增长趋缓。轻工业实现增加值 74.76 亿元，增长 20.8%，重工业实现增加值 147.28 亿元，增长 9%。

从主要产业看，钦州市除电力产业外，其他产业保持较快增长。石化产业增加值 32.64 亿元，增长 16.3%；食品产业增加值 18.23 亿元，增长 9.4%；造纸与木材加工行业增加值 25.94 亿元，增长 37.1%；建材产业增加值 10.75 亿元，增长 18.6%；机械产业增加值 5.8 亿元，增长 94.6%；医药产业增加值 11.34 亿元，增长 19%；冶金产业增加值 18.8 亿元，增长 13.6%；纺织服装与皮革产业增加值

8.58 亿元，增长 11.7%；电力产业增加值 16.02 亿元，下降 2.8%。

钦州市 2015 年全年 GDP 完成 944.4 亿元，增长 8.4%，规模以上工业总产值完成 1 373.9 亿元，增长 5.9%；财政收入完成 162.2 亿元，增长 17.3%；固定资产投资完成 810 亿元，增长 22.9%；港口吞吐量完成 6 510 万 t，集装箱吞吐量完成 94.2 万标箱，增长 34%；外贸进出口总额 58.3 亿美元，增长 9.2%。

4）玉林市工业发展情况

玉林市的主要产业集中在通用设备制造业、非金属矿物制品业、农副产品加工业。其中，通用设备制造业 2013 年产值近 147.4 亿元，占整个工业产值的 12%；非金属矿物制品业 2013 年产值近 200 亿元，占比 16.3%。

玉林市 2015 年工业增加值 509.64 亿元，比 2014 年增长 10.9%。规模以上工业总产值 1 590.49 亿元，比 2014 年增长 10.1%；规模以上增加值 464.16 亿元，增长 11.3%。

1.3.3.4 工业园区布局与规模

1）北海市工业园区布局与规模

北海市南流江-廉州湾周边范围内的工业园区共有 3 个，分别是合浦工业园区、北海工业园区和北海出口加工区。北海工业园区被列入广西统筹推进的 25 个重点产业园区，合浦工业园区被列入广西 30 个产城互动试点园区。北海工业园区以现代产业为主导，与电子信息、汽车（机械）制造、食品药品等产业相结合，目前正以打造千亿元电子信息产业为目标。

2013 年北海出口加工区完成产值 180 亿元；北海工业园区完成产值 328 亿元；合浦工业园区全年完成工业总产值 80 亿元，与 2012 年相比增长了 22.5%。具体布局与规模见表 1-12。

表 1-12 研究范围内北海市工业园区布局与规模情况

区（县）	园区名称	面积（km²）	主导产业（现状）	产值（亿元）
海城区	北海工业园区	19.38	电子信息、食品药品、机械制造、新能源、新材料	328
海城区	北海出口加工区	1.45	电子信息	180
合浦县	合浦工业园区	18.47	热带水果深加工、机械制造、电子信息、食品药品、新能源、新材料	80

2）钦州市工业园区布局与规模

钦州市全市 2 区 2 县，各类园区 12 个，片区 22 个，总规划面积 351.09 km²。其中国家级园区 3 个，自治区级园区 4 个，自治区 A 类园区 3 个，市级园区 2 个。隶属于南流江-廉州湾流域内的工业园区有浦北县工业园区和灵山工业园区。

3）玉林市工业园区布局与规模

玉林市全市共有已获自治区备案的各类园区 11 个，分片区 26 个，总规划面积 193.65 km²。其中，自治区级 A 类园区 7 个，均位于南流江-廉州湾流域内，包括陆川县工业集中区、兴业县工业集中区、福绵服装工业区、玉柴工业园、玉林经济开发区、玉林市中医药健康产业园、博白工业集中区。其中，玉林市中医药健康产业园被列入自治区统筹推进的 25 个重点产业园区。

南流江范围内产值超 100 亿元的园区有玉柴工业园（370 亿元）、陆川县工业集中区（196.26 亿元）、博白工业集中区（113 亿元），廉州湾周边产值超 100 亿元的园区有北海工业园区和北海出口加工区。南流江流域内单位土地（按已开发利用工业用地面积计算）产值（按工业总产值）排名靠前的园区是福绵服装工业区、玉林经济开发区，2013 年产值分别达 52.389 亿元/ km²、39.741 亿元/ km²。

1.4　环境治理工作基础[①]

1.4.1　优化发展布局，推进产业升级

"十二五"期间，玉林、钦州和北海三市按照《广西北部湾经济区发展规划》《广西壮族自治区主体功能区规划》确定的区域功能定位及产业发展定位，厘清发展思路和方向，划定"生态红线"，对各地相关规划进行必要的修订和调整，优化区域产业类型、规模和布局，推进结构调整，促进各地合理有序发展和产业集聚，加快形成各具特色的发展格局。

三市要求新建项目必须符合相关规划并与总量控制要求挂钩，有效控制新增污染物排放量，研究制定三市限制或禁止建设的产业项目"负面清单"，严格限制"两高"产业项目发展。

---

① 本书以"十二五"期间开展的实际治理工作作为本研究之前的工作基础。

1.4.2 加强陆源污染综合治理

1.4.2.1 逐步完善污水处理设施

"十二五"期间，广西加快沿海、沿江城乡生活污水垃圾处理设施建设。南流江流域城市污水管网和乡镇污水处理设施建设取得显著成效。到 2015 年，流域内县级以上的污水处理厂有北海市红坎污水处理厂、合浦县城污水处理厂、浦北县城区污水处理厂、灵山县城区污水处理厂、玉林市污水处理厂、玉林市污水处理厂二期、博白县城区污水处理厂和兴业县城污水处理厂。所有县级以上城市均已建成了污水处理厂，城镇生活污水处理能力达 53 万 t/d，玉林市和北海市驻地污水处理率达 85%，县城污水处理率达 75%。

"十二五"末期，广西推进镇级污水处理设施建设的力度明显加强。广西出台了镇级污水处理厂的财政支持政策，并大力推广公共私营合作制（PPP 模式），广泛利用社会资金，初步编制了《"十三五"全区镇级污水处理设施建设运营实施方案》，提出了镇级污水处理厂的资金支持办法。目前区财政已经筹措资金，对每个镇给予 1 000 万元的补助，区财政将对项目给予为期 3 年、额度为正常运行费用1/3 的运营补助，对采取 PPP 模式的，还在 1 000 万元的基础上增加 10%作为以奖代补奖励。同时，将建立镇级污水处理费征收体系，确保已建成的镇级污水处理设施稳定正常运行；推进运营管理体制改革，鼓励整县推进，吸引社会资本以 PPP 参与镇级污水处理设施建设、运营和管理。到 2015 年，玉林市的西埌镇、大平山镇、石南镇、成均镇、福绵镇、马坡镇、博白镇，钦州市的张黄镇、新圩镇、檀圩镇，北海市的西场镇、廉州镇、石康镇，共 13 个镇完成了污水处理厂的建设，占流域内乡镇总数（不含街道）的 25.7%。

1.4.2.2 强化养殖污染防治

"十二五"期间，流域内三市依据环境承载能力和养殖污染防治要求，编制养殖业发展规划，合理确定了养殖品种、规模、总量，明确了养殖污染防治目标、任务、重点区域，在流域内初步开展了划定禁养区、限养区的工作，引导养殖业合理布局，落实污染防治与污染物综合利用措施。

对规模化畜禽养殖项目环境设置了更为严格的准入门槛，要求新建规模化养殖场必须落实污染防治要求，配套建设废弃物综合利用和污染治理设施，提高畜禽粪便综合利用率，对达不到环保要求的规模化畜禽养殖场（区）集中开展清理整顿行动。

有序推广高架网床等清洁养殖模式，加大养殖栏舍、池塘标准化改造力度，引导养殖户采用干清粪、清污分流、沼气池等污染治理措施，减少污染物排放。积极发展生态健康养殖，加强种养结合，优化种养生产结构，推进养殖业生态化转型，提高养殖粪污资源化利用比重。到 2015 年年底，流域内 80% 的规模化畜禽养殖场已配套建设规范的污染治理设施或废弃物处理利用设施。

1.4.2.3　强化农村环境综合整治

2013 年以来，广西壮族自治区党委、政府作出了"美丽广西"乡村建设活动的决定。广西壮族自治区以"清洁乡村""生态乡村"建设为平台，以实施农村环境综合整治项目为抓手，大力推进农村环境保护工作，全区农村生产、生活和生态环境得到很大改善。南流江流域是广西"美丽乡村"建设活动和农村环境综合整治工作的重点区域之一。

"十二五"期间，玉林、钦州和北海市均在南流江流域实施了农村环境治理项目。整治后的村庄生活污水、畜禽养殖污染得到有效治理，村庄环境明显改善，有效改变了过去村庄普遍存在的污水横流、垃圾乱堆现象，群众饮水安全得到保障，农村环境管理体制机制初步建立，农村环保管理能力得到加强。

1.4.2.4　强化工业企业监管与污染控制

严格监控重点企业污染防治设施的运行，确保达标排放。开展重点行业环境隐患排查整治专项行动，坚决关停、取缔不符合环保要求的落后生产企业，严厉查处环境违法行为。各类园区污水集中处理设施配套明显加强。

重点加强对工业园区内项目环评执行情况的检查。严格执行环境影响评价和环境保护"三同时"制度，加大对园区重大开发建设项目的环境监管力度，使之与近岸海域环境功能区划、海洋功能区划和环境保护规划相协调。

对市工业园区内的水产品加工厂等企业、生活和工业排污口进行拉网式摸底调查。督促有关企业严格实行雨污分流，提高污水收集处理率，确保园区企业污水管网覆盖率达 100%，污水不直接排入廉州湾。

加强了对直排入海工业企业、生活排污口的监督管理，北海市和玉林市制定了旧城区污水管网截流的工作方案，并分步实施。

把主要污染物排放总量指标作为环评审批的前置条件，严格执行建设项目主要污染物总量指标审核，严控工业项目新增排放量。督促各市合理确定新增城镇人口增长目标，使城镇化水平与污水处理设施及配套管网建设情况相匹配。

1.4.2.5　强化城镇生活垃圾收集和处理

截至 2015 年年底，南流江流域的各市（县、区）都已经建有垃圾无害化处置场，包括玉林市垃圾无害化处理厂、博白县生活垃圾卫生填埋场、浦北县生活垃圾卫生填埋场和北海市白水塘生活垃圾处理厂，没有建设垃圾无害化处置场的兴业县和合浦县也分别依托玉林市垃圾无害化处理厂和北海市白水塘生活垃圾处理厂进行无害化处置，城市和县城建成区的生活垃圾基本上得到无害化处置。2015 年，流域内城市建成区垃圾处理场处理规模达 1 650 t/d、总库容达 935 万 m^3。

1.4.3　加强流域综合整治与海洋保护修复

1.4.3.1　开展入海河流环境综合整治

"十二五"期间，广西建立入海河流"河长"负责制，强化南流江、西门江等入海河流的整治。一是通过开展排污口定位等工作措施，查清排污口具体位置、设置时间、污水来源和排放量等情况；二是对河流沿岸外延 1 000 m 区域内的农业面源、规模化养殖场、生活污染源、工业污染源进行环境整治。经过综合整治，部分流域内支流水质明显好转，达到了水功能区水质标准。

1.4.3.2　加强红树林的保护和管理

北海市高度重视红树林的保护和管理工作，经充分调研和科学论证，先后出台了《北海市红树林保护管理规定》《北海市人民政府关于加强保护红树林资源的通告》；合浦县也先后印发了《关于坚决制止乱砍滥伐毁坏红树林的通知》《关于加强保护红树林资源的通告》等，廉州湾红树林基本得到保护，受破坏影响相对较低。

1.4.4　加强环保监管能力建设

1.4.4.1　严肃查处环境违法行为

"十二五"期间，广西不断加强环保监管，严格环境执法，立案查处未批先建、违法施工、超标排放等环境违法行为。加强饮用水水源地周边污染源的执法检查，制定饮用水水源地污染整治方案，将取缔排污口、搬迁污染源纳入重点工作。

1.4.4.2 加强环境应急处置能力建设

"十二五"期间，北海市引导两家获得专业资质的企业在港口水域内为船舶提供污染物接收和围油栏供应服务，分别按规范建立了小型溢油应急设备库，并落实了相关应急处理措施。建立涉海部门联席工作机制，为各市海上突发环境事件应急处置工作奠定了基础。

第2章　陆海统筹水环境治理技术要点

2.1　总体设计与技术路线

2.1.1　总体理念

　　陆海统筹治理是以生态系统完整性、河海水体连通性等为基础，秉承陆海统筹和系统治理的理念，来确定生态环境治理范围边界，而不是按照传统以行政边界"条块分割"确定治理范围。它强调要根据相互连通的流域-河口-海湾系统分布的空间范围划定治理边界，打破传统的行政区、流域和海域各自治理模式和边界。它需要各行政区、各区域、河流与海洋之间环境治理目标、任务、政策等相互联动、协调与统一，最终让区域整体生态环境得到有效改善并促进区域整体发展。

　　因此，陆海统筹治理从根本上讲是水环境的系统治理，更具体地体现了河海联动、从山顶到海洋、山水林田湖草沙及海洋的系统性保护和修复等系统观念。在流域-河口-海湾的系统中，河口作为流域的末端，海湾更是接纳了多个流域和沿海地区的水体及其所携带的物质包括污染物。因此近几十年来，河口及其邻近海湾、近岸海域生态安全最首要的问题是因氮磷等水质因子严重超标导致的富营养化等重大环境问题，富营养化已成为全世界海洋面临的最大生态问题，严重影响了沿海地区的生态安全。河口海湾的水质超标及富营养化的治理是陆海统筹治理的最主要目标，陆海统筹治理需要陆域、河流、河口和海域治理目标的相互协调、内在统一，因此首先需要基于河口海湾水质改善这个最主要目标来向河流和陆域上溯、逐级细化，明确海域、流域、支流、各控制单元甚至污染源的水质控制目标，以海定陆，约束倒逼汇入该海域的沿岸、流域和陆域等在内的整个区域的生态环境治理，达到涵盖陆海在内的区域生态环境和社会经济可持续发展的良性循环。因此，陆海水环境协同治理也是秉承着以海定陆、协调统一的目标导向理念，通过推进重点流域和海域综合性系统治理，构建流域–河口–海湾–近岸海域污染防治的河海联动机制，推进美丽河湖和美丽海湾的保护与建设工作。

陆海统筹治理是我国水环境治理从重点攻坚到全面治理的重要转变，更是科学治污和精准治污的重要途径，为建设美丽中国提供水环境治理领域的方案和技术途径。如前所述，我国地表水和海洋生态环境最主要的问题是部分入海河流和河口海湾水质超标及其带来的赤潮、绿潮风险以及对红树林、海草床等重要生态系统的损害，归根到底是流域和沿海陆源污染物输入所致。陆海统筹治理就是以这个最主要的问题为导向，但又摒弃了传统头痛医头、脚痛医脚的做法，通过陆海一体化制定内在统一的治理目标，海域–流域、下游–上游顺藤摸瓜式地全面系统调查、溯源摸清污染问题和来源，然后以海定陆、逐级细化，科学计算确定各控制单元、污染源的污染物允许排放总量和治理任务措施，达到科学治理和精准治理目标，实现对全流域及其汇入的河口海湾的全面治理，进而从根本上改善河口海湾水质并恢复生态环境。

2.1.2　设计原则

陆海统筹，海陆兼顾。秉承"从山顶到海洋"的理念，坚持陆海统筹、海陆兼顾、山水林田湖草沙及海洋和海洋系统治理，按照"陆海一体化"水污染控制思路，将流域和河口海湾作为统一的整体，综合考虑流域控制断面和海域水质改善的需求，统筹流域和河口海湾污染防治工作。以海域水质目标和流域水质目标为约束，倒逼流域污染负荷削减，优化治理任务和工程项目设置。

分区控制，细化落地。建立流域水生态环境分区管理体系，以流域汇水关系为基础，划分污染控制片区和控制单元，建立控制单元污染负荷与地表水和近岸海域水质之间的响应关系，将污染负荷削减和工程措施细化落实到控制单元上，明确流域内各行政区污染防治责任，实施流域和沿海地区的精细化管理。

综合治理，协同推进。针对流域海域环境问题的特点，将污染防治与生态修复相结合、工程手段与管理措施相结合，多措并举、部门联动、协同推进，促进流域–海域水环境质量的根本改善。

创新机制，强化监管。创新流域、海域水环境保护联动与协调机制，在流域水环境联合监测、畜禽养殖污染控制、联合执法、应急联动等方面，加强协调配合、定期会商、信息共享，提升流域和近岸海域水环境监督管理效能。

2.1.3　总体框架

以陆海统筹推进重点海域水质改善为目标，按照"目标导向、问题识别、污染溯源、统筹分配、协同治理、成效评估"的思路，提出流域-河口-海湾范围内主要污染物协同控制的方案、技术和政策等，为入海流域和沿海地区因地制宜开展陆海统筹治理提供技术支撑。总体技术框架见图2-1。

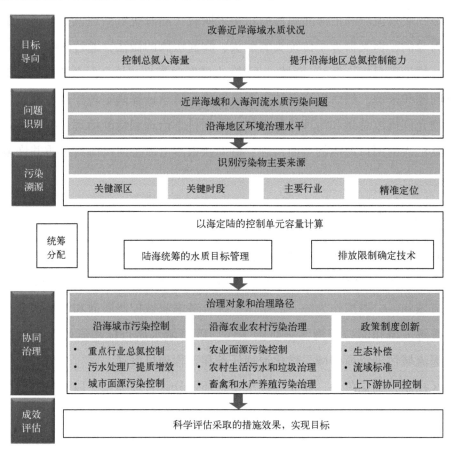

图2-1　主要技术框架

首先，确定近岸海域水质状况的改善目标，以目标为导向，需要对近岸海域及其汇入的周边沿海地区、入海流域开展系统调查，确定海湾及流域的水质问题，明确其治理需求。综合区域内河口海湾水质、政府民众的要求、污染物来源等情况，分析特定河口海湾的治理需求，明确需要治理的河口海湾及其汇水的范围，准确掌握海湾及其汇水区范围内的各个流域的环境问题。结合海域和流域调查的结果，以及入海河流、主要污染源的入海通量等，明确需要治理问题的类型、分布、潜在来源及其主要影响等问题的特征，并结合环境质量考核、环境功能区、生态需求等分析环境问题与要求的差距。同时结合社会调查的结果，掌握区域社会环境特征，以及区域已开展的环境治理基础及不足，诊断环境问题的原因，准确掌握问题所在并确定治理的方向。

其次，在确定所需治理的环境问题基础上，根据汇入海湾的沿海、流域内的支流分布情况和行政区划边界等，将汇水范围科学合理地划分为若干控制单元，并开展系统调查，根据区域、数据基础、技术等选择适用的方法，以海湾河口的环境问题为导向，追因溯源，识别主要污染物的关键源区、关键时段、主要行业并尽可能地精准定位。

再次，以海湾环境质量达标为目标，构建流域-河口-海湾的相互协调、内在统一的水质治理目标，通过数学模型研究海域的污染物环境容量以及生态承载力等可量化关键参数，计算出海岸带及陆域、流域及控制单元的主要污染物环境容量、污染负荷允许排放总量等关键控制目标，并逐级分解细化，确定各流域、控制单元及污染源的允许排放污染物总量，以海定陆确定各级控制单元的治理目标机制。

然后，结合陆海统筹治理目标以及当前治理差距，采取海域生态环境质量达标的目标导向和主要污染源达标控制的问题导向相结合的方式，针对不同行业、控制单元和污染源研究有针对性的治理措施，科学制定治理路线图和时间表，强化科学决策与系统施治，全面涵盖污染减排、环境承载力提升和水生态修复等措施，并创新制度和政策，落实长效性的陆海统筹治理机制。

最后，科学评估所采取措施的效果，基于总量分配的结果进行比较，分析其治理成效是否已达到了所分配的目标要求，再进行优化。通过若干时间的实践，评估陆海统筹治理的成效，并与所需解决的环境问题和治理目标进行比较分析，评估是否达到了预期目标，如未达到，则需再对环境问题进行系统调查、溯源和重新科学制定治理任务和措施，不断改善陆海生态环境，最终实现建设美丽河湖、美丽海湾的目标。

2.2　陆海主要污染问题识别

2.2.1　现状调查与分析

1）近岸海域水质状况

基于近岸海域水质监测数据，开展近岸海域不同水期和年均海水水质类别评价，明确水质优良（Ⅰ类、Ⅱ类）和超标（超Ⅱ类水质标准以及超环境功能区水质要求）的水体分布范围、所占比例，以及影响水质类别的主要因子。

2）污染源基本情况

综合考虑陆域和近岸海域主要污染物排放源，重点就入海河流流域范围内的种植业化肥农药施用、畜禽养殖粪污处置利用、主要污染物固定污染源排放量等，以及沿岸面源、入海排污口和沿海陆域及近岸的海水养殖区等进行调查，掌握污染源的时空分布特征。

3）入海河流基本情况

开展资料收集与现场调查，梳理入海河流水系结构和水文特征，明确河流的流域范围、水系结构、河流长度、流域面积、河网密度等基本信息；收集流域水文数据，掌握河流流量、流向、水位、径流量等基本情况。

4）河流水质污染问题分析

针对国控、省控、市控、县控等入海河流监测断面，开展主要污染物浓度年际、年内变化特征，以及上游到下游沿程变化趋势等分析，识别高浓度区域和发生时段。对于跨市界、跨省界的入海河流，还应注重分析上游入境断面的主要污染物浓度水平和变化；对于闸控河流，应掌握闸泵调度的原则和规律，分析闸控河流主要污染物时空变化规律。

5）河流入海污染物通量分析

基于入海河流水质和入海径流量数据，测算入海河流的主要污染物入海通量，开展河流入海污染物通量变化规律分析。

6）入海河流与近岸海域水质响应关系分析

识别入海河流与近岸海域水质之间的响应关系。

2.2.2　水质目标与存在差距

对标近岸海域水质改善要求和入海河流主要污染物浓度控制目标，分析海域和河流水质超标区的分布、主要超标因子以及严重程度等，并研判与水质管理要求存在的差距。对于制定河流上游至入海沿程控制断面水质目标的，需分析各断面水质现状及与目标存在的差距。基于环境质量改善的环境管理需求，通常海域的水质管理目标为第二类海水水质标准，河流则为第Ⅲ类水质要求，因此以调查的水质现状与上述要求进行比较，分析差距和问题。

有条件的地区可综合近岸海域水质、入海河流水质、河流入海污染物通量结果，建立陆域污染物排放量与河流入海断面水质、入海污染物通量，以及近岸海域水质之间的定量响应关系。在此基础上，基于近岸海域水质改善要求和主要污染物污染来源分析结果，更精确地掌握主要水质问题、原因以及差距。

2.3　主要污染物的溯源诊断技术要点

近岸海域污染物主要来源于入海河流、入海排污口、大气干湿沉降、海水养殖活动、船舶港口污染物等。据估算，因近岸海域的河口海湾面积远小于近海及大洋面积，入海河流和入海排污口输入的主要污染物约占河口海湾总入海量的90%。此处将重点介绍入海河流主要污染物溯源技术。

2.3.1　入海河流主要污染物溯源

入海河流主要污染物溯源总体上可分为三步，一是确定溯源范围，二是开展主要污染物溯源，三是进行主要污染物污染负荷定量解析(图2-2)。

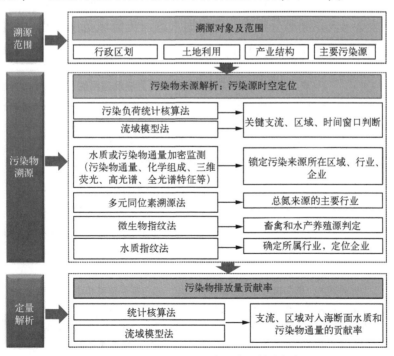

图2-2　入海河流主要污染物溯源技术框架

1）溯源范围确定

对于树枝状河流而言，溯源范围为河流入海断面至沿海城市入境断面范围内的河道及其流域汇水区范围。通常基于数字高程数据（DEM），采用地理信息系统（GIS）技术进行河网、子流域和汇水区提取，常用工具有 ArcGIS 的水文分析工具箱、MAPGIS 的流域描绘工具、QGIS 的地域分析工具等。对于平原河网或感潮河网地区，水系多为"井"字形，汇水区为骨干河道围合的网状地块。汇水区划分主要根据水利控制片（也称为水利分片）的分布，并结合区域内的排水系统确定汇水范围，作为溯源的主要范围。

在溯源范围内收集分析自然环境和社会经济相关资料，包括行政区划、土地利用方式、产业结构与布局、主要污染源类型等。

2）溯源方法的适用性

污染溯源的目的是识别对入海断面水质影响较大的支流或区域。一方面通过适用的技术手段追溯水质较差、污染物排放强度高于类似区域、需要加大治理力度的区域；另一方面识别对河流入海污染物通量贡献较大的支流或区域。

目前对河流污染溯源的方法有多种，但都不能放之四海而皆准，每个方法都有一些特定的要求。根据目前常用方法的特点，本章梳理了主要溯源方法的适用性，具体见表2-1。在溯源分析中，应根据入海河流流域范围大小、水量大小，因地制宜地采用不同溯源方法（表2-1）。

表2-1 入海河流污染溯源常用方法及适用性

溯源方法	方法适用性及特点	所需资料	备注
河流断面水质和通量沿程溯源法	根据河流断面水质和通量监测的时空精度，既可初步判定也可精准识别污染源主要区域和关键时段	开展河流断面水质、水量同步观测，必要时可加密监测	沿程溯源法[①]
污染负荷统计核算法	方法简单、易操作，可定量评估已知的各类污染源排放量，及其对入海通量的贡献；面源污染的输出系数时空差异较大，溯源结果存在较大不确定性；无法识别未知源	研究区域各类点源污染物排放量，各类面源的污染物输出系数	源清单法[②]
流域面源模型法	工作量大，成本较高；可定量评估已知的各类污染源排放量及其对入海通量的贡献，可结合气象预报进行污染物入海量预测；无法识别未知源	与模型精度相适应的流域地形、降水、径流、河流水下地形、土地利用方式、污染源排放量等	源模型法[③]

续表

溯源方法	方法适用性及特点	所需资料	备注
同位素溯源法	可识别大气沉降、土壤有机氮、化学合成肥料、污水和粪便四种污染源，并计算其入海河流中污染物的贡献率	采集污染源和河流水样，分析多元同位素含量	受体模型法④
微生物指纹法	可较好识别 2 km 内畜禽养殖场、水产养殖场和污水处理厂	采集污染源和河流水样，进行 DNA 序列测定	受体模型法
水质指纹法	根据水质指纹数据库的丰富程度，可识别污染源所属行业，甚至精准到企业	采集污染源和河流水样，进行化学组成测定	受体模型法

注：①沿程溯源法是指充分利用入海河流断面沿程的例行监测数据，必要时可增加监测频次和点位密度，获得更详细的水质、水量时空变化资料，从而更精准地锁定污染源所在区域和污染物排放的关键时间窗口；②源清单法是指根据污染源排放量监测或估算结果，识别对影响入海断面水质的主要污染源；③源模型法是指构建数值模型模拟水污染物从排放源输移至入海断面所发生的物理化学过程，定量评估不同地区、不同支流和不同类型污染源对入海断面水质的贡献；④受体模型法是指从受纳水体即入海河流出发，根据污染源和河流的化学、物理、生物特征等信息，利用数学方法定量解析污染源的行业类别，以及各类污染源对入海河流水质的贡献。

对于流域范围较大、水量较大的河流，根据河流干支流关系，采用河流断面水质和通量沿程溯源法、污染负荷统计核算法、流域面源模型法等，初步判断污染物关键源区。

对于流域范围较小、水量较小的河流，以及大尺度流域的污染物关键源区，可采用水质加密监测等方法进一步锁定重污染区域和污染物输出负荷较大的区域，同时采用同位素溯源法、微生物指纹法、水质指纹法等方法识别污染物来源类型、所属行业。

各地可根据实际情况，在入海河流上下游断面采用主要污染物浓度和通量沿程分析法，识别诊断主要污染物浓度高值和极值断面的基础上，进一步定量化分析影响控制断面主要污染物浓度的污染源头。

3) 入海污染负荷贡献率分析

在溯源出主要污染源的基础上，采用流域面源模型法、污染负荷统计核算法等进一步定量计算不同区域、支流范围内污染负荷对入海污染负荷的贡献率，据此识别对河流入海污染物通量贡献较大的支流或区域，明确主要污染来源的位置信息，从而掌握污染源及污染负荷的分布特征，以及行业污染负荷的结构特征等，为后续的污染负荷分配及治理任务分配提供基础，以实现科学治污和精准治污。

2.3.2 其他主要污染物溯源

除了入海河流之外，对于入海排污口、海水养殖、海上船舶污染、沿岸面源、海上油气勘探开发活动导致的入海主要污染物，因污染源或关键污染源所在区域位置较为明确，因此重点在于核算主要污染物排放量及其所占贡献率。

1) 入海排污口

入海排污口溯源方法可参考《入河排污口监督管理技术指南 溯源总则(征求意见稿)》《入河入海排污口监督管理技术指南 水质指纹溯源方法(征求意见稿)》等标准规范执行。

2) 海水养殖

对于海水养殖主要污染物而言，可针对池塘养殖、网箱养殖及工厂化养殖等常见养殖模式，以及鱼、虾、蟹、贝、藻等主要养殖品种等，监测在正常养殖生产条件下，养殖生产 1 kg 水产品在水体中所产生的主要污染物负荷量和排放到近岸海域中的主要污染物负荷量，即海水养殖的产污系数和排污系数，进而根据产排污系数，测算海水养殖主要污染物排放量和贡献率。有条件的地方，可详细排查沿海池塘养殖尾水汇聚排放的沟渠或排放口，并对养殖末期的池塘进行水质监测，结合卫星、无人机、养殖统计等估算养殖池塘的排水量，进而估算主要污染物的入海通量，更为精准地评估岸基海水养殖的污染负荷。

3) 海上船舶污染

船舶排放的水污染物主要包括含油污水和生活废水。根据《船舶水污染物排放控制标准》(GB 3552—2018)，中国籍船舶和进入中国水域的外国籍船舶，船舶排放的含油污水和生活污水应满足相应的浓度限值。因此，可根据生活污水量和污水中主要污染物浓度，估算海上船舶主要污染物排放量。

2.3.3 海湾-流域污染物协同溯源

2.3.3.1 高时空分辨率入海污染源清单构建

陆源入海污染物按照污染源排放的形式将污染源分为点源与非点源两大类别，点源中按照污染物的来源可分为工业企业源、城市生活源和规模养殖源三类，非点源按照产生的来源可分为农村生活污染源、地表径流污染源以及农村分散养殖源三类。

1）基于结构化数据表的点源清单构建

基于环保统计数据等污染源调查资料，整理归纳海湾周边的沿海地区以及流域内各环保部门的排污单位统计数据，将不同来源和格式的排污信息结构化为标准的点源信息统计表，导入到动态数据库中，形成点源污染源清单。

2）基于精准网格化产排污全过程非点源清单构建

非点源按照产生的条件来看，可分为地表径流产污、农村分散畜禽养殖污染源、农业种植源以及农村生活污染源四类。非点源的产生与农村地区的生活、生产和下垫面的土地使用类型紧密相关，主要使用产排污系数法对不同产污途径的非点源进行清单构建，使用简单过程模型法对非点源在时间和空间上进行高精度的分配，空间上利用每个单元网格的入河系数和该网格中产生非点源排放量，获得该网格的入海和入河排放量。

由于产生非点源污染的各种土地利用类型（农田、居住、绿化带等）或污染源（分散畜禽养殖、生活排污等）往往广泛地分布于整个流域，而非点源污染发生主要是在水文过程的作用下，使污染物发生转移、交换并最终以"面"的形式作用于水体，这使得各种土地利用类型或污染源产生的污染物最终作用于水体的过程在空间上具有连续性。流域或集水区作为基本的水文单元，其水文过程决定了非点源污染物迁移的总体方向（即向河流迁移）。本研究中主要使用简单的过程模型对农村的非点源进行统计，这类模型通过已有的统计数据如土地利用类型、降雨量、人口等数据，结合 GIS 的空间数据处理模型即可建立相应的污染物排放清单，且稳定可靠。

具体表达式如下：

$$M_i = \lambda_i \sum M_1 + M_s + M_a \qquad (2-1)$$

式中，M_i 为单元网格各种污染物的总量（入河量），i 表示单元网格的编号，kg/a 或 t/a；λ_i 为根据地形、与河道距离等因素获得的入河系数，%；M_1 为分配至该网格的农村生活源，kg/a 或 t/a；M_s 为分配至该网格的地表径流产污，kg/a 或 t/a；M_a 为分配至该网格的农村分散养殖源，kg/a 或 t/a。

产排污系数法与简单过程模型法仅解决了非点源的空间分配，而非点源的排放时间分配与降雨过程密切相关，引入降雨量的逐月百分比再对网格的排污量进行逐月分配。汇总统计研究区内及相邻的标准气象站的降雨量数据，通过克里金插值法获得每个单元格的月降雨量，计算该单元格每个月降雨量占当年的总降雨量百分比，获得逐月分配系数。所有数据汇总至动态数据库中，可以得到逐月的地表径流污染负荷。

因此，结合产排污系数法、简单过程模型法和时间分配法，可以获得高时空分辨率的入海、入河污染源清单。

2.3.3.2 河海一体化主要污染物溯源

在高时空分辨率入海、入河污染源清单的基础上，结合入海河流的污染物溯源和其他入海污染途径的溯源方法，可实现由海及河、河海一体化的主要污染物溯源，精准掌握主要污染物的来源结构和时空分布。

如前所述，入海河流、地下水、大气沉降以及沿海的直排入海排污口、海水养殖、海上船舶污染、沿岸面源、海上油气勘探开发活动等是主要的入海污染物来源。河海一体化污染溯源首先以海湾作为受纳水体进行解析，因此需要将入海河流作为一个点源来看待。"十三五"期间，我国在主要入海河流的入海断面都建设了水质自动监测站，部分站点也开展了水文即流量的同步监测，或者通过水利部门收集或推算入海断面的流量，为掌握高精度的入海河流主要污染物入海通量提供了基础数据。因此，通过污染负荷统计核算法、多元同位素溯源法等，首先可对海湾周边的入海污染进行解析，包括入海河流；其次按照前述的入海河流主要污染物溯源相应的适用方法，对流域的主要污染物溯源；最后将海湾溯源结果与入海河流溯源结果相结合，获取海湾–河口–流域的主要污染物来源，各污染源产生污染物的数量、占比、主要位置及其时空变化等，即可追溯得到流域–海域的主要污染物来源信息。

2.4 以海定陆的污染负荷统筹分配技术要点

2.4.1 河海一体化水质目标管理

2.4.1.1 陆海水质监控指标转换关系

由于地表水与海水执行不同的标准，在污染指标的表达上存在明显差异。为准确表达海域功能区纳污能力，必须要考虑同一环境问题、不同指标表达的转换问题。由于地表水与海水标准指标及分析方法的差异，可以将主要控制指标分成以下两类完全对应的指标。

海域纳污总量控制指标：无机氮（溶解态）、活性磷酸盐（溶解态）、化学需氧量（COD）、非离子氨（溶解态）、石油类（紫外分光光度法）等。

陆域入海总量控制指标：溶解态的总氮、总磷、高锰酸盐指数（酸法、碱法）、氨氮、石油类（红外分光光度法）等。

为准确反映海域输入负荷与水质的响应关系，不低估陆域污染物入海总量（相对于海区控制指标）的实际响应，对于高锰酸盐指数的转换系数建议尽量一河一定，以充分反映不同流域内产业结构的差异。对于总氮转换系数建议保守取值，将颗粒态氮作为海区溶解态氮可能的贡献源。对于总磷转换系数建议不考虑颗粒态部分（认为在河口区基本絮凝沉淀）。表 2-2 给出了具体的实测换算系数均值及设计换算系数 α_i：

$$\alpha_i = \frac{\text{地表水指标}_i}{\text{海水水质指标}_i} \tag{2-2}$$

表 2-2　入海总量指标与海区纳污总量指标的转换系数建议

地表水指标	高锰酸盐指数-酸法	高锰酸盐指数-碱法	总氮	总磷	氨氮
海水方法指标	COD	COD	无机氮	活性磷酸盐	氨氮
实测换算系数均值	1.38	1.5	1.19	1.92	1.2
设计换算系数 α_i	1.1	1.26	0.9~1.0	1.33	1.1

2.4.1.2　河海一体化水质评价体系

地表水与海水执行的标准除了部分指标不一致外，相同的指标在地表水和海水的标准限值也不同，导致了河流和海水环境质量评价无法统一。其中，河口是河流和海洋生态系统的过渡带，如何制定出一套行之有效的河口区水质评价标准，是衔接河海水质标准的关键环节。

目前，我国缺乏河口区划界和水质评价标准，河口区及其附近海域环境质量评价直接使用《海水水质标准》对标评价的方式，评价结果往往与实际不符，对河口地区开发建设和管理保护不利，更不利于河海一体化的水质评价。因此，本研究依据现行的《地表水环境质量标准》《海水水质标准》和《近岸海域环境功能区管理办法》，提出了使用盐度等数据进行河口区划定及建立河口区水质主要管控因子如营养盐标准限值的方法。在实际应用案例中，河口区的划定、河口区营养盐标准限值确定，都具有科学性和可操作性。使用河口区营养盐标准进行评价的结果比直接使用《海水水质标准》评价能更准确地反映环境质量，而且可以有效衔接《地表水环境质量标准》和《海水水质标准》两大标准体系，有效弥补了河流-海洋水质管理的关键中间环节，为河流-河口-海洋一体化水质管理提供了解决方案。

针对陆海水质评价指标、标准不统一的难题，尤其是上述的陆海水质监控关键指标，建立河口区的营养盐水质标准限值概念模型(图2-3)。河口区内的营养盐可近似看成两部分，一是随外海水团涌入的海水来源部分，二是随地表径流涌入的地表水来源部分，河口区内的营养盐可简单化看作两个来源的营养盐之均匀混合。因此监测站点营养盐浓度可拆成两部分，即海水来源部分和地表水来源部分。海水来源部分贡献近似的用站点的营养盐指标实测浓度与海水比例乘积表示，地表水来源部分贡献近似的用站点的营养盐实测浓度与地表水比例乘积表示。站点海水比例以站点实测盐度与下边界盐度(如25)的比例计，地表水比例为1与海水比例的差值。

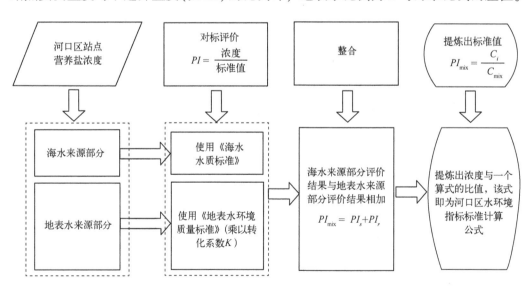

图2-3　河口区营养盐水质标准限值概念模型

对海水来源部分，使用《海水水质标准》中相应功能区的标准限值直接对标评价(《近岸海域环境监测规范》中单因子污染指数评价法，下同)，对地表水来源部分使用入海河流河口段或其附近河段功能区要求的《地表水环境质量标准》水质类别限值直接对标评价。《地表水环境质量标准》与《海水水质标准》中评价指标不完全相同，因此，对于地表水来源部分评价因子不相同的，需要先乘以转化系数 K(评价因子相同的指标，$K = 1$）。比如，对于磷指标，《海水水质标准》评价活性磷酸盐，而《地表水环境质量标准》评价总磷，因此 K 为站点实测浓度的总磷/活性磷酸盐，代入 K 值可将目标站点实测浓度中地表水来源部分活性磷酸盐转为总磷再进行评价。

　　将海水、地表水两部分的评价结果相加，提炼出目标站点营养盐浓度与一个算式的比值，该式即为河口区营养盐标准计算公式。利用该公式计算出营养盐标准值，使用营养浓度直接对标评价，以评价结果 PI_{mix} 值为判定达标或超标的界限，大于 1 为超标，小于或等于 1 为不超标。通过上述方式，建立一套把《海水水质标准》和《地表水环境质量标准》衔接起来的营养盐指标评价标准限值。

　　依据概念模型，可得河口区营养盐的评价标准限值（C_{mix}）：

$$C_{mix} = \frac{C_{ss}C_{sr}}{\dfrac{S_i}{S_b}C_{sr} + K\left(1 - \dfrac{S_i}{S_b}\right)C_{ss}} \tag{2-3}$$

$$PI_{mix} = \frac{C_i}{C_{mix}} \tag{2-4}$$

式中，C_i 为目标站点 i 的实测营养盐浓度；S_i 为站点实测盐度；S_b 为下边界盐度（如 25）；C_{ss} 为站点所处海洋功能区要求执行的《海水水质标准》类别营养盐浓度限值；C_{sr} 为入海河流河口段或其附近河段功能区要求的《地表水环境质量标准》水质类别营养盐浓度限值；K 为转化系数。

　　通过上述方式，推导出结合河口区内目标站点实测盐度，直接对标评价方式的河口区的营养盐标准限值。该技术有效衔接了国家现行的地表水和海水评价管理体系，适用所有大小河口，简单实用，可操作性强。

　　结合已有的地表水和海水水质标准，构建了基于陆海统筹、河海一体化的水质评价体系，打通了陆海统筹管控的关键环节，形成河流、河口区、海域协同管控的水质目标管理体系，实现了河流-河口-海洋水质目标管控的协同统一。

2.4.2　允许排放污染负荷陆海统筹分配

2.4.2.1　以海定陆污染负荷合理分配

　　陆海统筹污染负荷优化分配在三个层次上进行：①海区，完成海区容量的分配，主要将污染物允许入海通量分配到各河流；②流域，完成流域的区域分配，主要将污染物允许入河通量分配到各城市或城市群及主要支流；③区域，完成城市及主要支流的允许排放总量的分配，主要将污染物允许排放量分配到区县或污染源。其顺序为：海区分配—流域分配—区域规划（城市或支流规划）—次级区域规划。

根据污染负荷分配的科学性、公平性和经济性需求，构建河流型控制单元负荷分配的合理性指数（*TCRI*），表征排放限值确定过程中水环境容量资源的利用效率、污染治理费效比、控制单元社会经济背景及其发展权和生存权等，实现分配原则的量化表达，将负荷分配的多原则性、多维度性、多目标性进行降维表达，转化为单目标因子。*TCRI* 各分项指标的含义见表 2-3。

总量分配合理性指数 *TCRI*：

$$TCRI = \sum \alpha_i C_i \tag{2-5}$$

$$\sum \alpha_i = 1 \tag{2-6}$$

式中，α_i 为权重系数；C_i 为单项指标值，为 0~1 的无量纲值，数值越大越合理。

表 2-3 负荷分配合理性指数计算方法

指标		内容	表达方式
科学性指标	C_1	水环境容量利用率	分配负荷总量与分配区域排污口环境容量之比或者 $1 - \sum (R_j - F_{1j})^2$，式中，$R_j = \dfrac{X_j}{\sum_{j=1}^{m} X_j}$ 最大纳污量负荷比例表达为 $F_{1j} = \dfrac{X_j}{\max \sum_{j=1}^{m} X_j}$ 分配负荷比例表达为下标 j，表示污染源的序号
公平性指标	C_2	容量利用与水资源贡献比	$1 - \sum (R_j - F_{2j})^2$，式中，$F_{2j}$ 为径流贡献比例
	C_3	人口（生存排污权）	$1 - \sum (R_j - F_{3j})^2$，式中，$F_{3j}$ 为人口比例
	C_4	农田（生存生产排污权）	$1 - \sum (R_j - F_{4j})^2$，式中，$F_{4j}$ 为农田面积比例
	C_5	城市发展（达标排污权）	$1 - \sum (R_j - F_{5j})^2$，式中，$F_{5j}$ 为 GDP 比例
经济性指标	C_6	治理费用较低	$1 - \sum (R_j - F_{6j})^2$，式中，$F_{6j}$ 为现状负荷量比例

权重系数可以采用熵值法确定权重系数，其步骤如下。

1)评价人(专家、权益人等)打分，得到评价矩阵

对 m 个评价人对 n 个不同的评价指标因素打分，其评价矩阵如下：

$$X = \begin{bmatrix} x_{11} & x_{12} & \cdots & x_{1n} \\ x_{21} & x_{22} & \cdots & x_{2n} \\ & & \cdots & \\ x_{m1} & x_{m2} & \cdots & x_{mn} \end{bmatrix} \tag{2-7}$$

式中，x_{ij} 表示第 i 名评价人对第 j 项指标因素的打分：$i = 1, 2, \cdots, m$；$j = 1, 2, \cdots, n$。

2)归一化处理，计算评价系数矩阵

对以上评价矩阵进行归一化处理。按 L. A. Zadeh 提出的目标优属度公式，目标 r_{ij} 采用如下公式计算：

$$r_{ij} = \frac{x_{ij} - \inf(x_j)}{\sup(x_j) - \inf(x_j)} \tag{2-8}$$

式中，$\sup(x_j)$ 表示第 j 项评价因素的评价结果的上限值；$\inf(x_j)$ 表示第 j 项评价因素的评价结果的下限值；r_{ij} 表示第 i 名评价人对第 j 项评价指标因素的评价系数。

依据式(2-6)，得到专家对每个指标的评价系数矩阵 R，

$$R = \begin{bmatrix} r_{11} & r_{12} & \cdots & r_{1n} \\ r_{21} & r_{22} & \cdots & r_{2n} \\ & & \cdots & \\ r_{m1} & r_{m2} & \cdots & r_{mn} \end{bmatrix}_{m \times n} = (r_{ij}) \tag{2-9}$$

3)计算评价因素熵值

应用熵值法确定各评价因素重要程度的权向量，计算各评价因素的熵值。

$$e(d_j) = -\frac{1}{\ln m} \sum_{i=1}^{m} \left(\frac{r_{ij}}{r_j} \ln \frac{r_{ij}}{r_j} \right) \tag{2-10}$$

式中，e 为对第 j 项评价指标的熵值。

$$r_j = \sum_{i=1}^{m} r_{ij} \tag{2-11}$$

4)计算权重

计算各评价因素的权重

$$\alpha_j = \frac{1 - e(d_j)}{n - \sum_{j=1}^{n} e(d_j)} \qquad (2-12)$$

式中，α_j 为对第 j 项评价指标的权重。

2.4.2.2 基于环境价值的污染负荷优化分配

基于环境价值的最大允许入海污染负荷优化分配步骤如下。

1) 环境价值加权面积

水体总环境价值（TEV）为每个使用区环境价值（ARV）的总和。根据功能区的类别及水质标准确定其环境价值，每个 ARV 是标准化的面积和其相对环境价值的乘积。根据所在海域的功能区类别，确定其环境价值（表 2-4）。

$$TEV = A_1 RV_1 + A_2 RV_2 + \cdots + A_m RV_m$$

表 2-4 环境价值

水质类别	一类	二类	三类	四类	劣四类
环境价值	16	8	4	2	1

2) 确定允许分配比例及分配价值

基于海域保护目标要求，允许 5% 的 TEV 分配给潜在的影响区，确定现在和将来的排放分配的 TEV。

3) 确定各功能区内混合区分配价值比例

为了确保入海排污口的污染物能够限制在一定混合区内，确定各排放口允许排放区域损失价值小于等于各功能区的 50%，即混合区面积小于功能区面积的 50%。

4) 确定现状排放及未来的分配价值比例

该过程需要结合环境现状和社会经济发展趋势作出综合评估判断，其中对将来的新增排放更要谨慎评估并加以限制。考虑该区域的未来发展，可以对未来排放保留一定百分比的 TEV，确定现在排放可用的量。

5) 进行规划求解，得到总量分配结果

目标函数

$$\max \sum_{j=1}^{m} X_j \qquad (2-13)$$

约束方程

$$\sum_{j=1}^{m} a_{ij} X_j \leqslant C_i, \ i = 1, 2, \cdots, N, \ X_j \geqslant 0 \qquad (2-14)$$

式中，决策变量 X_j 为第 j 个污染源的排放量；a_{ij} 为第 j 源对第 i 控制点的响应系数，可由水质模拟计算得到；C_i 为控制断面(点)i 的水质控制浓度。

基于环境价值的污染负荷分配方案制定过程要基于社会经济和生态等方面的考虑，对水体中不同用途区进行优先次序排列，并赋予不同的数值——相对环境价值。量化了可接受的环境价值损失，使总量分配计算定量化、科学化，也使水环境的综合管理更科学化。分配过程中综合社会和水生态环境等因素对所关注水体定出"保护水平"。"保护水平"的确定规定了水体中现有和预留的、可接受的环境价值损失比例，使对水体的保护兼顾了科学和发展。

2.4.3　控制单元-流域-固定源排放限值确定

2.4.3.1　控制单元污染物排放限值确定

针对控制单元，构建多层次、多目标的污染负荷排放限值确定技术(图2-4)，将由控制断面水质推算污染物排放限值的反向算法，与由污染负荷分配情景模拟水体水质变化的正向算法相结合，综合考虑污染负荷的产生、迁移、汇集过程，将复杂性较高的流域污染物排放限值分解为多个层次、多个控制单元的污染物排放限值，实现流域-子流域-次级流域-入河排口-控制单元逐级细化深化，降低问题的复杂程度，保留了流域的整体性特征，提高了污染物排放限值确定的流域系统性、协同性。

为了更科学、更准确地模拟计算控制单元各污染源的污染负荷分配最佳方案，基于 WASP 模型富营养化原理和 ELADI 有限差分方法，构建了正交曲线平面二维河流水环境模型(Two-Dimensional Water Environment Simulation Code，WESC 2D)。该模型包括水流模块 HYD、泥沙模块 SED 和富营养化模块 EUTRO 三部分，模拟恒定流和非恒定流、悬移质和推移质、边岸崩塌、河床演变、溶解氧平衡和富营养化过程(图2-5)。其中，富营养化模块可以动态模拟九个常规水质因子[NH_3-N、NO_3-N、无机磷、浮游植物(PHY)、生化需氧量(BOD)、溶解氧(DO)、有机氮(ON)、有机磷(OP)和化学需氧量(COD)]的迁移转化过程，揭示浮游植物动力学子系统、磷循环子系统、氮循环子系统和 DO 平衡子系统的动态过程。模型基于交错网格布置变量，采用 ELADI 方法求解，在满足模拟精度需求的同时显著提高了计算效率，Courant 数可以达到 40 以上，比传统 ADI 方法提高近 90%。

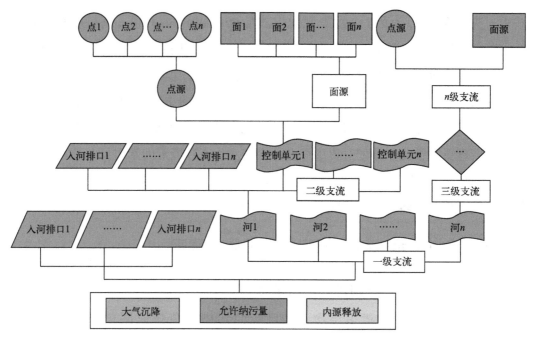

图 2-4　控制单元污染负荷层次分配体系示意

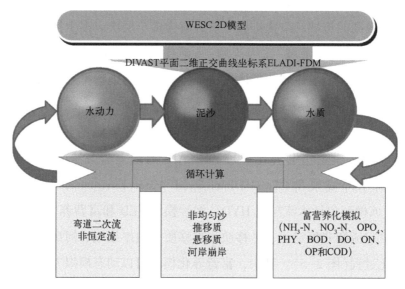

图 2-5　WESC 2D 模型示意

基于 WESC 2D 模型，模拟动态水文条件下污染负荷输入与受纳水体水质响应关系，构建基于数学模型的输入响应关系时间平均分析方法，常规污染物采用允许平均期 30 天，重现期 3 年；有毒有害物采用允许平均期 4 天，重现期 3 年的浓度。采用 RPSM 粒子群方法，以水环境容量利用率最大和负荷总量分配合理性指数最大为目标，以保证水环境功能区首断面达标和混合区限制达标为空间约束，以 30 天平均浓度重现期 3 年不允许超过 1 次超标为时间约束，构建满足分配原则的控制单元多目标优化分配模型，并结合方案比较法确定控制单元污染物排放限值（图 2-6）。

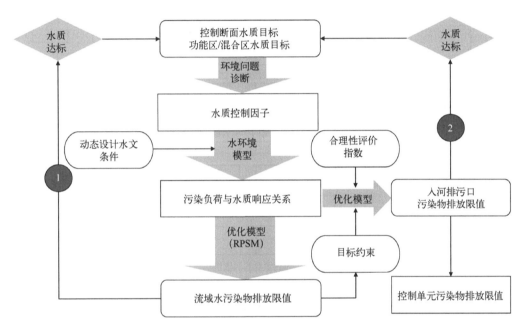

图 2-6 基于动态水文设计条件的控制单元排放限值确定技术路线

2.4.3.2 流域污染物排放限值确定

基于控制单元污染物排放限值，结合污染源-水质响应关系，计算每个控制单元基于水环境质量的流域排放标准的排放限值；综合多个控制单元基于水质的污染物排放限值与污染治理技术水平分析，通过水环境质量改善需求与技术经济可行性的双向反馈，确定流域主要水污染物的排放标准建议值（图 2-7）。

$$L = S \times DF \qquad (2-15)$$

式中，L 为排放浓度限值，mg/L；S 为水质标准，mg/L；DF 为稀释系数。

$$DF = R_{min}/P_{max} \qquad (2-16)$$

式中，R 为河流水量，m^3/s；P 为污水排放量，m^3/s。

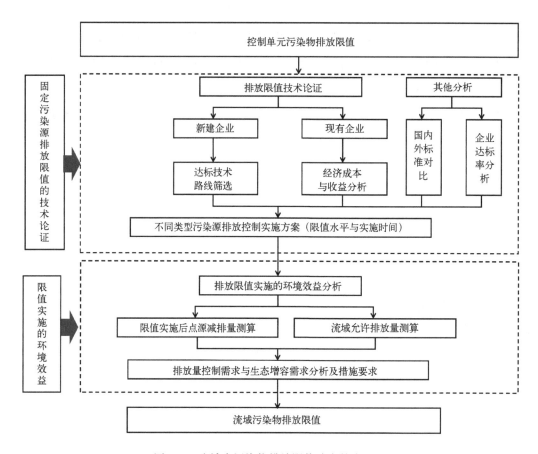

图 2-7　流域水污染物排放限值确定技术方法

2.4.3.3　固定源污染物排放限值确定

基于控制单元污染物排放限值进一步确定单个固定源排污许可限值的过程，实质上是由控制单元"多源"集总管理向固定源"单源"管理转变的过程（图 2-8）。根据水体功能敏感性和水环境承载状况，划分未受损控制单元和受损控制单元。对于水质受损控制单元，采用水环境模型分析控制单元内各固定源与水质的响应关系，进行固定源污染物排放限值技术经济评估，在此基础上开展固定源排放限值的多情景分析，据此确定控制单元内各固定源的排放限值。

考虑污染源非均匀排放特征，为了满足不同时间尺度（年、月、日）固定源排污许可管理要求，构建不同平均期下排污许可限值转化系数确定方法。

$$\beta_{MDL} = \frac{MDL}{LTA} \tag{2-17}$$

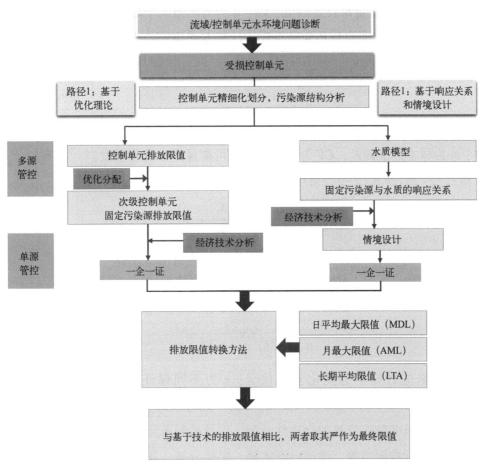

图 2-8 受损控制单元基于水质的排污许可限值确定方法技术路线

$$\beta_{AML} = \frac{AML}{LTA} \qquad (2-18)$$

式中，*MDL* 为一年内日排放量的 95% 保证率限值；*AML* 为一年内月排放量的 95% 保证率限值，即月平均排放负荷限值；*LTA* 为一年内日排放量平均值。

β_{MDL} 和 β_{AML} 的计算方法与数据可获性密切相关，当污染物指标具备在线监测的情况下，可根据实测数据获得相应的转换系数；当无充分的监测数据，可在满足每月一次监测频率的情况下，基于 *LTA* 推导出 *MDL* 和 *AML*，进一步得到 β_{MDL} 和 β_{AML}。

LTA 体现了污染物的平均控制水平，其计算方法如下：

$$LTA = \frac{\sum_{i=1}^{n} X_i}{n} \qquad (2-19)$$

式中，X_i 为 COD 排放量每日监测值，kg；n 为监测值的个数。

污染物排放量标准偏差和变异系数的计算方法为

$$S = \left[\frac{1}{n-1} \sum_{i=1}^{n} \left(X_i - LTA \right)^2 \right]^{0.5} \tag{2-20}$$

$$CV = \frac{S}{LTA} \tag{2-21}$$

式中，S 为样本标准偏差；CV 为变异系数，可衡量样本变化程度。

由式(2-20)至式(2-21)得出，

$$CV = \left[\frac{1}{n-1} \sum_{i=1}^{n} \left(\frac{X_i}{LTA} - 1 \right)^2 \right]^{0.5} \tag{2-22}$$

在污染物排放量正态分布的假设条件下，MDL 和 AML 的表达式为

$$MDL = LTA \times \exp \left(z \sigma_1 - 0.5 \sigma_1^2 \right) \tag{2-23}$$

$$AML = LTA \times \exp \left(z \sigma_{30} - 0.5 \sigma_{30}^2 \right) \tag{2-24}$$

$$\sigma_c = \left[\ln \left(\frac{CV^2}{c} + 1 \right) \right]^{0.5} \tag{2-25}$$

式中，σ_c 用来估计样本的变化差异状况；z 为不同保证概率下的标准正态分位数，取95%保证率下的 z 值，为 1.646；c 为不同时限的天数。

结合污染负荷陆海统筹的合理性分配，以及控制单元-流域-固定源的污染物允许排放总量、标准限值等，通过以海定陆、层层分解、逐级细化，可实现海湾超标的污染负荷分解汇入海湾的各个控制单元、流域以及具体的固定污染源，并以此来制定各个控制单元、流域以及固定污染源的治理任务措施，真正实现科学治污、精准治污和全面治理。

2.5 污染物陆海统筹控制技术要点

2.5.1 城市主要污染物控制技术

2.5.1.1 重点行业管控

针对涉及流域和海域主要超标因子、主要污染物的重点行业，以环境影响评价、排污许可、清洁生产审核等为抓手，压实企业主体责任，从源头上减少主要污染物排放。对于主要污染物排放量较大、不能稳定达标排放或工艺技术落后的行

业，通过环境综合整治和严格排放标准要求等，进一步压减主要污染物排放量，同时促进企业绿色低碳转型升级。针对自动在线监测和例行监管执法过程中发现的主要污染物超标排放现象，采取预警、通报、约谈、督办、限期整改、逐项销号等方式加强监督管理，对于违法行为要立案查处。

1）重点行业综合整治

行业综合整治具体措施包括摸清涉主要污染物行业、企业排放底数，建立动态管理台账，压实企业治污责任；依法对集中在重点区域或流域的涉主要污染物行业，制定更加严格的主要污染物排放管控要求；推动涉主要污染物企业按照排污许可要求，采取有效措施控制主要污染物排放浓度和排放总量，对排污口和周边环境进行主要污染物监测，依法公开监测信息。

纺织印染、农副食品加工等重点行业水污染防治可供考虑的具体措施包括结合产业结构调整目标，提出依法清理、淘汰关闭、整顿等任务；实施清洁生产改造工程；减少麻纺、棉纺等行业生产工序中含氮助剂的使用，从源头控制主要污染物污染；推进农副食品加工行业高浓度有机废水循环利用，以及屠宰、淀粉、果品加工废水深度处理后回用，减少主要污染物排放。

工业园区水污染整治可供考虑的具体措施包括对工业园区内老旧破损、淤积堵塞的污水收集管网开展修复改造；对长期超负荷运行、不能稳定达标排放的工业园区污水集中处理设施，进行升级改造；对有条件的工业园区内涉主要污染物企业实施一企一管、明管输送、实时监测；加快涉主要污染物企业集聚的化工园区污染防治设施建设和污水管网排查整治，实施初期雨水污染控制工程。

2）重点企业执法监管

加强以排污许可制为核心的固定污染源执法监管，开展涉主要污染物重点行业定期与不定期监督检查，加大对排污单位污染物排放浓度、排放量以及停限产等特殊时段排放情况的抽测力度，并依法严厉打击超标排放等环境违法行为。加大企业主要污染物自动在线监测的覆盖率，并依法与管理部门联网，推行视频监控、污染防治设施用水（电）监控，开展污染物异常排放远程识别、预警和督办。

3）制修订地方排放标准

为进一步改善入海河流水质，提升主要污染物排放控制的水平，一方面，若区域或流域内行业、工业企业主要污染物排放对河流水质影响较大，可加强对主要污染物排放的严格要求，依法制修订该区域或流域涉主要污染物行业的地方排放标准或特殊排放限值，加强对主要污染物排放的严格要求。另一方面，若预处理标准中没有主要污染物指标，可依法制定地方标准，在预处理标准中增加主要污染物控制指标，并合理设定指标限值，从而减轻下游集中污水处理厂压力，减少主要污染物入河、入海量。

2.5.1.2 城镇污水处理设施提质增效

针对城镇污水管网建设改造滞后、设施可持续运维能力不强等问题，以提升城镇污水收集处理效能为导向，以设施补短板、强弱项为抓手，系统推进城镇污水处理设施高质量建设和运维。

1）补齐城镇污水处理管网短板

针对污水管网建设滞后于城市发展、雨污混流、管网漏损率高等突出问题，实施管网混错接改造、老旧破损管网更新修复等措施，补齐城镇污水处理厂管网短板，提升污水收集效能，实现处理率转向收集处理率的合理转变。对于暂不具备雨污分流改造条件的，可采取溢流口改造、截流井改造、管材更换、增设调蓄设施等措施，降低合流制管网溢流污染。

2）提升城镇污水处理能力

针对污水处理能力落后于区域污水收纳处理需求，新区、新城及污水直排、污水处理厂长期超负荷运行以及污水收集处理设施运行效益不高等问题，因地制宜开展污水处理厂扩容或提标改造。对人口较少、相对分散的片区、城市更新区和新开发片区，建设分散式处理设施及其配套管网，实现污水就地收集、就地处理、就地回用。

3）加强污水处理设施精准管理

加强城镇污水处理设施运行管理，按照"一厂一策"提升城市污水处理厂 BOD_5 和氨氮进水浓度，同步提升污水收集率和污水处理厂进水浓度。建立完善城市排水系统"厂网一体化"管理机制，实现从排水户、小区管网到市政管网，再到污水处理厂的全链条、一体化、精细化管理。

针对沿海城市污水处理能力空间不均衡性的问题，可建设污水厂间互联互通指挥调度系统，实现超负荷污水厂和未饱和污水厂之间的调度综合指挥。针对污水产排时间不均衡的问题，可建设污水调蓄池，对污水水量进行削峰填谷，保障污水处理设施在更为合理的负荷水平下运行，实现综合效益的稳定发挥。

加强纳管企业监管，定期对重点纳管企业排水水质进行抽查，核查违规排水行为。

2.5.1.3　城市面源污染治理

针对城市面源污染的分散性、随机性和复杂性特点，在空间上，按照"源–迁移–汇"进行逐级控制，实施城市面源污染综合治理。海绵城市建设是城市面源污染控制的有效手段，具体可参考《国务院办公厅关于推进海绵城市建设的指导意见》《海绵城市建设技术指南——低影响开发雨水系统构建》等文件。

1）城市面源源头分散控制

针对以"快速排除"和"末端集中"控制为主要规划设计理念的城市区域，在确保城市排水防涝安全的前提下，通过建设下凹式绿地、缓冲带、透水铺装、植草沟、微型湿地、生态护岸等源头分散控制设施，最大限度地实现雨水在城市区域的积存、渗透和净化，降低城市开发建设对生态环境的影响，促进雨水资源回收利用。

2）城市面源中途径流控制

针对径流造成的面源污染问题，实施低影响开发、绿色初期雨水滞留处理及调蓄等措施。采用适宜的雨水径流净化装置，通过路边的植被浅沟、绿地、沉淀池，合流制管系溢流污水的沉淀净化，分流制管系上的各类雨水池、氧化塘等设施加强中途径流控制，有效减少水土流失、削减雨水径流中的污染物含量，达到控制初期雨水污染物的目的。加大城市地表卫生管理，降低初期雨水污染物浓度。

3）城市面源末端集中控制

末端集中控制可因地制宜，将城市天然洼地、池塘、公园水池等水面改建为雨水调节池；利用天然水渠和人工湿地，建立林草缓冲带；通过播种植物的方式拦截入河雨水中的污染物质，对进入河中的径流作最后的过滤净化处理。

2.5.1.4　河道治理与生态增容

河道治理和生态增容要坚持尊重自然和以人为本的原则，综合考虑河流主要污染物削减、水质净化和水生态改善等目标，并兼顾周边人文景观需求，与周边城市道路建设、截污纳管、城中村改造、老旧城区改造等相结合，将治理、净化、修复与环境景观美化有机统一，营造人水和谐的生态空间，形成"水下–水面""河岸–河道"系统性解决方案。

1) 河道治理技术

河道治理技术包括内源削减技术、生态修复技术和补水活水技术。其中，常见的内源削减技术有底泥疏浚、沿岸垃圾清理、生物残体及漂浮物清理等。生态修复技术主要包括：①生态护坡技术、生态浮岛技术、沉水植物修复技术、人工湿地等水生植物修复技术；②有机物降解细菌、硝化细菌及反硝化细菌等微生物修复技术；③控制藻类过量增殖、调控藻类群落结构等生物操纵技术。补水活水技术主要包括引水调水、再生水补给、活水循环等技术。

2) 生态增容技术

生态增容技术是指结合河湖缓冲带建设，利用土壤和植物吸收利用氮磷等污染物，减少入河、入海量；对于污水处理厂尾水而言，统筹污水处理厂预留用地、河滩地，建设人工湿地，将人工湿地出水用于河流沿线景观及生态用水，实现污染物二次削减。

2.5.2　农业农村污染物控制技术

2.5.2.1　农业面源污染控制

针对农业面源污染分散性、不确定性、滞后性和双重性的特点，系统开展农业面源污染监测与负荷评估，按照源头减量、过程阻断、末端净化的技术路径，统筹推进农业面源污染防控。

1) 农业面源污染源头减量

源头减量可通过减少化肥施用量或减少排水量两种途径实现。其中减少化肥施用量可通过调整化肥结构(如减少氮肥用量，推广缓释肥、水溶性肥等)、改进施肥方式(如肥料深施、分层施肥、滴灌、喷灌、微喷灌等新技术)、有机肥替代化肥、保护性耕作(如秸秆覆盖)等技术手段实现；减少排水量可采用旱地水肥一体化技术、水田节水灌溉技术、坡耕地保护性耕作等技术手段实现。

2) 农业面源污染过程阻断

坡耕地农业面源污染控制通常建设生物拦截带，如植物篱、植被过滤带技术等，并配套建设集水窖(管)、灌溉管带等坡耕地就留集蓄与再利用设施。

平原河网地区农业面源污染过程阻断常见的有农田退水循环利用及生态拦截沟

渠等技术。其中，农田退水循环利用通常依托农田灌排系统生态化改造，建设农田排水资源化利用的循环体系，实现农田退水、养分循环利用。生态拦截沟渠系统可与区域农田排水系统相结合，综合考虑排水通畅、污染拦截、景观生态和安全等因素，在农田排水主干沟渠中种植多种植物，吸收利用水体中的氮磷，或在沟渠上建设节制闸、生态浮岛、生态透水坝等设施。

3）农业面源污染末端净化

末端净化技术是指在污染物产生之后，针对污染类型采用相应的工程措施进行污染治理、净化的综合防治技术。常用的末端净化技术包括人工生态塘、人工湿地和前置库技术等。

2.5.2.2　农村生活污水治理

流域和沿海地区农村以及渔村的生活污水具有面广分散、水量区域差异大、污水收集难等特点，较难统一集中治理，应按照"因地制宜，分区施策，分类治理"的原则，结合渔农村自然地理环境条件，综合考虑村庄经济社会发展水平、农村人口布局、污水产生情况以及村民意愿等，因地制宜确定污水治理模式、工艺路线和后期运维管理方式，具体参见图 2-9。

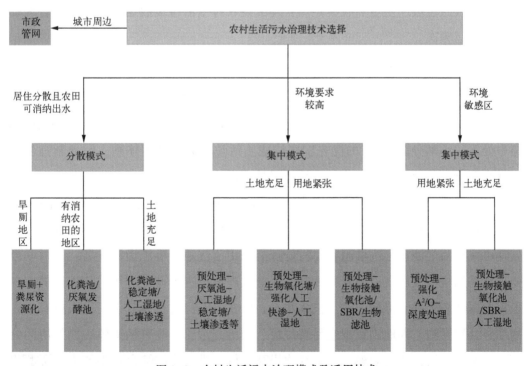

图 2-9　农村生活污水治理模式及适用技术

农村生活污水是南流江–廉州湾的主要污染问题，也是研究区域污染控制的一个重要内容，因此本书也对农村生活污染的具体治理技术实践进行了阐述，农村生活污染水治理模式、治理技术等在第 8 章中作了详细介绍，具体参见该章节。

2.5.2.3　农村生活垃圾治理

针对农村生活垃圾产生分散量大、垃圾分类不彻底、垃圾收集体系不健全、垃圾分类处置不到位、资源化利用程度不高、村民参与积极性不高等问题，按照农村生活垃圾的源头减量、全程分类、资源化利用和无害化处理的技术路径，系统构建垃圾分类、收集及转运体系。

1）农村生活垃圾收集转运

农村生活垃圾以县为单元，根据镇村分布、政府财力、人口规模、居住密度、交通条件、运输距离等因素，科学合理确定收集转运模式。根据当地农村生活垃圾产生强度、特性等，参考《农村生活垃圾收运和处理技术标准》（GB/T 51435—2021），制定垃圾分类方式方法，合理配置垃圾桶、垃圾箱等收集容器。农村生活垃圾转运应符合现行行业标准《生活垃圾收集运输技术规程》（CJJ 205—2013）的有关规定，按照垃圾产生量和收集距离合理配置农村生活垃圾收运车辆数量，合理确定垃圾清运频次。

2）农村生活垃圾分类处理

农村生活垃圾治理应遵循减量化、资源化、无害化的原则，建立"分类投放、分类收集、分类运输、分类处理"的处理系统。按照"分类减量—就地利用—规模化集中处置—小型分散处置"的优先次序构建生活垃圾分类处理体系，因地制宜建设一批小型化、分散化、无害化的生活垃圾处理设施。

对于农村易腐垃圾，可采用适宜的生物处理技术进行就地处理和资源化利用。生物处理工程根据服务范围可分为分户处理、单村处理和多村联合处理模式。分户处理可采用沼气池、家庭堆肥；单村处理可采用沼气池、堆肥设施设备；多村联合处理可采用机械成肥或设施堆肥处理，资源化产物可进行就地利用，还田还林。各地需根据经济水平、治理模式、技术水平，以乡镇或行政村为单位建设农村有机废物综合处置设施，因地制宜推进易腐垃圾、厕所粪污和农业有机固体废物的协同处理与资源化利用，通过规模化、集约化提高农村有机废物的综合处理能力和资源化利用率。

对于可回收物，以村为单位建立回收网点，实现可回收物的有效回收和安全贮存；建立县域或乡镇分拣中心为支撑的再生资源回收利用体系，当村回收网点达到一定规模后转运至分拣中心，经分拣预处理和打包压缩后，进入再生资源加工系统，实现可回收物的规范回收。

对于有害垃圾，根据农村生活垃圾中有害垃圾豁免管理的规定，做好分类收集和临时贮存，并按照地方有关要求和设施条件，进行规范运输和妥善处置。

土建垃圾及其他垃圾，灰土、砖块、碎瓦、石块等宜在村庄自行就近就地利用或处置，不具备条件的村庄，可运至乡镇或县(区、市)综合利用或处置。其他垃圾可运至乡镇或县(区、市)集中利用或处置。

2.5.2.4　畜禽养殖污染治理

畜禽养殖污染治理按照"种养结合、废弃物综合利用"的原则，采取"源头削减、清洁生产、资源化综合利用，防止二次污染"的技术路线进行治理。

农村生活污水是南流江-廉州湾的最主要污染问题，也是研究区域污染控制的一个最关键内容，因此本书也对畜禽养殖污染的具体治理技术实践进行了重点阐述，畜禽养殖污染控制技术要点及具体的资源化处理利用技术在第7章中作了详细介绍。

2.5.2.5　水产养殖污染治理

针对不同水产养殖类型、养殖品种和养殖规模的产排污特征，依据地方受纳水体水环境质量改善需求、国家/地方水产养殖尾水排放标准要求、尾水用途等，对地方水产养殖尾水治理进行分类、分区、分级管控，确定采用尾水排放浓度限值及相应管控方式，科学合理选取水产养殖尾水处理技术与模式。

1)水产养殖尾水分区管控

对于不符合规定水产养殖尾水排放控制要求的，首先应考虑根据环境功能目标和环境质量改善需求，对受纳水体进行分区。在水环境质量不达标、接近标准限值或水环境质量标准要求严格区域，可采取严格管控措施，要求水产养殖尾水循环利用、养殖模式采取生态养殖模式、尾水处理后须达到相关排放标准才能排放；在水环境质量达标区域，可采用立体养殖模式，并进行尾水处理，达到排放标准才能排放；在水环境容量还有空间，以及养殖水产品种类本身具有净化水质效果，在符合法律法规允许的养殖区域有序发展水产养殖业。

2）养殖尾水排放限值分级控制

排向不同水域的水产养殖尾水分别执行不同的排放限值，地方可根据实际情况制定地方的养殖尾水排放标准。排入重点保护水域的执行一级排放限值，排入一般水域的执行二级排放限值。地方可根据需要，自行确定水域分区和排放限值分级设计。对于未明确环境功能的受纳水体，水产养殖尾水可参照执行二级排放限值，或者仅规定污染管控措施要求。

3）养殖尾水排放分类管控

根据地方水环境质量改善要求，结合水产养殖品种和养殖规模等，对地方水产养殖业进行分类管控，即区分不同的养殖类型，确定采用尾水排放浓度限值或管控措施等不同管控方式。当水产养殖排放负荷对受纳环境水体水环境质量改善影响较大时，至少应对封闭式水产养殖进行管控。区分现有和新建水产养殖设施，设置不同要求。

4）淡水水产养殖尾水处理技术模式

对于地处偏僻、池塘分散、规模小的地区，可采用鱼菜共生、生态沟渠、资源化利用等简易操作方式开展养殖尾水治理；对于集中连片的、高密度集约化养殖区域可采用工程化措施，主要包括多级沉淀过滤池、多级人工湿地、过滤坝、生态池塘、池塘底排污、池塘内循环微流水养殖模式开展尾水治理；有条件的地方还可以根据实际情况采用融合池塘鱼菜共生、生态沟渠等多种模式组合的综合尾水治理方式开展尾水治理，最终实现水产养殖尾水循环利用、安全回灌或达标排放。

5）海水养殖尾水处理技术模式

在所选取的研究区域中，廉州湾周边分布有大量的海水养殖池塘，其尾水未经处理直接排放对周边海域环境质量有着直接的影响，因此本书也将海水养殖尾水处理技术实践进行了重点阐述，海水养殖污染控制技术模式及具体的处理技术在第9章中作了详细介绍。

2.5.3 陆海统筹长效监管技术要点

1）跨行政区协同治理，建立常抓共管机制

入海主要污染物绝大部分来自流域工农业和居民生产生活排放，因此主要污染物控制应从政府部门着手，自上而下，共同发力，应坚持"流域–海域一盘棋"思路，通过流域上下游和流域–海域政府主体责任、生态补偿、流域水污染物排放标准、流域水污染防治法律法规等手段，提升流域治理的协同性、系统性和整体性，形成流域生态共治、治理责任共担、治理成果共享局面。

流域所在行政区的上一级政府主管部门组织建立，或流域同级政府之间协商，建立流域–海域的区域环境治理的统筹协调机制和机构，实行流域–海域水污染防治统一规划、统一标准、统一监测、统一防治和统一推进等措施。上级主管部门加强统一指导、协调和监督，协商建立详细的协同机制并监督执行，督促流域–海域涉及的各行政区、各有关部门要认真按照职责分工，切实做好流域–海域水污染防治相关工作。

建立责任主体并实施主体责任制，将流域–海域污染防治纳入考核，以督察与追责促进长效监管治理。落实地方党政环境保护责任，落实"河长制"和"湾长制"，实行"党政同责、一岗双责"，提高治污的效果。加大环保督察力度，追究责任。

建立流域内部、流域和海域的横向生态保护补偿机制。采用公共政策或市场化手段，调节不具有行政隶属关系但生态关系密切的地区间利益关系。横向生态补偿机制通过流域上下游、流域–海域地方政府之间的协商谈判实现利益互补，使流域上下游、流域和海域政府部门互相支持和监督，在陆海生态保护与环境治理方面形成合力，是促进陆海统筹治理的有效手段。流域上下游相关省（市、县）可结合实际，协商确定将哪些主要污染物指标纳入流域横向生态补偿。

2）制定区域法规和地方标准，严格执法

陆海统筹环境治理往往需要综合性措施和更严格的要求，在严格实施国家环境保护相关法律法规的同时，还需要根据特定流域的水环境质量改善需求，结合地方水污染防治实际工作情况，适时出台具体的重点污染行业工业污染防治、城市污染防治和农业农村污染防治等专项整治法规和条例，甚至出台流域或区域的环境保护条例等，并严格执法，切实把各项重点治理任务落实到位。

同样，在严格贯彻落实国家和地方各项环境质量标准及城镇污水处理、污泥处理处置、农田退水等污染物排放标准之外，流域水污染物排放标准是根据特定流域的水环境质量改善需求，结合技术、经济条件和环境特点，针对流域范围内污染源制定的。流域水污染物排放标准对污染源直接或间接排入环境水体中的水污染物种类、浓度和数量等限值作出限制性规定。流域排放标准具有管控效率高的特点，适用于点源数量多、分布密集、监管能力不足的情况，可推进固定源排放控制与水质改善目标更紧密衔接。流域和沿海地区可根据入海河流水质改善需求和主要污染物控制要求，制定实施流域水污染物排放标准并严格执法，推进标准的实施。

推行污染源排污许可制度，以水质改善、防范环境风险为目标，将污染物排放种类、浓度、总量、排放去向等纳入许可管理范围。禁止无证排污或不按许可证规定排污。

3）调动社会各方面力量，共同推进环境治理

积极发挥政府在环境治理体系中的主导作用，争取中央资金、各级政府对陆域海域水环境治理的财政资金投入，整合市本级预算内基本建设资金、农业相关资金、水利相关资金用于水污染防治的重点工作。加强企业主体责任，推行环境污染第三方治理，推动政府和社会资本合作，加大环保科技支撑，大力发展环保行业。坚持向社会公开信息，加强生态文明建设等环保宣传教育，将陆海水环境治理纳入美丽河湖、美丽海湾等美丽中国建设中，构建党委领导、政府主导、企业主体、社会组织和公众共同参与的现代环境治理体系。

第3章　陆海水环境质量与污染源分析

3.1　水环境质量状况[①]

3.1.1　饮用水源地水环境现状和趋势

3.1.1.1　北海市集中式生活饮用水源地

2014 年北海市集中式生活饮用水地表水源地水质均符合《地表水环境质量标准》(GB 3838—2002) Ⅲ类标准限值，水质良好，水质达标率均为 100%。2014 年北海市集中式生活饮用水地表水源地开展 34 项特定项目监测，均未检出或低于标准限值。

结合北海市实际情况，选择总磷、总氮、化学需氧量、石油类、高锰酸盐指数、汞、五日生化需氧量、氨氮、挥发酚、溶解氧共 10 个项目为评价指标。对牛尾岭水库、湖海运河东岭段、南流江总江口水质综合评价可知，湖海运河东岭段断面综合污染指数最小，其次是牛尾岭水库、南流江总江口断面。牛尾岭水库综合营养状态指数为 36.8，水体呈中营养状态，与 2013 年相比，变化不大。

2014 年北海市对市区两个集中式生活饮用水地下水源地取水口的禾塘水厂和龙潭水厂进行每月一次常规性监测，统计结果表明，禾塘水厂和龙潭水厂的水质除 pH 值超过《地下水质量标准》(GB/T 14848—93) Ⅲ类标准外，其余指标均达到Ⅲ类标准。pH 值未达标准值要求的原因是地质背景值偏低所致，并非环境污染因素影响，按国家要求评价时不按超标计，因此北海城区集中式生活饮用水地下水源地水质达标率仍为 100%。每年一次的全分析中，监测项目均达标，与 2013 年比较没有显著变化。

3.1.1.2　玉林市集中式生活饮用水源地

2014 年，玉林市对市区内苏烟水库、江口水库共 2 个地表集中式饮用水源地水

[①]　本书案例为 2014—2015 年开展的治理工作，本章节的现状案例开展当年水质情况，以下同。

质进行每月 1 次采样分析监测，开展了一次《地表水环境质量标准》全部 109 项指标饮用水源地全分析。从水质数据分析看，苏烟水库和江口水库属湖库型，水质较 2013 年好，苏烟水库与 2013 年相比同属一个标准，而 2013 年江口水库有 1 个月监测数据溶解氧指标超标，2014 年无超标项目。上述两个饮用水源地全年水质达Ⅲ类标准。

3.1.1.3 钦州市集中式生活饮用水源地

2014 年，钦州市城区集中式饮用水源地青年水闸断面的年度总取水量为 3 255.542 7 万 m³，年度水质达标率为 100%。

2014 年，钦州港区集中式饮用水源地企山水库断面的年度总取水量为 1 429.795 1 万 m³，年度水质达标率为 100%。水库每月综合营养状态指数为 34.7~45.1，全年综合营养状态指数为 41.7，均属中营养状态。

2014 年 7 月，2 个饮用水源地进行了全分析监测，青年水闸、企山水库断面所测的 109 个项目均达到《地表水环境质量标准》中表 1 项目的标准限值、表 2 补充项目标准限值和表 3 特定项目标准限值的要求。本次 109 项全分析中青年水闸断面有 82 个项目未检出，企山水库断面有 85 个项目未检出。

综上所述，2014 年钦州市集中式饮用水水源地青年水闸、企山水库断面水质达标率均保持 100%，同比持平，水质情况总体变化不大。

3.1.2 河流水环境现状和趋势分析

3.1.2.1 主要河流监测断面

南流江流域共有 6 个区控水质监测断面，其中玉林市站–钦州市站断面、亚桥断面为国家重点流域控制单元考核断面（表 3-1）。

表 3-1 南流江流域水质监测断面及水功能区水质目标

断面所在行政区	断面名称	水功能区水质目标
玉林市	六司桥	Ⅲ类
	玉林市站–钦州市站断面	Ⅲ类
北海市	南域	Ⅲ类
	亚桥	Ⅲ类
	江口大桥	Ⅲ类
	东边埇	Ⅲ类

南流江流域内水质监测断面的地理位置见图 3-1。

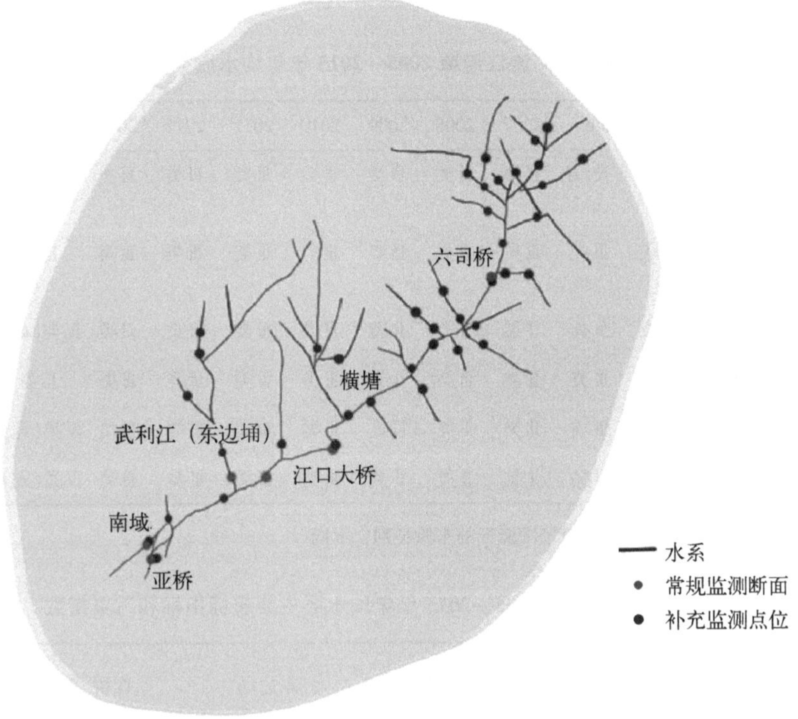

图 3-1　南流江流域区控监测断面示意

3.1.2.2　南流江流域综合水质状况

1）2005—2015 年平均水质状况

根据 2005—2015 年实测数据，南流江流域年平均水质类别及其变化趋势见表 3-2。从表 3-2 来看，2013 年以前，除六司桥断面在 2006 年氨氮存在一定的超标（污染指数为 1.13）以外，其他年份均能满足Ⅲ类水功能区的水质目标。2014 年和 2015 年，南流江流域水质恶化趋势十分明显，超标断面明显增多。2014 年，江口大桥、亚桥和南域不能达到功能区水质目标；2015 年，六司桥、玉林市站-钦州市站断面和江口大桥不能达到功能区水质目标。除江口大桥外，2014 年下游断面超标相对较重，2015 年上游断面超标相对较重。

2005—2015 年，南流江流域主要的超标指标和污染指数见表 3-3。从表 3-3 来看，南流江流域年平均水质超标指标主要为总磷和氨氮。2014 年，流域内超标指标为总磷，最大污染指数为1.39；2015年，流域内超标指标为总磷和氨氮，最大污染指数分别为1.39和1.06。从断面来看，2014年和2015年，超标最为严重的断面均为江口大桥。

表3-2 南流江流域 2005—2015 年年均水质类别

站名	功能区	2005	2006	2007	2008	2009	2010	2011	2012	2013	2014	2015
六司桥	Ⅲ类	Ⅲ类	Ⅳ类(超)	Ⅲ类	Ⅲ类	Ⅲ类	Ⅲ类	Ⅲ类	Ⅲ类	Ⅲ类	Ⅲ类	Ⅳ类(超)
玉林市站-钦州市站断面	Ⅲ类	Ⅲ类	Ⅲ类	Ⅲ类	Ⅲ类	Ⅲ类	Ⅲ类	Ⅲ类	Ⅲ类	Ⅲ类	Ⅲ类	Ⅳ类(超)
江口大桥	Ⅲ类	Ⅱ类	Ⅲ类	Ⅱ类	Ⅱ类	Ⅱ类	Ⅲ类	Ⅱ类	Ⅲ类	Ⅳ类(超)	Ⅳ类(超)	Ⅳ类(超)
东边埇	Ⅲ类	Ⅱ类	Ⅲ类	Ⅱ类	Ⅱ类	Ⅱ类	Ⅲ类	Ⅲ类	Ⅲ类	Ⅲ类	Ⅱ类	Ⅱ类
亚桥	Ⅲ类	Ⅱ类	Ⅲ类	Ⅲ类	Ⅲ类	Ⅲ类	Ⅲ类	Ⅲ类	Ⅲ类	Ⅲ类	Ⅳ类(超)	Ⅲ类
南域	Ⅲ类	Ⅱ类	Ⅲ类	Ⅱ类	Ⅱ类	Ⅱ类	Ⅲ类	Ⅲ类	Ⅲ类	Ⅲ类	Ⅳ类(超)	Ⅲ类

注：类别括号中的"超"代表该类型超过了功能区的水质类别，下同。

表3-3 南流江流域 2005—2015 年年均水质主要超标指标和污染指数

年份	六司桥	玉林市站-钦州市站断面	江口大桥	东边埇	亚桥	南域
2005	—	—	—	—	—	—
2006	氨氮(1.13)	—	—	—	—	—
2007	—	—	—	—	—	—
2008	—	—	—	—	—	—
2009	—	—	—	—	—	—
2010	—	—	—	—	—	—
2011	—	—	—	—	—	—
2012	—	—	—	—	—	—
2013	—	—	—	—	—	—
2014	—	—	总磷(1.39)	—	总磷(1.24)	总磷(1.07)
2015	总磷(1.36)	总磷(1.07) 氨氮(1.06)	总磷(1.39)	—	—	—

注：污染指数为水质浓度与功能区标准的比值(溶解氧为比值倒数)，下同。

从"十一五"到"十二五"期间，南流江流域水质恶化明显（表3-4）。"十一五"期间，仅六司桥出现过超标；"十二五"期间，六司桥、玉林市站-钦州市站断面、江口大桥、亚桥和南域均出现过年平均水质超标现象。

表3-4　南流江流域"十一五"和"十二五"期间最差年份的水质类别对比

站名	功能区	2005—2010	2011—2015
六司桥	Ⅲ类	Ⅳ类（超）	Ⅳ类（超）
玉林市站-钦州市站断面	Ⅲ类	Ⅲ类	Ⅳ类（超）
江口大桥	Ⅲ类	Ⅲ类	Ⅳ类（超）
东边埇	Ⅲ类	Ⅲ类	Ⅲ类
亚桥	Ⅲ类	Ⅲ类	Ⅳ类（超）
南域	Ⅲ类	Ⅲ类	Ⅳ类（超）

2）2011—2016年逐月水质状况

2011—2016年3月，南流江流域最差月水质类别见表3-5。从表3-5来看，从2013年起，最差月水质类别超标比例明显增加；2013年，最差月有2个断面超标；2014年，全部断面超标；2015年，除东边埇外其他断面均超标；2016年1—3月，除六司桥和玉林市站-钦州市站断面外，其他断面均超标。

表3-5　南流江流域2011—2016年最差月水质类别

站名	功能区	2011	2012	2013	2014	2015	2016（1—3月）
六司桥	Ⅲ类	Ⅲ类	Ⅲ类	Ⅳ类（超）	Ⅳ类（超）	Ⅴ类（超）	Ⅲ类
玉林市站-钦州市站断面	Ⅲ类	Ⅲ类	Ⅲ类	Ⅳ类（超）	Ⅳ类（超）	Ⅴ类（超）	Ⅲ类
江口大桥	Ⅲ类	Ⅲ类	Ⅲ类	Ⅲ类	劣Ⅴ类（超）	劣Ⅴ类（超）	Ⅳ类（超）
东边埇	Ⅲ类	Ⅲ类	Ⅲ类	Ⅲ类	Ⅳ类（超）	Ⅲ类	Ⅳ类（超）
亚桥	Ⅲ类	Ⅲ类	Ⅲ类	Ⅲ类	劣Ⅴ类（超）	Ⅳ类（超）	Ⅴ类（超）
南域	Ⅲ类	Ⅲ类	Ⅲ类	Ⅲ类	Ⅴ类（超）	Ⅴ类（超）	Ⅴ类（超）

南流江流域2011—2016年水质超标比例见表3-6。从表3-6来看，2013年以后，南流江流域水质超标比例明显上升。2014年和2015年，每年有3个断面超标比例大于或等于50%；2016年1—3月，有2个断面超标比例大于50%。

表 3-6　南流江流域 2011—2016 年水质超标比例(%)

站名	功能区	2011	2012	2013	2014	2015	2016(1—3 月)
六司桥	Ⅲ类	0	0	33	58	75	0
玉林市站-钦州市站断面	Ⅲ类	0	0	8	33	67	0
江口大桥	Ⅲ类	0	0	0	83	58	67
东边埇	Ⅲ类	0	0	0	8	0	67
亚桥	Ⅲ类	0	0	0	50	33	33
南域	Ⅲ类	0	0	0	42	17	33

南流江流域 2011—2016 年最差月水质超标指标见表 3-7。从表 3-7 来看，2011—2016 年南流江流域多项水质指标曾出现过超标。2013 年，总磷、溶解氧出现超标；2014 年，总磷、五日生化需氧量、溶解氧、化学需氧量和氨氮出现超标；2015 年，总磷、氨氮、化学需氧量、五日生化需氧量污染指数有明显增大；2016 年 1—3 月，总磷、五日生化需氧量、化学需氧量出现超标。

表 3-7　南流江流域 2011—2016 年最差月水质超标指标

站名	功能区	2011	2012	2013	2014	2015	2016(1—3 月)
六司桥	Ⅲ类	—	—	总磷(1.50)，溶解氧(1.35)	五日生化需氧量(1.48)，总磷(1.45)，化学需氧量(1.35)，氨氮(1.32)，溶解氧(1.16)	总磷(1.80)，氨氮(1.68)，化学需氧量(1.50)，五日生化需氧量(1.40)	—
玉林市站-钦州市站断面	Ⅲ类	—	—	溶解氧(1.32)	溶解氧(1.39)，五日生化需氧量(1.30)，总磷(1.30)，氨氮(1.22)	氨氮(1.91)，总磷(1.60)，化学需氧量(1.50)，五日生化需氧量(1.43)	—
江口大桥	Ⅲ类	—	—	—	总磷(2.15)	总磷(2.65)，化学需氧量(1.05)	五日生化需氧量(1.43)，总磷(1.40)，化学需氧量(1.05)
东边埇	Ⅲ类	—	—	—	总磷(1.50)	—	总磷(1.40)，五日生化需氧量(1.28)，化学需氧量(1.25)

续表

站名	功能区	2011	2012	2013	2014	2015	2016（1—3月）
亚桥	Ⅲ类	—	—	—	总磷(2.15)	总磷(1.45)，化学需氧量(1.05)	五日生化需氧量(1.70)
南域	Ⅲ类	—	—	—	总磷(1.80)	总磷(1.65)，化学需氧量(1.05)	五日生化需氧量(1.80)，化学需氧量(1.20)

南流江流域主要超标因子总磷，2011—2016 年 6 个断面超标严重的时间集中在 6—9 月的丰水期，说明总磷的控制应主要关注畜禽养殖污染源和种植业污染；主要超标因子氨氮，2011—2016 年六司桥和玉林市站-钦州市站断面在枯水期超标，玉林市站-钦州市站断面在丰水期也出现超标现象，其他断面枯水期的氨氮浓度也相对较高，说明氨氮的控制应主要关注城镇生活污染源、畜禽养殖污染源以及农村生活污染源。

3）2016 年 5 月水质调查

（1）总体评价。

2016 年 5 月 10—20 日，对南流江流域 42 个断面的水质状况进行了补充监测，水质评价结果见表 3-8。从表 3-8 来看，南流江流域水质超标较为严重，超标断面的比例达 81%。超标的主要指标为总磷、氨氮、化学需氧量、高锰酸盐指数和五日生化需氧量，上述因子的最大污染指数分别为 6.90、6.23、2.30、2.07 和 1.15，总磷、氨氮和化学需氧量属严重超标。

表 3-8　南流江流域 2016 年 5 月现场监测水质状况分布

监测断面编号	水系	功能区	水质类别	是否超标	超标因子和指数
1	塘岸河	Ⅳ类	Ⅴ类	是	总磷(1.13)
2	清湾江	Ⅳ类	劣Ⅴ类	是	总磷(4.60)，氨氮(4.15)，化学需氧量(1.53)，高锰酸盐指数(1.24)
3	清湾江	Ⅲ类	Ⅴ类	是	氨氮(1.81)，总磷(1.50)，化学需氧量(1.45)，高锰酸盐指数(1.35)
4	清湾江	Ⅲ类	劣Ⅴ类	是	氨氮(2.35)，总磷(1.95)，化学需氧量(1.45)，高锰酸盐指数(1.25)，五日生化需氧量(1.15)
5	塘岸河	Ⅳ类	劣Ⅴ类	是	氨氮(3.47)，总磷(2.43)，化学需氧量(1.27)

监测断面编号	水系	功能区	水质类别	是否超标	超标因子和指数
6	丽江	Ⅲ类	Ⅴ类	是	总磷(1.75)，五日生化需氧量(1.13)，化学需氧量(1.05)
7	车陂江	Ⅳ类	劣Ⅴ类	是	氨氮(3.28)，总磷(2.77)，化学需氧量(1.13)
8	车陂江	Ⅳ类	Ⅳ类	否	
9	干流福绵陆川段	Ⅲ类	Ⅴ类	是	总磷(1.60)，五日生化需氧量(1.05)
10	干流福绵陆川段	Ⅳ类	Ⅳ类	否	
11	水鸣河	Ⅳ类	劣Ⅴ类	是	氨氮(1.97)，总磷(1.58)
12	绿珠江	Ⅲ类	Ⅲ类	否	
13	马江	Ⅱ类	Ⅲ类	是	总磷(1.80)，氨氮(1.16)，五日生化需氧量(1.13)，化学需氧量(1.07)
14	马江	Ⅱ类	Ⅳ类	是	氨氮(2.42)，五日生化需氧量(1.47)，总磷(1.30)，化学需氧量(1.27)，高锰酸盐指数(1.10)
15	马江	Ⅲ类	Ⅲ类	否	
16	干流浦北段	Ⅲ类	Ⅴ类	是	总磷(1.60)
17	张黄江	Ⅲ类	Ⅳ类	是	五日生化需氧量(1.05)
18	武利江	Ⅲ类	Ⅲ类	否	
19	武利江	Ⅲ类	Ⅳ类	是	五日生化需氧量(1.08)
20	武利江	Ⅲ类	Ⅲ类	否	
21	武利江	Ⅲ类	Ⅳ类	是	五日生化需氧量(1.03)
22	干流合浦段	Ⅲ类	Ⅳ类	是	总磷(1.30)，五日生化需氧量(1.05)
23	洪潮江	Ⅲ类	Ⅳ类	是	化学需氧量(1.20)，五日生化需氧量(1.08)
24	合浦廉州湾区	Ⅲ类	Ⅲ类	否	
25	海城廉州湾区	Ⅲ类	Ⅲ类	是	五日生化需氧量(1.05)
26	绿珠江	Ⅲ类	Ⅲ类	否	
27	干流博白段	Ⅳ类	劣Ⅴ类	是	总磷(3.20)，氨氮(2.44)
28	干流博白段	Ⅲ类	劣Ⅴ类	是	总磷(3.10)，氨氮(1.89)
29	水鸣河	Ⅳ类	劣Ⅴ类	是	总磷(3.03)，氨氮(2.88)
30	东平河	Ⅳ类	Ⅴ类	是	总磷(1.27)
31	干流合浦段	Ⅲ类	劣Ⅴ类	是	总磷(2.10)，化学需氧量(1.10)
32	武利江	Ⅲ类	Ⅴ类	是	总磷(1.55)
33	干流博白段	Ⅲ类	劣Ⅴ类	是	总磷(3.00)，氨氮(2.65)，五日生化需氧量(1.05)
34	干流福绵陆川段	Ⅲ类	劣Ⅴ类	是	氨氮(2.28)，总磷(2.10)
35	干流博白段	Ⅲ类	Ⅳ类	是	总磷(1.15)，五日生化需氧量(1.10)
36	丽江	Ⅲ类	Ⅴ类	是	总磷(1.80)，五日生化需氧量(1.08)

续表

监测断面编号	水系	功能区	水质类别	是否超标	超标因子和指数
37	干流福绵陆川段	Ⅳ类	Ⅳ类	否	
38	车陂江	Ⅳ类	劣Ⅴ类	是	总磷(1.47)，氨氮(1.07)
39	车陂江	Ⅲ类	劣Ⅴ类	是	总磷(3.00)，氨氮(2.77)，高锰酸盐指数(1.13)，五日生化需氧量(1.05)，化学需氧量(1.05)
40	干流博白段	Ⅲ类	劣Ⅴ类	是	总磷(5.50)，氨氮(3.99)，高锰酸盐指数(1.30)，化学需氧量(1.25)，五日生化需氧量(1.15)
41	干流博白段	Ⅲ类	Ⅲ类	否	
42	清湾江	Ⅳ类	Ⅴ类	是	总磷(1.13)

注：括号内数字为污染指数。

各类因子超标断面的比例见表 3-9。从表 3-9 来看，有超过 2/3 的断面总磷超标，五日生化需氧量和氨氮有接近或达到一半的断面超标。可以认为，南流江流域总磷、五日生化需氧量和氨氮为普遍性超标因子。

表 3-9　南流江流域 2016 年 5 月现场监测各类因子超标比例

所有指标	五日生化需氧量	高锰酸盐指数	化学需氧量	氨氮	总磷
81%	50%	24%	31%	43%	67%

南流江流域各类水质断面的比例见表 3-10。从表 3-10 来看，本次监测的 42 个断面中，没有 Ⅰ 类和 Ⅱ 类断面，Ⅲ 类断面为 19%，Ⅳ 类、Ⅴ 类和劣 Ⅴ 类断面比例分别为 26%、21% 和 33%。也就是说，80% 以上的断面达不到 Ⅲ 类水质的要求，其中约 1/3 的断面为劣 Ⅴ 类。

表 3-10　南流江流域 2016 年 5 月现场监测水质类别比例

断面个数	Ⅰ 类	Ⅱ 类	Ⅲ 类	Ⅳ 类	Ⅴ 类	劣 Ⅴ 类
42	0%	0%	19%	26%	21%	33%

(2)控制单元水质情况。

南流江流域几乎所有的控制单元都存在一定的超标现象。超标最为严重的污染因子为总磷和氨氮；主要超标控制单元有车陂江、清湾江、塘岸河、水鸣河、干流博白北段和干流博白南段，上述控制单元的总磷和无机氮超标倍数均在 1 倍以上，个别断面超标 2 倍以上。

（3）片区水质情况。

南流江流域污染最严重的两个片区为博白北片区和玉林北片区。玉林北片区水质整体较差，片区内绝大部分支流水质为Ⅴ类或劣Ⅴ类，其中劣Ⅴ类水质断面占60%。福绵片区的一级支流沙田河水质较好，均不超标，但樟木镇支流为劣Ⅴ类水质，丽江支流和干流为Ⅴ类水质，超标较重，说明该片区主要受上游水质影响。博白北片区绿珠江支流水质较好，均不超标，其他监测断面均为劣Ⅴ类，超标较重。博白南片区水质整体好于博白北片区，为Ⅲ~Ⅳ类。浦北合浦片区大部分支流和干流监测断面均为Ⅲ~Ⅳ类，水质良好，干流监测断面受上游水质的影响较小，说明污染物在该片区有所降解。廉州湾片区水质整体良好，其中合浦廉州湾区监测断面不超标，海城廉州湾区为Ⅳ类水质。

3.1.3 黑臭水体状况

2016 年 2 月，住房和城乡建设部办公厅、环境保护部办公厅共同发布了《关于公布全国城市黑臭水体排查情况的通知》，公布了全国地级及以上城市建成区黑臭水体排查名单，南流江流域及廉州湾周边范围内排查被公布的黑臭水体有 1 个，为北海市外沙内港。

外沙内港是北海港的一个重要部分，位于廉州湾南部、北海市北部，是一个渔、军、商合用的综合性码头，其中外沙内港是北海市的中心渔港之一，也是廉州湾唯一的中心渔港。外沙内港成带状，港区全场 3 535 m，宽 60~160 m，深 1.8~4 m，总面积 66 万 m^2，其中渔港码头长 1 779 m，位于海角码头的两侧，渔港水域面积约 40 m^2，占整个港区的 2/3 以上。由于该港地理位置和避风条件优越，历来是广西、广东、海南和福建等地渔船的集散地。渔港对渔船的现有合理容量约为1 600 艘，但停靠船舶经常超负荷，最多时港内停靠渔船达 4 500 艘以上。渔船基本未设立环保处理设施，船舶生活污水和含油污水直排现象普遍，部分渔民环保意识差，乱丢垃圾现象时有发生，加上内港目前设置有 5 个日排污水量大于 100 t 的直排入海排污口，年排入内港的污水量高达 1 500 万 t，COD_{Cr} 3 800 t，NH_3-N600 t，总磷 140 t，石油类 23 t，致使内港环境问题突出，溶解氧、化学需氧量、无机氮、活性磷酸盐等均超《海水水质标准》Ⅳ类标准，水体出现黑臭现象，环境问题突出。

3.1.4 廉州湾生态环境现状和趋势分析

3.1.4.1 廉州湾海水环境质量

1) 海水环境质量现状

根据广西近岸海域监测点位布设情况，廉州湾共有 4 个监测点位，分别为 GX015、GX020、GX025 和 GX026。

2015 年廉州湾海水水质为优，4 个监测站位中，GX020 和 GX026 均为一类水质；GX015 和 GX025 均为二类水质。海水环境功能区达标率为 100%。具体各评价指标监测结果见表 3-11。2015 年各功能区水质评价结果情况详见表 3-12。

表 3-11 2015 年廉州湾海水水质监测结果统计

指标	pH	溶解氧 (mg/L)	化学需氧量 (mg/L)	活性磷酸盐 (mg/L)	无机氮 (mg/L)	石油类 (mg/L)	汞 (μg/L)	铜 (μg/L)	铅 (μg/L)	镉 (μg/L)	镍 (μg/L)	总铬 (μg/L)	砷 (μg/L)
最大值	8.18	8.05	1.54	0.043 6	0.5	0.020 2	0.024	1.9	0.78	0.12	1.7	<0.4	2.4
最小值	7.96	6.38	0.49	0.000 9	0.045	0.003 2	<0.002	0.1	0.08	0.005	<0.5	<0.4	1.1
平均值	8.067	7.115	1.058	0.012	0.149	0.009	0.010	0.800	0.293	0.056	0.542	<0.4	1.6
二类标准值	7.8~8.5	>5	≤3	≤0.030	≤0.30	≤0.05	≤0.2	≤10	≤5	≤5	≤10	≤10	≤30
超标率 (%)	0	0	0	0	0	0	0	0	0	0	0	0	0

注：表中超标率按《海水水质标准》第二类标准进行统计，下同。

表 3-12 2015 年廉州湾海水各功能区水质评价结果

海域名称	站位编号	水质功能要求	2015 年实测水质类别	2014 年水质类别	水质类别变化情况	环境功能区达标情况	所在海域
廉州湾海水养殖区	GX015	二类	二类	劣四类	变好	达标	廉州湾
	GX020	二类	一类	三类	变好	达标	廉州湾
北海市北海港区	GX025	四类	二类	一类	变差	达标	廉州湾
	GX026	四类	一类	二类	变好	达标	廉州湾

2015 年廉州湾水体富营养化指数为 0.5，属贫营养型。各海域水体富营养状况见表 3-13。

表 3-13   2015 年廉州湾水体富营养状况

时期	富营养化指数(E)		4 个站位富营养等级类别比例(%)				
	范围	平均	贫营养 $E<1.0$	轻度富营养 $1.0 \leqslant E<2.0$	中度富营养 $2.0 \leqslant E<5.0$	重富营养 $5.0 \leqslant E<15.0$	严重富营养 $E \geqslant 15.0$
全年平均	0.0~0.8	0.5	100	0	0	0	0

2)海水环境质量变化分析

2007—2015 年，廉州湾海水环境质量总体波动较大，水质状况从优到差均有分布，一、二类水质占比的变化范围达 25%~100%。其中 2008 年、2012 年、2013 年和 2015 年水质为优，2007 年、2009 年、2011 年和 2014 年水质为差。廉州湾 2007—2014 年水质情况见表 3-14。

表 3-14   2007—2014 年廉州湾水质比例状况(%)

年份	站位数	一类	二类	三类	四类	劣四类	一类、二类占比	水质状况
2007	4	25	0	25	25	25	25	差
2008	4	25	75	0	0	0	100	优
2009	4	25	50	0	0	25	75	差
2010	4	75	0	25	0	0	75	一般
2011	4	0	25	25	50	0	25	差
2012	4	25	75	0	0	0	100	优
2013	4	25	75	0	0	0	100	优
2014	4	0	50	25	0	25	50	差
2015	4	50	50	0	0	0	100	优

廉州湾超标因子主要为无机氮，个别站位活性磷酸盐也有超标现象(表 3-15)。

采用 Spearman 秩相关系数法分别对廉州湾海水综合指数变化情况进行分析，结果表明，2007—2015 年廉州湾海水环境质量综合指数保持在 2.07~4.57，变化不显著，海水环境质量变化不显著。

2007—2015 年廉州湾海水环境综合指数的变化趋势不显著，但在 2010—2014 年的 5 年间略显增加。

表 3-15　2007—2014 年廉州湾海水环境质量综合指数

年份	2007	2008	2009	2010	2011	2012	2013	2014	2015	平均	系数 r	趋势
廉州湾	4.57	3.30	3.69	2.07	3.46	2.64	2.53	4.08	2.28	3.06	-0.4	不显著

3）海水富营养化变化分析

采用 Spearman 秩相关系数法对廉州湾海水富营养化指数进行分析，分析结果表明，2007—2015 年，廉州湾海水富营养化指数变化范围为 0.39~2.57，变化趋势不显著。廉州湾海水富营养化指数变化情况见表 3-16。

表 3-16　2007—2015 年廉州湾海水富营养化指数年际变化

年份	2007	2008	2009	2010	2011	2012	2013	2014	2015	平均	系数 r	趋势
指数	1.74	0.48	1.31	0.39	2.57	0.53	0.53	2.56	0.47	1.18	0.1	不显著
水质等级	轻度富营养	贫营养	轻度富营养	贫营养	中度富营养	贫营养	贫营养	中度富营养	贫营养	轻度富营养		

4）海水环境主要影响因子分析

2007—2015 年廉州湾单因子评价中，以无机氮污染指数最高，其次是化学需氧量和活性磷酸盐。海水各评价指标中无机氮的超标率最高，达到 29.3%；其次是活性磷酸盐和 pH，分别为 12.4% 和 8.9%；化学需氧量超标率为 5.3%；溶解氧、石油类和重金属基本不超标。2007—2015 年廉州湾主要污染因子为无机氮，其次是活性磷酸盐。2007—2015 年廉州湾各指标平均污染指数和超标率见表 3-17。

表 3-17　2007—2015 年廉州湾各指标平均污染指数和超标率

项目	污染指数	超标率（%）
溶解氧	0.38	0
pH	0.46	8.9
活性磷酸盐	0.44	12.4
化学需氧量	0.45	5.3
无机氮	0.85	29.3
石油类	0.26	0
汞	0.09	0
铜	0.10	0

项目	污染指数	超标率(%)
铅	0.07	0
镉	0.01	0
砷	0.05	0
总铬	0.00	0
镍	0.04	0
平均	0.25	4.5

5)海水单因子影响变化分析

采用秩相关系数法对廉州湾各评价指标污染指数进行分析,2007—2015年各评价指标中,石油类、铅、镉、总铬呈显著下降趋势,其余评价指标变化趋势不显著。2007—2015年廉州湾污染指数变化见表3-18。

表3-18   2007—2015年廉州湾污染指数年际变化

年份	2007	2008	2009	2010	2011	2012	2013	2014	2015	系数 r	趋势
溶解氧	0.56	0.55	0.55	0.07	0.08	0.10	0.22	0.48	0.31	-0.34	不显著
pH	0.72	0.52	0.50	0.16	0.21	0.31	0.11	0.49	0.24	-0.58	不显著
活性磷酸盐	0.54	0.25	0.58	0.26	0.56	0.36	0.26	0.85	0.39	0.13	不显著
化学需氧量	0.41	0.43	0.41	0.46	0.59	0.48	0.43	0.46	0.35	0.11	不显著
无机氮	1.29	0.73	0.91	0.55	1.27	0.52	0.79	1.09	0.50	-0.43	不显著
石油类	0.51	0.26	0.29	0.16	0.22	0.30	0.18	0.22	0.18	-0.67	显著下降
汞	0.08	0.08	0.08	0.10	0.09	0.12	0.16	0.09	0.05	0.23	不显著
铜	0.09	0.10	0.12	0.11	0.08	0.14	0.07	0.10	0.08	-0.37	不显著
铅	0.06	0.17	0.07	0.06	0.05	0.06	0.05	0.06	0.06	-0.68	显著下降
镉	0.02	0.02	0.03	0.01	0.00	0.01	0.01	0.01	0.01	-1.03	显著下降
砷	0.05	0.04	0.04	0.05	0.05	0.06	0.05	0.05	0.05	0.17	不显著
总铬	0.00	0.01	0.01	0.00	0.00	0.00	0.00	0.00	0.00	-1.17	显著下降
镍	0.06	0.03	0.02	0.03	0.03	0.03	0.04	0.07	0.05	0.27	不显著

6)海水水质最差值分析

选取活性磷酸盐、化学需氧量、无机氮、石油类4项因子,分析廉州湾4个站位2007—2015年的最大值出现的时间和站位。结果表明,活性磷酸盐、化学需氧量、无机氮、石油类4项因子的最大值均出现在南流江口站位GX015,时间主要集中在2008年和2014年,活性磷酸盐和无机氮均超过四类水质标准(表3-19)。这也表明南流江是影响廉州湾水质的主要因素。

表 3-19　2007—2015 年廉州湾水质最差值统计（单位：mg/L）

项目	浓度	出现时间	出现站位
活性磷酸盐	0.067 8	2014 年 3 月	GX015
化学需氧量	4.97	2008 年 7 月	GX015
无机氮	1.344	2014 年 3 月	GX015
石油类	0.05	2007 年 4 月	GX026
		2007 年 8 月	GX015

3.1.4.2　表层海洋沉积物质量

表层海洋沉积物监测站位与海水监测站位相同。

1）表层沉积物质量现状

2015 年，廉州湾沉积物质量优良，10 项评价指标均符合《海洋沉积物质量》（GB 18668—2002）一类沉积物质量标准。2015 年廉州湾沉积物监测结果见表 3-20，达标情况见表 3-21，沉积物质量评价见表 3-22。2015 年廉州湾一类沉积物质量比例为 100%。

表 3-20　2014 年廉州湾沉积物监测结果（单位：mg/kg，有机碳除外）

指标	有机碳(10^{-2})	石油类	硫化物	砷	铜	铅	镉	汞	锌	铬
最大值	0.99	9	14.4	13.5	4.3	13.1	0.08	0.048	47.5	13.7
最小值	0.12	3	0.5	1.65	0.8	8.5	0.04	0.007	15.5	1.9
平均值	0.48	5	5.17	8.37	2.50	11.2	0.06	0.03	30.5	8.20
超标率(%)	0	0	0	0	0	0	0	0	0	0

注：表中超标率按《海洋沉积物质量》一类沉积物质量标准进行统计，下同。

表 3-21　2014 年廉州湾沉积物质量达标情况（%）

	一类	二类	三类	劣三类	功能区达标率
比率	100	0	0	0	100

表 3-22　2015 年廉州湾各功能区沉积物质量评价

海域名称	站位编号	实测所属类别	沉积物功能区要求	达标情况
廉州湾海水养殖区	GX015	一类	一类	达标
	GX020	一类	一类	达标

海域名称	站位编号	实测所属类别	沉积物功能区要求	达标情况
北海市北海港区	GX025	一类	三类	达标
	GX026	一类	三类	达标

2)海洋沉积物环境质量变化趋势分析

采用秩相关系数法对廉州湾海洋沉积物综合指数变化情况进行分析,结果表明,2007—2015 年,廉州湾沉积物环境质量综合指数变化趋势不显著,处于相对平稳波动状态。按站位分别统计,2007—2015 年,廉州湾 4 个站位只有 GX025 为显著下降,其余站位变化均不显著。2007—2015 年廉州湾沉积物综合指数变化情况详见表 3-23。

表 3-23　2007—2015 年廉州湾沉积物综合指数变化情况

	2007	2009	2011	2012	2013	2014	2015	平均	系数 r	趋势
廉州湾	2.98	2.40	3.76	4.08	1.84	2.26	1.51	2.69	−0.64	不显著
GX015	1.49	1.28	2.19	5.01	1.14	1.46	1.86	2.06	0.00	不显著
GX020	2.25	1.37	2.71	2.36	1.39	1.69	2.02	1.97	−0.14	不显著
GX025	6.42	5.00	7.82	4.83	2.89	4.35	1.35	4.67	−0.86	显著下降
GX026	1.75	1.94	2.34	4.13	1.96	1.55	0.46	2.02	−0.39	不显著

3)沉积物环境质量决定因子

廉州湾沉积物污染指数以锌为最高,硫化物最低。沉积物超标率以锌最高,为 12.5%;石油类、砷、铜和镉有一定超标;有机碳、硫化物、铅、总铬和汞没有出现超标。虽然锌是廉州湾污染指数最大的指标,但绝对值较低,对沉积物总体质量影响不大。2007—2015 年廉州湾沉积物各因子超标率见表 3-24。

表 3-24　2007—2015 年廉州湾沉积物各因子超标率(%)

	有机碳	石油类	硫化物	砷	铜	铅	镉	汞	锌	总铬
超标率	0	7.1	0	3.6	7.1	0	3.6	0	12.5	0

2007—2015 年廉州湾各因子平均综合指数见表 3-25。

表 3-25　2007—2015 年廉州湾各因子平均综合指数比较

	铬	油类	砷	铜	锌	镉	铅	总汞	有机碳	硫化物	平均
廉州湾	0.27	0.14	0.41	0.33	0.44	0.16	0.42	0.20	0.27	0.06	0.27

3.2　污染物排放状况

3.2.1　城镇生活污染源

按乡镇和街道调查了全流域非农业人口、农业人口和总人口。2015 年，南流江-廉州湾流域范围内总人口为 529.20 万，其中非农业人口 180.67 万，农业人口 348.53 万。根据全国污染源普查，广西城镇生活排污系数见表 3-26。

表 3-26　南流江-廉州湾流域城镇生活排污系数[单位：g/(人·d)]

城市	污水[L/(人·d)]	COD_{Cr}	NH_3-N	TN	TP
玉林市	153	49	7.3	9.1	0.74
钦州市	164	57	8	9.9	0.81
北海市	175	58	8.8	11	0.89

根据非农业人口数量和排污系数，计算了南流江-廉州湾流域各乡镇和街道的城镇生活污染负荷。按照县(区、市)统计，南流江-廉州湾流域 2015 年城镇生活污染源排放量见表 3-27。南流江-廉州湾流域城镇生活污染源 COD_{Cr}、NH_3-N、TN 和 TP 的排放量分别为 32 314 t、4 814 t、6 001 t 和 488 t。

表 3-27　2015 年南流江-廉州湾流域城镇生活污染源排放量(单位：t)

地级市	县(区、市)	污水量(万 t)	COD_{Cr}	NH_3-N	TN	TP
	北流市	414.12	1 326.26	197.59	246.31	20.03
	兴业县	673.18	2 155.93	321.19	400.39	32.56
	玉州区	2 283.46	7 313.05	1 089.50	1 358.14	110.44
玉林市	福绵区	774.61	2 480.77	369.58	460.72	37.46
	陆川县	395.31	1 266.03	188.61	235.12	19.12
	博白县	1 888.00	6 046.54	900.81	1 122.93	91.32
	小计	6 428.68	20 588.58	3 067.28	3 823.61	310.93

地级市	县(区、市)	污水量(万 t)	COD_{Cr}	NH_3-N	TN	TP
钦州市	浦北县	519.12	1 662.54	247.68	308.76	25.11
	灵山县	111.69	357.70	53.29	66.43	5.40
	钦南区	4.31	13.79	2.05	2.56	0.21
	小计	635.12	2 034.03	303.02	377.75	30.72
北海市	合浦县	1 194.19	3 824.53	569.78	710.27	57.76
	海城区	1 831.75	5 866.39	873.97	1 089.47	88.59
	小计	3 025.94	9 690.92	1 443.75	1 799.74	146.35
合计		10 089.74	32 313.53	4 814.05	6 001.10	488.00

3.2.2 农村生活污染源

根据广西农村生活排污量分析,南流江-廉州湾流域农村生活排污系数见表 3-28。

表 3-28 2015 年南流江-廉州湾流域农村生活排污系数[单位:g/(人·d)]

污水量[L/(人·d)]	COD_{Cr}	NH_3-N	TN	TP
53.21	13.30	1.86	2.39	0.21

根据上述系数,计算了南流江-廉州湾流域各乡镇和街道的农村生活污染负荷。按照县(区、市)统计,南流江-廉州湾流域 2015 年农村生活污染源排放量见表 3-29。南流江-廉州湾流域农村生活污染源 COD_{Cr}、NH_3-N、TN 和 TP 的排放量分别为 16 919 t、2 369 t、3 045 t 和 271 t。

表 3-29 2015 年南流江-廉州湾流域农村生活污染源排放量(单位:t)

地级市	县(区、市)	污水量(万 t)	COD_{Cr}	NH_3-N	TN	TP
玉林市	北流市	342.26	855.56	119.78	154.00	13.69
	兴业县	415.39	1 038.36	145.37	186.90	16.61
	玉州区	483.06	1 207.52	169.05	217.35	19.32
	福绵区	568.19	1 420.32	198.84	255.66	22.73
	陆川县	473.65	1 184.01	165.76	213.12	18.94
	博白县	1 773.06	4 432.19	620.51	797.79	70.92
	小计	4 055.61	10 137.96	1 419.31	1 824.82	162.21

续表

地级市	县（区、市）	污水量(万 t)	COD$_{Cr}$	NH$_3$-N	TN	TP
钦州市	浦北县	1 199.43	2 998.27	419.76	539.69	47.97
	灵山县	644.36	1 610.72	225.50	289.93	25.77
	钦南区	55.45	138.61	19.41	24.95	2.22
	小计	1 899.24	4 747.60	664.67	854.57	75.96
北海市	合浦县	723.93	1 809.65	253.35	325.74	28.95
	海城区	89.64	224.08	31.37	40.33	3.59
	小计	813.57	2 033.73	284.72	366.07	32.54
	合计	6 768.42	16 919.29	2 368.70	3 045.46	270.71

3.2.3　工业污染源

研究范围内的工业污染源主要包括规模以上工业企业污染源和分散式污染源。根据 2015 年广西环境统计数据，除了纳入环境统计的工业企业污染源，还有部分分散式的工业污染源。由于缺乏乡镇的实际分散式工业污染源调查数据，根据各县（区、市）工业污染源统计数据，将分散式工业污染源按工业用地的面积分配到乡镇和街道。

采用上述方法，估算了南流江-廉州湾流域各乡镇和街道的工业污染源排放量。南流江-廉州湾流域工业污染源 COD$_{Cr}$、NH$_3$-N、TN 和 TP 的排放量分别为 9 867 t、290 t、817 t 和 128 t。

3.2.4　畜禽养殖污染源

对南流江-廉州湾流域规模化养殖企业的养殖量和经纬度位置，以及以乡镇为单元对分散式畜禽养殖情况进行了全面的摸底调查。根据污染源普查数据，南流江-廉州湾流域畜禽养殖的排污系数见表 3-30。

根据大型养殖企业所采取的污染防治措施，计算了养殖企业的污染物削减量和排放量，按乡镇和街道统计了畜禽养殖污染物排放量。南流江-廉州湾流域畜禽养殖污染源 COD$_{Cr}$、NH$_3$-N、TN 和 TP 的排放量分别为 152 112 t、3 315 t、9 336 t 和 2 699 t。

表 3-30　2015 年南流江–廉州湾流域畜禽养殖排污系数

养殖类型	动物种类	饲养阶段	参考体重（kg）	单位	干清粪				水冲清粪			
					化学需氧量	氨氮	全氮	全磷	化学需氧量	氨氮	全氮	全磷
养殖场	生猪	保育	21	g/(头·d)	19.17	1.05	2.11	0.27	53.58	1.05	4.08	0.6
		育肥	71	g/(头·d)	47.09	3.89	5.56	0.43	166.97	3.89	10.3	1.28
	牛	肉牛	431	g/(头·d)	141.15	0.91	26.21	2.02	931.2	0.91	34.9	3.91
	蛋鸡	育雏育成	1.3	g/(只·d)	0.59	0.015	0.03	0.02	4.78	0.081	0.27	0.08
		产蛋	1.8	g/(只·d)	0.17	0.005	0.01	0.005	4.47	0.09	0.3	0.07
	肉鸡	商品肉鸡	0.6	g/(只·d)	5.71	0.04	0.08	0.01	10.41	0.066	0.22	0.04
养殖小区	生猪	保育	21	g/(头·d)	34.91	1.8	3.36	0.5	88.74	1.8	6.36	1.1
		育肥	71	g/(头·d)	98.09	5.65	8.59	0.95	259.09	5.65	13.79	2.55
	牛	肉牛	431	g/(头·d)	138.27	0.89	25.61	1.98	912.27	0.89	34.1	3.82
	蛋鸡	育雏育成	1.3	g/(只·d)	0.82	0.02	0.04	0.02	6.7	0.108	0.36	0.11
		产蛋	1.8	g/(只·d)	0.23	0.005	0.01	0.01	6.65	0.123	0.41	0.09
	肉鸡	商品肉鸡	0.6	g/(只·d)	3	0.05	0.1	0.02	6.73	0.087	0.29	0.03
养殖户	生猪	保育	21	g/(头·d)	23.41	2.09	2.63	0.4	112.24	2.09	5.9	1.81
		育肥	71	g/(头·d)	92.94	6.56	9.03	1.18	336.36	6.56	16.2	3.65
	牛	肉牛	431	g/(头·d)	143.69	0.99	32.91	1.61	953.4	0.99	43.48	5.12
	蛋鸡	育雏育成	1.3	g/(只·d)	0.05	0	0	0	3.88	0.051	0.17	0.02
		产蛋	1.8	g/(只·d)	0.2	0.01	0.02	0.08	3.04	0.057	0.19	0.09
	肉鸡	商品肉鸡	0.6	g/(只·d)	1.68	0.03	0.06	0.04	8.31	0.081	0.27	0.04

3.2.5　农业种植污染源

收集了南流江-廉州湾流域各县（区、市）种植业污染源排放量。南流江-廉州湾流域农业种植污染源 NH_3-N、TN 和 TP 的排放量分别为 605 t、4 426 t 和 446 t。

3.2.6　水产养殖污染源

收集了南流江-廉州湾流域各县（区、市）水产养殖污染源排放量。根据各县（区、市）内乡镇和街道水产养殖用地面积的比例，将县（区、市）水产养殖污染源排放量估算到各乡镇。南流江-廉州湾流域水产养殖污染源 COD_{Cr}、NH_3-N、TN 和 TP 的排放量分别为 3 112 t、218 t、484 t 和 86 t。

3.2.7　污水处理厂削减量

对南流江-廉州湾流域城镇污水处理厂的分布情况进行了调查。流域内现有大型污水处理厂 7 座，其中 20 万 t 的污水处理厂(含二期工程)2 座，分别为玉林市污水处理厂和北海市红坎污水处理厂。其他污水处理厂和处理规模分别为：合浦县污水处理厂 5 万 t、灵山县污水处理厂 3 万 t、博白县污水处理厂 2.5 万 t、浦北县污水处理厂 2 万 t、兴业县污水处理厂 1 万 t。其中灵山县污水处理厂地理位置不在流域范围内，但其接纳了流域内新圩镇和檀圩镇的城镇生活污水，因此流域内的污染物排放量减少。

收集了城镇污水处理厂 2015 年的运行数据(城镇污水处理厂的污水处理量和进出水浓度)，各污水处理厂的污染物处理量见表 3-31。

表 3-31　2015 年南流江-廉州湾流域城镇生活污水处理厂削减量(单位：t)

污水处理厂	类别	污水量(万 m³)	COD	BOD	SS	NH₃-N	TN	TP
北海市红坎污水处理厂二级处理一期工程	进水	4 773.80	11 617.56	6 221.21	5 764.30	1 483.30	1 827.71	319.44
	出水	—	1 230.51	438.84	160.15	63.93	762.83	180.94
	削减量	—	10 387.06	5 782.37	5 604.15	1 419.37	1 064.88	138.51
	削减率	—	89%	93%	97%	96%	58%	43%
博白县城区污水处理工程	进水	937.65	1 496.70	969.57	1 145.25	238.68	336.10	41.44
	出水	—	262.40	60.57	117.28	4.02	121.90	8.47
	削减量	—	1 234.29	909.00	1 027.98	234.66	214.20	20.00
	削减率	—	82%	94%	90%	98%	64%	48%
合浦县城区污水处理厂及配套污水管网一期工程	进水	1 733.60	1 996.40	1 169.94	1 365.16	276.85	304.88	29.40
	出水	—	302.93	81.57	150.42	12.61	207.28	14.18
	削减量	—	1 693.47	1 088.37	1 214.73	264.24	97.60	15.22
	削减率	—	85%	93%	89%	95%	32%	52%
灵山县城区污水处理厂	进水	1 025.70	1 758.80	606.46	917.01	189.21	228.42	27.17
	出水	—	238.66	69.99	94.24	38.81	90.79	7.12
	削减量	—	1 520.14	536.47	822.77	150.40	137.63	20.05
	削减率	—	86%	88%	90%	79%	60%	74%

续表

污水处理厂	类别	污水量(万 m³)	COD	BOD	SS	NH₃-N	TN	TP
浦北县城区污水处理厂及配套管网工程	进水	568.02	796.47	279.83	619.04	84.56	118.85	8.25
	出水	—	82.14	29.99	63.35	7.69	20.39	1.91
	削减量	—	714.33	249.84	555.70	76.88	98.46	6.33
	削减率	—	90%	89%	90%	91%	83%	77%
兴业县城污水处理厂及配套污水管网一期工程	进水	338.68	375.82	168.43	338.50	67.54	98.04	8.23
	出水	—	44.55	29.31	43.75	6.53	48.54	3.19
	削减量	—	331.27	139.12	294.74	61.01	49.50	5.04
	削减率	—	88%	83%	87%	90%	50%	61%
玉林市污水处理厂二期工程	进水	2 231.70	3 577.30	1 380.30	2 266.22	329.12	451.50	49.01
	出水	—	290.21	21.91	273.40	1.94	243.06	21.77
	削减量	—	3 287.09	1 358.39	1 992.82	327.18	208.43	27.24
	削减率	—	92%	98%	88%	99%	46%	56%
玉林市污水处理工程	进水	2 844.90	4 555.13	1 762.49	2 894.72	420.40	576.80	62.59
	出水	—	393.18	30.30	389.29	2.68	353.17	28.99
	削减量	—	4 161.95	1 732.19	2 505.43	417.71	223.62	33.60
	削减率	—	91%	98%	87%	99%	39%	54%

根据污水处理厂水量的来源，将污水处理厂的削减量分配到各乡镇和街道。各县(区、市)的污染物削减量见表3-32。南流江-廉州湾流域城镇生活污水处理厂 COD_Cr、NH₃-N、TN 和 TP 的削减量分别为 15 155 t、1 886 t、1 273 t 和 157 t。

表 3-32　2015 年南流江-廉州湾流域污水处理厂削减量(单位：t)

地级市	县(区、市)	COD_Cr	NH₃-N	TN	TP
玉林市	北流市	0.00	0.00	0.00	0.00
	兴业县	331.27	61.01	49.50	5.04
	玉州区	5 562.20	556.21	322.62	45.43
	福绵区	1 886.84	188.68	109.44	15.41
	陆川县	0.00	0.00	0.00	0.00
	博白县	1 234.29	234.66	214.20	20.00
	小计	9 014.60	1 040.56	695.76	85.88

续表

地级市	县(区、市)	COD$_{Cr}$	NH$_3$-N	TN	TP
钦州市	浦北县	714.33	76.88	98.46	6.33
	灵山县	145.67	14.41	13.19	1.92
	钦南区	0.00	0.00	0.00	0.00
	小计	860.00	91.29	111.65	8.25
北海市	合浦县	1 693.47	264.24	97.60	15.22
	海城区	3 587.05	490.16	367.74	47.83
	小计	5 280.52	754.40	465.34	63.05
合计		15 155.12	1 886.25	1 272.75	157.18

3.2.8　污染源结构分析

3.2.8.1　行政区污染源结构分析

根据上述估算，计算流域内各乡镇和街道的污染物排放量。各县(区、市)的污染物排放量见表 3-33。2015 年，南流江-廉州湾流域 COD$_{Cr}$、NH$_3$-N、TN 和 TP 的排放量分别为 199 169 t、9 725 t、22 837 t 和 3 960 t。

表 3-33　2015 年南流江-廉州湾流域各行政区污染物排放量合计(单位：t)

地级市	县(区、市)	污水量(万 t)	COD$_{Cr}$	NH$_3$-N	TN	TP
玉林市	北流市	832.29	5 044.63	423.42	905.43	172.28
	兴业县	1 123.77	21 913.33	848.26	2 038.35	390.39
	玉州区	3 537.51	9 466.52	969.71	2 272.54	231.56
	福绵区	2 877.61	13 409.94	821.37	2 016.77	259.96
	陆川县	881.91	8 861.96	554.60	1 093.44	180.29
	博白县	3 737.39	63 657.96	2 557.08	5 487.33	1 486.23
	小计	12 990.48	122 354.34	6 174.44	13 813.86	2 720.71
钦州市	浦北县	2 382.87	26 361.84	1 249.38	2 660.93	379.09
	灵山县	784.76	25 419.51	684.48	1 995.85	349.03
	钦南区	60.35	1 006.56	48.20	146.46	16.60
	小计	3 227.98	52 787.91	1 982.06	4 803.24	744.72
北海市	合浦县	2 393.05	20 334.38	1 087.23	3 238.24	412.94
	海城区	2 294.20	3 692.22	481.25	981.27	81.81
	小计	4 687.25	24 026.60	1 568.48	4 219.51	494.75
合计		20 905.71	199 168.85	9 724.98	22 836.61	3 960.18

79

南流江-廉州湾流域各县(区、市)排放量占总量的比例见表 3-34。

表 3-34　2015 年南流江-廉州湾流域各行政区污染物排放量所占的比例(%)

地级市	县(区、市)	污水量	COD_{Cr}	NH_3-N	TN	TP
玉林市	北流市	3.98	2.53	4.35	3.96	4.35
	兴业县	5.38	11.00	8.72	8.93	9.86
	玉州区	16.92	4.75	9.97	9.95	5.85
	福绵区	13.76	6.73	8.45	8.83	6.56
	陆川县	4.22	4.45	5.70	4.79	4.55
	博白县	17.88	31.96	26.29	24.03	37.53
	小计	62.14	61.42	63.48	60.49	68.70
钦州市	浦北县	11.40	13.24	12.85	11.65	9.57
	灵山县	3.75	12.76	7.04	8.74	8.81
	钦南区	0.29	0.51	0.50	0.64	0.42
	小计	15.44	26.51	20.39	21.03	18.80
北海市	合浦县	11.45	10.21	11.18	14.18	10.43
	海城区	10.97	1.85	4.95	4.30	2.07
	小计	22.42	12.06	16.13	18.48	12.50

从地级行政区来看,各地级市污染物排放量由大到小的顺序依次为玉林市、钦州市、北海市。

南流江各县(区、市)排放量占总量的比例分布见图 3-2。从图 3-2 来看,南流江-廉州湾流域各县(区、市)污染源分布不均。排放量最大的是博白县,COD_{Cr}、NH_3-N、TN 和 TP 的排放量占总量的比例分别为 31.96%、26.29%、24.03% 和 37.53%;其次是浦北县,COD_{Cr}、NH_3-N、TN 和 TP 的排放量占总量的比例分别为 13.24%、12.85%、11.65% 和 9.57%;再次是合浦县,COD_{Cr}、NH_3-N、TN 和 TP 的排放量占总量的比例分别为 10.21%、11.18%、14.18% 和 10.43%;排放量最小的是钦南区,COD_{Cr}、NH_3-N、TN 和 TP 的排放量占总量的比例分别为 0.51%、0.50%、0.64% 和 0.42%。

3.2.8.2　控制单元污染源结构分析

根据控制单元与乡镇和街道的对应关系,各控制单元的污染物排放量见表 3-35。

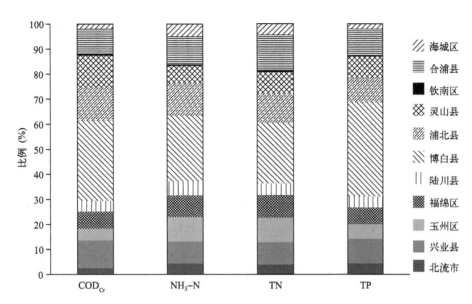

图 3-2　2015 年南流江-廉州湾流域各县(区、市)污染物排放量所占的比例

表 3-35　2015 年南流江-廉州湾流域各控制单元污染物排放量合计(单位：t)

控制单元	污水量(万 t)	COD_{Cr}	NH_3-N	TN	TP
车陂江	3 037.50	25 604.05	1 195.57	2 920.96	476.22
清湾江	2 430.41	6 361.00	720.98	1 657.36	164.11
塘岸河	1 710.13	6 967.90	566.92	1 302.72	207.76
丽江	1 439.36	11 227.32	723.82	1 530.80	239.80
绿珠江	207.05	4 565.89	175.15	366.41	72.56
水鸣河	226.36	6 663.37	223.56	487.68	164.18
张黄江	511.81	5 831.45	285.82	560.67	73.90
马江	1 202.81	9 281.38	540.38	1 021.24	190.49
武利江	1 351.17	30 571.86	920.46	2 513.60	416.13
洪潮江	174.75	2 979.76	122.83	347.43	49.89
东平河	652.79	10 766.05	479.22	1 043.31	326.60
干流福绵陆川段	635.69	8 536.11	410.06	914.70	146.60
干流博白北段	1 944.44	35 520.38	1 271.74	2 827.01	754.82
干流博白南段	459.86	5 092.82	285.35	581.70	97.06
干流浦北段	348.74	7 146.12	309.27	742.47	118.62
干流合浦段	917.34	11 986.60	593.43	1 667.32	231.46

控制单元	污水量(万 t)	COD$_{Cr}$	NH$_3$-N	TN	TP
合浦廉州湾区	1 361.31	6 374.58	419.17	1 369.95	148.20
海城廉州湾区	2 294.20	3 692.22	481.25	981.27	81.81
合计	20 905.72	199 168.86	9 724.98	22 836.60	3 960.21

各控制单元排放量占总量的比例见表 3-36。可知,污染物排放量来源最大的是干流博白北段,其次是车陂江,再次是武利江,污染物排放量最小的控制单元为洪潮江。因此,从污染物排放量来看,南流江-廉州湾流域污染治理位于前三位的重点控制单元分别为干流博白北段、车陂江和武利江。

表 3-36 2015 年南流江-廉州湾流域各控制单元污染物排放量所占的比例(%)

控制单元	污水量	COD$_{Cr}$	NH$_3$-N	TN	TP
车陂江	15	13	12	13	12
清湾江	12	3	7	7	4
塘岸河	8	3	6	6	5
丽江	7	6	7	7	6
绿珠江	1	2	2	2	2
水鸣河	1	3	2	2	4
张黄江	2	3	3	2	2
马江	6	5	6	4	5
武利江	6	15	9	11	11
洪潮江	1	1	1	2	1
东平河	3	5	5	5	8
干流福绵陆川段	3	4	4	4	4
干流博白北段	9	18	13	12	19
干流博白南段	2	3	3	3	2
干流浦北段	2	4	3	3	3
干流合浦段	4	6	6	7	6
合浦廉州湾区	7	3	4	6	4
海城廉州湾区	11	2	5	4	2

3.2.8.3 污染源来源结构分析

根据统计,南流江-廉州湾流域内来自城镇生活、农村生活、工业、畜禽养殖、种植业和水产养殖污染源的污染物排放量，以及污水处理厂削减量见表3-37。

表3-37 2015年各类污染源污染物排放总量（单位：t）

	污水量（万t）	COD$_{Cr}$	NH$_3$-N	TN	TP
城镇生活源	10 089.74	32 313.53	4 814.06	6 001.08	488.00
农村生活源	6 768.41	16 919.29	2 368.70	3 045.47	270.71
工业源	4 047.56	9 867.22	290.40	817.24	127.64
畜禽养殖源	0.00	152 112.16	3 315.19	9 335.66	2 698.70
种植业	0.00	0.00	605.38	4 425.54	446.20
水产养殖	0.00	3 111.81	217.51	484.37	86.13
污水处理厂削减	0.00	−15 155.12	−1 886.26	−1 272.74	−157.19
合计	20 905.71	199 168.89	9 724.98	22 836.62	3 960.19

从城镇生活源扣减掉污水处理厂的削减量，各项污染源的污染物所占的比例见表3-38。

表3-38 2015年各类污染源污染物排放占比（%）

	污水量	COD$_{Cr}$	NH$_3$-N	TN	TP
城镇生活源	48.26	8.62	30.11	20.71	8.35
农村生活源	32.38	8.49	24.36	13.34	6.84
工业源	19.36	4.95	2.99	3.58	3.22
畜禽养殖源	0.00	76.37	34.09	40.88	68.15
种植业	0.00	0.00	6.22	19.38	11.27
水产养殖	0.00	1.56	2.24	2.12	2.17

根据表3-38，2015年南流江各种类型污染源的排放量占总量的比例分布见图3-3。

综上所述，南流江-廉州湾流域污染物主要来源为畜禽养殖源，COD$_{Cr}$、NH$_3$-N、TN和TP的排放量占总量的比例分别为76.37%、34.09%、40.88%和68.15%；COD$_{Cr}$、NH$_3$-N、TN的第二大来源是城镇生活源，其COD$_{Cr}$、NH$_3$-N、TN和TP的排放量占总量的比例分别为8.62%、30.11%、20.71%和8.35%；TP的第二大来源是种植业，其NH$_3$-N、TN和TP的排放量占总量的比例分别为6.22%、19.38%和11.27%；水产养殖所占的比例最小，其COD$_{Cr}$、NH$_3$-N、TN和TP的排放量占总量的比例分别为1.56%、2.24%、2.12%和2.17%。

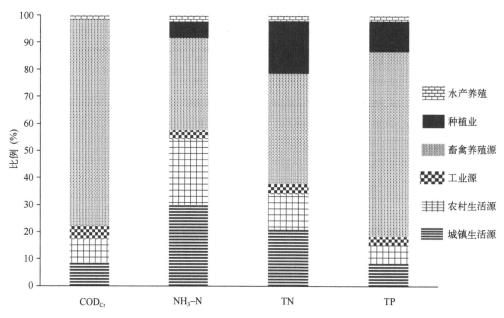

图 3-3　2015 年南流江–廉州湾流域各种污染源类型的污染物排放量所占的比例

3.3　污染物排放趋势预测①

3.3.1　污染源预测方法

　　根据研究区域内人口和社会经济发展的情况，对区域内 2020 年的污染物排放量进行预测。

　　根据国家经济增长的总体目标，预计"十三五""十四五"和"十五五"期间，本区域的地区生产总值（GDP）增长率分别为 7%、6% 和 5%。人口增长率采用趋势法进行预测，根据南流江–廉州湾流域各地级市近十年来人口增长情况，预计"十三五""十四五"和"十五五"期间，本区域的人口增长率分别为 0.7%、0.3% 和 0.3%，城镇化率每 5 年的递增速率为 3%。各县区"十三五""十四五"和"十五五"末期的城镇化率预测见表 3-39。

----

① 本节涉及的预测为以 2014 年为现状对 2020 年开展的预测分析，仅作为案例阐述。

表 3-39 研究范围内各县区城镇化率(%)的变化情况

地级市	县(区、市)	2014 年	"十三五"	"十四五"	"十五五"
玉林市	北流市	9.5	9.7	10.0	10.3
	兴业县	4.9	5.0	5.2	5.3
	玉州区	73.6	75.8	78.0	80.4
	福绵区	3.8	3.9	4.0	4.1
	陆川县	9.7	10.0	10.3	10.6
	博白县	8.0	8.3	8.5	8.8
	小计	14.8	15.2	15.7	16.1
钦州市	浦北县	9.2	9.5	9.8	10.1
	灵山县	8.0	8.3	8.5	8.8
	钦南区	21.8	22.4	23.1	23.8
	小计	11.1	11.4	11.7	12.1
北海市	合浦县	18.3	18.9	19.5	20.0
	海城区	87.7	90.3	93.0	95.8
	小计	33.3	34.3	35.3	36.4

3.3.2 2020 年污染源排放量预测案例[①]

3.3.2.1 2020 年行政区排放量预测

根据流域内工业增加值的增长速度,预测了流域内各乡镇和街道的工业污染源污染物排放量。到 2020 年,各县(区、市)的工业污染源预测见表 3-40。

表 3-40 2020 年研究范围内各行政区工业污染物排放量预测(单位:t)

地级市	县(区、市)	污水量(万 t)	COD_{Cr}	NH_3-N	TN	TP
玉林市	北流市	106.27	375.36	18.70	52.63	4.86
	兴业县	49.29	227.87	5.90	16.59	2.95
	玉州区	1 079.39	2 159.02	120.70	339.68	27.93
	福绵区	2 148.74	2 204.76	186.32	524.33	28.52
	陆川县	18.13	74.50	0.98	2.76	0.96
	博白县	106.86	424.08	7.84	22.07	5.49
	小计	3 508.68	5 465.59	340.44	958.06	70.71

----

① 本节仅作为案例阐述中期、远期预测方法和结论。

续表

地级市	县(区、市)	污水量(万 t)	COD$_{Cr}$	NH$_3$-N	TN	TP
钦州市	浦北县	930.05	1 413.07	24.17	68.01	18.28
	灵山县	40.20	376.13	8.20	23.07	4.87
	钦南区	0.83	2.01	0.04	0.10	0.03
	小计	971.08	1 791.21	32.41	91.18	23.18
北海市	合浦县	664.91	5 303.84	21.29	59.92	68.61
	海城区	521.93	1 253.47	12.43	34.98	16.21
	小计	1 186.84	6 557.31	33.72	94.90	84.82
合计		5 666.60	13 814.11	406.57	1 144.14	178.71

根据流域内人口和城镇化率增长情况，计算了各乡镇和街道城镇污水排放量。到 2020 年，各县(区、市)的城镇生活污染物预测见表 3-41。

表 3-41 2020 年研究范围内各行政区城镇生活污染物排放量预测(单位：t)

地级市	县(区、市)	污水量(万 t)	COD$_{Cr}$	NH$_3$-N	TN	TP
玉林市	北流市	443.11	1 419.10	211.42	263.55	21.43
	兴业县	720.30	2 306.84	343.67	428.41	34.84
	玉州区	2 443.31	7 824.97	1 165.76	1 453.21	118.17
	福绵区	828.83	2 654.43	395.46	492.97	40.09
	陆川县	422.98	1 354.65	201.81	251.58	20.46
	博白县	2 020.16	6 469.80	963.87	1 201.53	97.71
	小计	6 878.69	22 029.79	3 281.99	4 091.25	332.70
钦州市	浦北县	555.46	1 778.91	265.02	330.37	26.87
	灵山县	119.51	382.74	57.02	71.08	5.78
	钦南区	4.61	14.75	2.20	2.74	0.22
	小计	679.58	2 176.40	324.24	404.19	32.87
北海市	合浦县	1 277.78	4 092.25	609.66	759.99	61.80
	海城区	1 959.97	6 277.03	935.15	1 165.73	94.80
	小计	3 237.75	10 369.28	1 544.81	1 925.72	156.60
合计		10 796.02	34 575.47	5 151.04	6 421.16	522.17

到 2020 年，假设其他污染物排放量保持不变，研究范围内各行政区的污染物排放量见表 3-42。

表 3-42　2020 年研究范围内各行政区污染物排放量预测(单位：t)

地级市	县(区、市)	污水量(万 t)	COD$_{Cr}$	NH$_3$-N	TN	TP
玉林市	北流市	891.64	5 244.71	442.59	937.71	175.07
	兴业县	1 184.97	22 129.35	872.43	2 071.12	393.51
	玉州区	4 005.75	10 595.29	1 080.46	2 464.67	247.27
	福绵区	3 545.75	14 213.53	900.47	2 198.83	270.73
	陆川县	914.76	8 971.86	568.08	1 110.69	181.90
	博白县	3 900.08	64 202.39	2 622.37	5 572.24	1 494.19
	小计	14 442.95	125 357.13	6 486.40	14 355.26	2 762.67
钦州市	浦北县	2 684.94	26 881.95	1 273.62	2 701.97	386.07
	灵山县	804.06	25 552.01	690.55	2 007.09	350.80
	钦南区	60.88	1 008.10	48.35	146.67	16.63
	小计	3 549.88	53 442.06	2 012.52	4 855.73	753.50
北海市	合浦县	2 666.62	22 117.48	1 133.20	3 305.08	436.59
	海城区	2 571.55	4 461.00	545.98	1 067.53	92.64
	小计	5 238.17	26 578.48	1 679.18	4 372.61	529.23
合计		23 231.00	205 377.67	10 178.10	23 583.60	4 045.40

与 2015 年排放量相比，2020 年各项污染物排放量预测增加的比例见表 3-43。

表 3-43　2020 年研究范围内各行政区污染物排放量相对 2015 年的增长比例(%)

地级市	县(区、市)	污水量	COD$_{Cr}$	NH$_3$-N	TN	TP
玉林市	北流市	7	4	5	4	2
	兴业县	5	1	3	2	1
	玉州区	13	12	11	8	7
	福绵区	23	6	10	9	4
	陆川县	4	1	2	2	1
	博白县	4	1	3	2	1
	小计	11	2	5	4	2
钦州市	浦北县	13	2	2	2	2
	灵山县	2	1	1	1	1
	钦南区	1	0	0	0	0
	小计	10	1	2	1	1
北海市	合浦县	11	9	4	2	6
	海城区	12	21	13	9	13
	小计	12	11	7	4	7

从表 3-43 来看，未来 5 年，以城镇人口为主的区域污染物增量要快于以农业人口为主的区域。流域内 COD_{Cr}、NH_3-N、TN 和 TP 在未来 5 年的总体增长比例预测为 3.12%、4.66%、3.27% 和 2.15%，增长速率总体较慢。总体来看，增长比例最快的是北海市，其次是玉林市。

3.3.2.2 2020 年控制单元排放量预测

根据控制单元所包括的乡镇和街道，按控制单元汇总，到 2020 年，南流江-廉州湾流域污染源预测见表 3-44。

表 3-44 2020 年研究范围内各行政区污染物排放量预测(单位：t)

控制单元	污水量(万 t)	COD_{Cr}	NH_3-N	TN	TP
车陂江	3 644.92	26 419.41	1 280.22	3 100.79	487.30
清湾江	2 676.06	7 027.96	795.98	1 779.12	173.56
塘岸河	1 969.55	7 587.33	617.23	1 398.56	216.19
丽江	1 581.47	11 509.53	750.58	1 574.93	243.74
绿珠江	210.21	4 576.03	176.66	368.30	72.71
水鸣河	231.09	6 678.51	225.81	490.49	164.41
张黄江	555.73	5 902.97	290.23	568.15	74.87
马江	1 336.08	9 499.95	556.84	1 042.35	193.55
武利江	1 443.43	30 872.32	932.44	2 539.34	420.09
洪潮江	194.30	3 190.93	124.19	349.54	52.64
东平河	667.53	10 806.69	485.23	1 050.87	327.21
干流福绵陆川段	670.89	8 610.52	420.02	929.62	147.68
干流博白北段	2 062.09	35 927.42	1 316.70	2 886.42	760.71
干流博白南段	471.22	5 129.20	290.77	588.46	97.61
干流浦北段	411.71	7 243.27	311.87	746.92	119.90
干流合浦段	1 018.98	12 534.69	604.96	1 685.13	238.68
合浦廉州湾区	1 514.22	7 399.96	452.41	1 417.07	161.90
海城廉州湾区	2 571.55	4 461.00	545.98	1 067.53	92.64
合计	23 231.03	205 377.69	10 178.12	23 583.59	4 045.39

根据表 3-44，与 2015 年相比，到 2020 年，南流江-廉州湾流域各控制单元污染物排放量的增长比例见表 3-45。总体来看，增长比例最快的是海城廉州湾区，其次是清湾江，再次是塘岸河。绿珠江、水鸣河和东平河总体保持稳定，污染物排放量增长比例相对较低。

表 3-45 2020 年控制单元污染物预测排放量相对 2015 年的增长比例(%)

控制单元	污水量	COD$_{Cr}$	NH$_3$-N	TN	TP
车陂江	20	3	7	6	2
清湾江	10	10	10	7	6
塘岸河	15	9	9	7	4
丽江	10	3	4	3	2
绿珠江	2	0	1	1	0
水鸣河	2	0	1	1	0
张黄江	9	1	2	1	1
马江	11	2	3	2	2
武利江	7	1	1	1	1
洪潮江	11	7	1	1	6
东平河	2	0	1	1	0
干流福绵陆川段	6	1	2	2	1
干流博白北段	6	1	4	2	1
干流博白南段	2	1	2	1	1
干流浦北段	18	1	1	1	1
干流合浦段	11	5	2	1	3
合浦廉州湾区	11	16	8	3	9
海城廉州湾区	12	21	13	9	13

3.3.3 2030 年污染源排放量预测

3.3.3.1 2030 年行政区排放量预测

根据流域内工业增加值的增长速度,预测了流域内各乡镇和街道的工业污染源污染物排放量。到 2030 年,各县(区、市)的工业污染物预测见表 3-46。

表 3-46 2030 年研究范围内各行政区工业污染物排放量预测(单位:t)

地级市	县(区、市)	污水量(万 t)	COD$_{Cr}$	NH$_3$-N	TN	TP
	北流市	182.18	643.47	32.06	90.22	8.32
	兴业县	84.49	390.63	10.11	28.45	5.05
	玉州区	1 850.38	3 701.18	206.92	582.31	47.88
玉林市	福绵区	3 683.55	3 779.59	319.40	898.85	48.89
	陆川县	31.07	127.71	1.68	4.73	1.65
	博白县	183.19	727.00	13.44	37.83	9.40
	小计	6 014.86	9 369.58	583.61	1 642.39	121.19

地级市	县(区、市)	污水量(万 t)	COD$_{Cr}$	NH$_3$-N	TN	TP
钦州市	浦北县	1 594.37	2 422.41	41.43	116.59	31.34
	灵山县	68.91	644.79	14.05	39.55	8.34
	钦南区	1.42	3.45	0.06	0.17	0.04
	小计	1 664.70	3 070.65	55.54	156.31	39.72
北海市	合浦县	1 139.84	9 092.29	36.50	102.72	117.61
	海城区	894.74	2 148.80	21.31	59.96	27.80
	小计	2 034.58	11 241.09	57.81	162.68	145.41
	合计	9 714.14	23 681.32	696.96	1 961.38	306.32

根据流域内人口和城镇化率增长情况，计算了各乡镇和街道城镇污水排放量。到 2030 年，各县(区、市)的城镇生活污染物预测见表 3-47。

表 3-47　2030 年研究范围内各行政区城镇生活污染物排放量预测(单位：t)

地级市	县(区、市)	污水量(万 t)	COD$_{Cr}$	NH$_3$-N	TN	TP
玉林市	北流市	745.41	2 387.27	355.65	443.35	36.05
	兴业县	1 211.72	3 880.67	578.14	720.70	58.61
	玉州区	4 110.23	13 163.49	1 961.09	2 444.65	198.80
	福绵区	1 394.30	4 465.39	665.25	829.29	67.44
	陆川县	711.56	2 278.85	339.50	423.21	34.42
	博白县	3 398.40	10 883.78	1 621.46	2 021.27	164.37
	小计	11 571.62	37 059.45	5 521.09	6 882.47	559.69
钦州市	浦北县	934.41	2 992.56	445.83	555.76	45.19
	灵山县	201.04	643.86	95.92	119.57	9.72
	钦南区	7.75	24.82	3.70	4.61	0.37
	小计	1 143.20	3 661.24	545.45	679.94	55.28
北海市	合浦县	2 149.54	6 884.15	1 025.60	1 278.49	103.96
	海城区	3 297.15	10 559.50	1 573.15	1 961.05	159.47
	小计	5 446.69	17 443.65	2 598.75	3 239.54	263.43
	合计	18 161.51	58 164.34	8 665.29	10 801.95	878.40

到 2030 年，假设其他污染物排放量保持不变，研究范围内各行政区的污染物排放量见表 3-48。

表 3-48　2030 年研究范围内各行政区污染物排放量预测(单位：t)

地级市	县(区、市)	污水量(万 t)	COD$_{Cr}$	NH$_3$-N	TN	TP
玉林市	北流市	1 269.86	6 481.00	600.19	1 155.10	193.16
	兴业县	1 711.60	23 865.94	1 111.11	2 375.26	419.38
	玉州区	6 443.68	17 475.98	1 962.01	3 698.74	347.85
	福绵区	5 646.03	17 599.32	1 303.35	2 909.67	318.45
	陆川县	1 216.29	9 949.28	706.47	1 284.30	196.54
	博白县	5 354.65	68 919.30	3 285.57	6 407.74	1 564.77
	小计	21 642.11	144 290.82	8 968.70	17 830.81	3 040.15
钦州市	浦北县	3 728.22	29 104.94	1 471.70	2 975.94	417.46
	灵山县	914.31	26 081.79	735.31	2 072.06	358.22
	钦南区	64.62	1 019.61	49.88	148.61	16.80
	小计	4 707.15	56 206.34	2 256.89	5 196.61	792.48
北海市	合浦县	4 013.31	28 697.83	1 564.34	3 866.38	527.76
	海城区	4 281.53	9 638.80	1 192.86	1 887.83	168.90
	小计	8 294.84	38 336.63	2 757.20	5 754.21	696.66
合计		34 644.10	238 833.79	13 982.79	28 781.63	4 529.29

与 2015 年排放量相比，2030 年各项污染物排放量预测增加的比例见表 3-49。从表 3-49 来看，未来 15 年，以城镇人口为主的区域污染物增量要快于以农业人口为主的区域。流域内 COD$_{Cr}$、NH$_3$-N、TN 和 TP 在未来 15 年的总体增长比例预测为 19.92%、43.78%、26.03% 和 14.37%，增长速率总体较慢。

表 3-49　2030 年研究范围内各行政区污染物排放量相对 2015 年的增长比例(%)

地级市	县(区、市)	污水量	COD$_{Cr}$	NH$_3$-N	TN	TP
玉林市	北流市	53	28	42	28	12
	兴业县	52	9	31	17	7
	玉州区	82	85	102	63	50
	福绵区	96	31	59	44	23
	陆川县	38	12	27	17	9
	博白县	43	8	28	17	5
	小计	67	18	45	29	12

续表

地级市	县(区、市)	污水量	COD_{Cr}	NH_3-N	TN	TP
钦州市	浦北县	56	10	18	12	10
	灵山县	17	3	7	4	3
	钦南区	7	1	3	1	1
	小计	46	6	14	8	6
北海市	合浦县	68	41	44	19	28
	海城区	87	161	148	92	106
	小计	77	60	76	36	41

流域内地级市2030年各项污染物预测增长比例对比见图3-4。总体来看，增长比例最快的是北海市，其次是玉林市，钦州市增长比例相对较低。

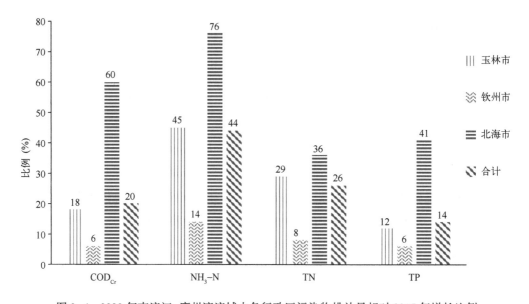

图3-4　2030年南流江-廉州湾流域内各行政区污染物排放量相对2015年增长比例

3.3.3.2　2030年控制单元排放量预测

根据控制单元所包括的乡镇和街道，按控制单元汇总，到2030年，南流江-廉州湾流域污染物预测见表3-50。

表 3-50　2030 年研究范围内各行政区污染物排放量预测(单位：t)

控制单元	污水量(万 t)	COD$_{Cr}$	NH$_3$-N	TN	TP
车陂江	5 782.37	30 439.95	1 787.14	3 918.48	544.96
清湾江	4 236.97	11 727.60	1 435.23	2 646.63	242.99
塘岸河	3 102.89	10 688.52	974.31	1 926.53	260.73
丽江	2 267.49	13 274.34	975.31	1 881.96	269.59
绿珠江	243.23	4 681.78	192.41	387.94	74.31
水鸣河	280.37	6 836.33	249.32	519.80	166.79
张黄江	717.82	6 249.25	326.20	617.95	79.83
马江	1 936.52	10 902.31	725.50	1 254.08	214.13
武利江	1 758.61	31 894.16	1 002.72	2 653.97	434.08
洪潮江	261.21	3 776.58	136.18	365.55	60.38
东平河	803.53	11 225.83	547.56	1 128.74	333.54
干流福绵陆川段	897.72	9 241.11	511.13	1 049.47	157.10
干流博白北段	3 067.85	39 224.14	1 768.66	3 458.21	809.85
干流博白南段	589.67	5 508.57	347.29	658.91	103.34
干流浦北段	599.57	7 583.65	332.90	776.15	124.58
干流合浦段	1 428.17	14 401.68	707.79	1 821.91	264.25
合浦廉州湾区	2 388.55	11 539.18	770.26	1 827.53	219.93
海城廉州湾区	4 281.53	9 638.80	1 192.86	1 887.83	168.90
合计	34 644.07	238 833.78	13 982.77	28 781.64	4 529.28

根据表 3-50，到 2030 年，南流江-廉州湾流域各控制单元污染物预测增长比例见图 3-5。

总体来看，增长比例最快的是海城廉州湾区，其次是清湾江，再次是合浦廉州湾区。绿珠江、水鸣河和东平河总体保持稳定，污染物排放量增长比例相对较低。

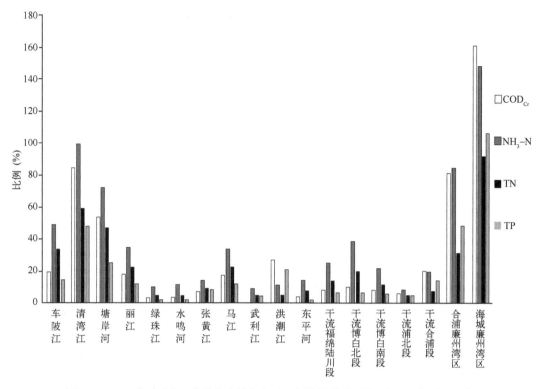

图 3-5   2030 年南流江-廉州湾流域各行政区污染物排放量相对 2015 年增长比例

第4章 陆海环境问题诊断

4.1 水质超标的主因

1）畜禽养殖污染物排放量大

"十二五"时期以来，南流江-廉州湾流域畜禽养殖业快速发展，已经成为当地的支柱性产业，是农民增收的重要来源。然而由于长期以来畜牧养殖业发展存在养殖方式落后、环境污染治理水平落后、污染防治管理相对滞后等问题，畜禽养殖污染已成为影响南流江-廉州湾流域水环境质量的重要因素。由污染源分析可知，畜禽养殖污染是南流江-廉州湾流域内最主要的污染物来源。流域内有大量的规模化畜禽养殖场分布，其中数量较大的养殖品种包括：猪228.8万头，牛7.6万头，鸡1 194万羽，羊2.7万头，养殖场存在不同程度的超额养殖现象。南流江-廉州湾流域畜禽养殖污染源 COD_{Cr}、NH_3-N、TN 和 TP 的排放量分别为 152 112 t、3 315 t、9 336 t 和 2 699 t，占总量的比例分别为76.37%、34.09%、40.88%和68.15%。

2）畜禽养殖业养殖模式粗放

调研发现，南流江-廉州湾流域内已采取污染整治、升级改造的生猪养殖场仅占10%左右。大部分的养殖场特别是养猪场仍然没有采用干清粪的方式，仍沿用传统养殖模式，缺乏充足的排污处理设备和配套设施，养殖废水没有得到及时有效地处理和资源化利用，给水环境质量造成严重的损害。散户养殖基本没有污染治理设施，规模化畜禽养殖业污染治理设施基础薄弱，综合处理与利用效率低，减排工作历史欠账多、投入不足。一些中小规模养殖场和散养户总体治污技术水平落后，大量畜禽粪便、污水外排与有限的土地消纳能力之间矛盾突出，使环境污染加剧。

流域内许多养殖场位于南流江干流或支流的岸边，三市虽然开展了禁养区和限养区划分工作，要求禁养区内禁止规模饲养畜禽，并根据实际情况依法责令关停或搬迁，到2015年年底全市基本实现禁养目标。由于拆迁补偿费用等问题，禁养区禁养工作和拆迁工作进展缓慢。据统计，到目前为止，禁养区内尚不足10%的养殖场完成搬迁。大部分的养殖场依旧分布在南流江两岸，养殖废水不时排进江中。养殖业污染治理主要以沼气工程和堆肥为主，资金投入不足，环境设施简陋。

3）畜禽养殖污染治理缺乏技术和资金

传统养殖模式存在环境污染严重、畜禽排泄物得不到充分利用、散养户养殖技术和设备落后、处理畜禽排泄物的能力不足、治污设施建设不足等问题。虽然期间加大了农业生产管理的投入力度，包括资金、科技服务、人力等，但就目前情况来看，一方面，"农"字企业贷款难、融资难，发展资金不足的矛盾比较突出。其导致农业设备科技含量较低，技术设备落后，更没有形成促进循环经济发展的技术保障体系，发展循环经济缺乏技术支撑。另一方面，政策支持力度不够。2014 年开始施行的《畜禽规模养殖污染防治条例》第二十八条"建设和改造畜禽养殖污染防治设施，可以按照国家规定申请包括污染治理贷款贴息补助在内的环境保护等相关资金支持"，第二十九条"进行畜禽养殖污染防治，从事利用畜禽养殖废弃物进行有机肥产品生产经营等畜禽养殖废弃物综合利用活动的，享受国家规定的相关税收优惠政策"等一系列政策尚未得到实际的落实。

4.2　廉州湾生态环境问题

1）水质超标，水质异常事件频发

"十二五"期间，廉州湾发生的水质异常和生态事件次数明显增多，持续时间和影响范围也在不断增大，廉州湾海域生态环境问题日趋严重。2011—2012 年，廉州湾共发生赤潮或藻类异常增殖导致水质异常事件 2 次；2013 年，廉州湾附近海域单独或连片发生藻类异常增殖导致水质异常事件 6 次；2014 年年初，廉州湾局部海域发生持续时间长达近 3 个月的球形棕囊藻异常增殖现象；2014 年年底至 2015 年年初，廉州湾和其他重点海域大范围发生长达近 1 个多月的球形棕囊藻异常增殖现象。

2）入海氮磷居高不下是富营养化的主因

南流江流域污染物入海量逐年增加是导致廉州湾富营养化问题的主因。2013 年以后，南流江入海断面亚桥和南域总磷浓度增加，超标次数增加，超标幅度增大。2014 年，亚桥和南域总磷的超标率分别为 50.0% 和 41.6%，最大污染指数分别为

2.15 和 1.8；2015 年，亚桥和南域总磷的超标率分别为 25.0% 和 8.3%，最大污染指数分别为 1.45 和 1.65。此外，两个入海断面总氮浓度较高，2015 年，亚桥断面总氮平均浓度为 3.80 mg/L，南域断面总氮平均浓度为 4.95 mg/L，远超过无机氮海水四类水的标准 0.5 mg/L。据估计，南流江进入廉州湾的总氮和总磷分别占廉州湾入海总量的 82% 和 73%。

3）污水直排和水动力条件差是内港黑臭的主因

廉州湾黑臭水体主要位于北海内港。造成水体黑臭的原因，一是北海内港的地角综合排污口尚未封闭，大量污水直接排入地角港池；二是北海市渔港码头虽均设置有垃圾收集桶，但由于监督管理薄弱，港池及码头脏臭、污水横流；三是该内港未设置废油及废水回收设施，停泊的渔船废机油和生活废水随意排放的现象频发；四是北海内港相对较为封闭，水体流动性差，污染物难以稀释扩展，同时内海水体复氧环境差，导致水体严重缺氧。

4）围填海活动增加，生境遭到破坏

近年来，廉州湾围填海活动增加。围填海使岸线不断向海方向推进，滩涂面积不断减少，红树林生境遭到破坏，生物多样性降低，海岸带生态系统服务功能下降，生物多样性下降；局部海域纳潮量减少，水体自净能力减弱，环境容量降低。

近 10 年廉州湾主要海洋工程项目共 9 项，其中 6 项为港口码头建设用海，2 项为滨海公路建设用海，1 项为城镇建设用海。9 个项目填海面积为 127.77 hm²，其中北海邮轮码头、石步岭港区三期工程和北海市工业园配套服务工程填海所占比例较大；港池用海面积共计 29.31 hm²，主要的港池用海项目为北海邮轮码头、石步岭港区三期工程；其他用海面积 49.69 hm²，主要为北海邮轮码头工程航道和调头区；总计用海面积为 206.77 hm²。

5）沿岸水产养殖尾水直接影响海湾水质

在廉州湾的周边，除了南部的北海市海城区建成区之外，廉州湾的东部和北部都分布着大量的海水养殖池塘。这些养殖池塘直接毗邻廉州湾，其养殖尾水通过沟渠或池塘排水口直接排入廉州湾。周边海水养殖池塘主要养殖对虾、弹涂鱼等，需要投放饵料或肥料，绝大部分的养殖池塘都没有采取尾水处理设备或设施，养殖尾水直接排入廉州湾，对廉州湾的水质产生直接的影响。尤其是海水养殖具有批量性，往往集中在同一时期收获和排水，大量的养殖尾水短时间内集中排入廉州

湾,会对周边海水的水质产生较大影响,容易造成水质超标和富营养化,对海湾生态也带来一定威胁。

4.3　城镇生活污水收集和处理能力不足

1)城镇污水处理厂建设缺口较大

南流江流域83个乡镇和街道中,截至2015年年底,完成污水处理设施建设的共有27个,其中玉林市、钦州市和北海市分别为12个、5个和10个。尚未完成污水处理厂建设的乡镇为56个,占比67.4%;其中玉林市、钦州市和北海市分别为36个、13个和7个,占其总乡镇和街道个数的比例分别为75%、72%和41%。

除了乡镇污水处理厂建设仍然不足以外,现有的城市污水处理厂也面临着处理能力不足的问题。日处理污水量占设计规模比例大于90%的污水处理厂有合浦县城污水处理厂、灵山县城区污水处理厂、博白县城区污水处理工程和兴业县城污水处理厂,其中博白县城区污水处理工程设计日处理污水量占设计规模比例已经大于100%,其设计规模与其城镇人口不适应。

2)现有污水处理厂设计标准较低

流域内现有的7座县级以上污水处理厂设计标准均为一级B排放标准,不能满足南流江–廉州湾环境质量改善的要求。根据国家、广西和三市水污染防治行动计划及工作方案的要求,2017年年底前,钦州、北海、玉林3个设区市建成区已投入运行的污水处理设施需达到一级A排放标准;到2018年,县级以上的城市均需达到一级A排放标准。流域内污水处理厂设计标准明显不足。

3)管网建设落后,雨污分流问题突出

大部分城镇污水处理厂配套管网建设滞后,污水收集能力不足,不能满足运行需求,流域内大部分的城镇没有实施雨污分流。某些污水处理厂直接从河道中取水处理,既造成河道已经受到污染的既成事实,又使得在雨季由于河道流量大增,大量污水来不及处理直排入河。管网建设不完善和雨污合流的问题,导致污水处理厂进水浓度普遍偏低。

4.4 工业园区污水处理设施建设滞后

近年来流域内沿江沿海地区产业呈盲目扩张局面，产业结构和空间布局不合理，导致环境压力增大，节能减排任务难以完成。南流江-廉州湾流域的工业园区和集中区大部分尚未建成完善的污水集中处理设施，部分园区及企业有超标排放甚至直排现象(表4-1)。

表4-1 南流江-廉州湾流域工业园区污水处理设施配套情况

所属地级市	县(区、市)	单位名称	污水处理配套情况
玉林市	兴业县	兴业工业集中区	无
玉林市	玉州区	玉林经济开发区	无
玉林市	玉州区	玉州工业集中区(玉林健康产业园)	无
玉林市	福绵区	玉柴工业园	无
玉林市	福绵区	福绵服装工业区	无
玉林市	陆川县	陆川工业集中区	无
玉林市	博白县	玉林龙潭产业园	有
玉林市	博白县	博白工业集中区	无
钦州市	浦北县	浦北县经济开发区	无
钦州市	灵山县	灵山工业区	建设中
北海市	合浦县	合浦工业园区	有
北海市	海城区	北海工业园区	有
北海市	海城区	北海出口加工区	有

4.5 生活垃圾收集和处置能力不足

1)现有垃圾无害化处置能力不足

尽管南流江-廉州湾流域各县(区、市)在垃圾收集和无害化处理方面做了大量的工作，但随着服务范围的扩大和城乡清洁工程的实施，垃圾处理量大幅度增加，超出了部分垃圾处理厂设计处理能力，导致部分县(区、市)以及乡镇的生活垃圾无法得到有效处理，乡镇生活垃圾在中转站、临时堆放点堆积如山的现象在流域内经常见到。目前，由于北海市一县三区生活垃圾产生量大，北海市白水塘生活垃坂处理厂日均垃圾填埋量已达 935 t（2016 年 1—7 月平均量），远超设计处理规模；玉林市垃圾无害化处理厂的实际处理量也接近设计规模上限，处置能力已不能适应城镇化发展速度和人们对清洁环境的需求。同时，多处垃圾处理厂的垃圾处理方式也主要采用单一卫生填埋，随着垃圾处理量的增加，占用土地增加环境风险。

2）现有镇级垃圾转运和处置场缺乏环保设施

随着城镇化的发展和城乡清洁工程的实施，尤其是美丽广西·清洁乡村等活动的实施，流域内的主要行政村及乡镇加强了生活垃圾的收集处置，大多数乡镇以"三清洁一整治"为抓手，加强乡镇垃圾填埋场、中转站、垃圾池（桶）、垃圾运输车等基础配套设施建设。但目前大部分乡镇都缺乏符合环保标准的垃圾中转站和填埋场，加上市县生活垃圾处理厂本身能力不足无法有效接纳乡镇生活垃圾，导致了流域内大部分的乡镇生活垃圾长期堆积在垃圾中转站，中转站变成了垃圾堆放场；部分乡镇将远离镇区的空旷地或者矿坑、山谷等地作为乡镇生活垃圾堆放点或者处理场，均未采取防渗措施，填埋也很缓慢，堆积如山的生活垃圾露天堆放，渗滤液溢流，下雨时影响周边水环境和地下水环境。

3）清洁意识不强，垃圾随意堆放现象仍严重

近几年，广西在开展"美丽广西·清洁乡村"等活动中，虽然政府积极引导群众按照垃圾处理减量化、资源化、无害化的原则和垃圾尽量不出村的要求，扶持垃圾收集池、垃圾焚烧炉、垃圾收集车等硬件设施的建设，但由于群众环保意识薄弱和运行经费缺失等原因，乡村街道垃圾收集处理仍是一大难题。很多乡村在垃圾收集池焚烧炉附近堆积了垃圾，道路街道旁边垃圾堆放也随处可见，部分河道甚至饮用水源地也存在垃圾堆放的现象，下大雨时垃圾渗出液流入水体或部分垃圾直接落入水体中，影响水质和饮用水安全。此外，在干流及支流河道边也仍有部分陈年垃圾堆场未清理，遇洪水时仍会被冲到南流江中。

4.6 饮用水源地保护有待加强

受畜禽养殖、农村生活污水以及农业面源的影响，大量的氮磷营养物质进入湖泊、水库等饮用水水源，导致南流江部分水源地存在一定的富营养化现象，湖库内藻华生长、水葫芦泛滥等问题严重（图 4-1）。

图 4-1　合浦水库上游水葫芦问题严重

4.7　农业面源污染突出

根据南流江-廉州湾流域各县(区、市)种植业污染源排放量,计算得到各县(区、市)农业种植污染源排放量。根据测算,南流江-廉州湾流域农业种植污染源 NH_3-N、TN 和 TP 的排放量分别为 605 t、4 426 t 和 446 t,占总负荷排放量的 6.22%、19.38%和 11.27%。由于没有相关的农业面源治理措施,大量农业面源直接进入南流江干流或支流。

第5章 陆海统筹污染负荷分配

5.1 廉州湾水环境数值模拟与响应场计算

5.1.1 海洋数值模型

5.1.1.1 模型概述

本书采用的海洋三维数值模型是区域海洋模式系统（Regional Ocean Modelling System，ROMS）。该模型是一个广泛应用的三维非线性的斜压原始方程模式，由Rutgers University 与 UCLA（University of California，Los Angeles）共同研究开发完成。ROMS 是一个使用垂向 Sigma 坐标，水平正交网格的，并且在数值计算算法、并行运行效率、数值积分步长和模式耦合方面做出了优化的模型。ROMS 可以耦合大气模型、波浪模型、生物地球化学模型和沉积物模型并考虑河流输入进行计算，也可以直接使用海表面动量通量、热通量，淡水通量等计算海表面通量作为大气强迫；使用有效波高、波周期和波向强迫计算波浪对海流的影响；侧开边界处可以使用辐射边界条件，加潮汐、环流对模拟区域进行驱动。ROMS 功能比较完善，除水动力模块外，还包含海冰模块、生态模块、沉积模块和数据同化模块等；具有封闭式、周期性、指示性、辐射和无梯度等多种边界条件；湍封闭模型也有多种混合方案。现在 ROMS 模型在国际上被广泛应用于悬浮物等各类污染物的输运研究中。

ROMS 模型使用的控制方程为

$$\frac{\partial u}{\partial x} + \frac{\partial v}{\partial y} + \frac{\partial w}{\partial z} = 0 \tag{5-1}$$

$$\rho = \rho(T, S, P) \tag{5-2}$$

$$\frac{\partial \varphi}{\partial z} = \frac{-\rho g}{\rho_0} \tag{5-3}$$

$$\frac{\partial u}{\partial t} + \vec{v} \cdot \nabla u - fv = -\frac{\partial \varphi}{\partial x} + F_u + D_u \tag{5-4}$$

$$\frac{\partial v}{\partial t} + \vec{v} \cdot \nabla v + fu = -\frac{\partial \varphi}{\partial y} + F_v + D_v \tag{5-5}$$

$$\frac{\partial T}{\partial t} + \vec{v} \cdot \nabla T = F_T + D_T \tag{5-6}$$

$$\frac{\partial S}{\partial t} + \vec{v} \cdot \nabla S = F_S + D_S \tag{5-7}$$

上述 7 个方程分别为连续方程、状态方程、静力平衡方程、水平动量方程、垂直动量方程、热传导方程和盐扩散方程。式中，$\vec{v} = (u, v, w)$ 为流速向量；ρ 为水的局地密度；T 为温度；S 为盐度；ρ_0 为水的参考密度；f 为科氏参数；g 为重力加速度；φ 为动力压力；(D_u, D_v, D_T, D_S) 为耗散项；(F_u, F_v, F_T, F_S) 为强迫项。

1）模型初始条件

为了方便，流速和水位的初值一般取零，即

$$u(x, y, z, 0) = 0 \tag{5-8}$$

$$v(x, y, z, 0) = 0 \tag{5-9}$$

$$w(x, y, z, 0) = 0 \tag{5-10}$$

$$\zeta(x, y, z, 0) = 0 \tag{5-11}$$

初始温度、盐度或取平均，或取自实测资料，即

$$S(x, y, s, 0) = S(x, y, s) \tag{5-12}$$

$$T(x, y, s, 0) = T(x, y, s) \tag{5-13}$$

2）模型边界条件

在海表面 $z = \zeta(x, y, t)$ 处，动力学边界条件为

$$u\frac{\partial u}{\partial z} = \tau_s^x(x, y, t) \tag{5-14}$$

$$v\frac{\partial v}{\partial z} = \tau_s^y(x, y, t) \tag{5-15}$$

热力学边界条件为

$$\kappa_T\frac{\partial T}{\partial z} = \frac{Q_T}{\rho_0 c_P} + \frac{1}{\rho_0 c_P}\frac{\mathrm{d}Q_T}{\mathrm{d}T}(T - T_{ref}) \tag{5-16}$$

$$\kappa_S\frac{\partial S}{\partial z} = \frac{(E - P)S}{\rho_0} \tag{5-17}$$

海表面垂向运动的边界条件为

$$w = \frac{\partial \zeta}{\partial t} \tag{5-18}$$

在海底 $z = -h(x, y)$ 处，动力学边界条件为

$$u \frac{\partial u}{\partial z} = \tau_b^x(x, y, t) \tag{5-19}$$

$$\nu \frac{\partial v}{\partial z} = \tau_b^y(x, y, t) \tag{5-20}$$

热力学边界条件为

$$\kappa_T \frac{\partial T}{\partial z} = 0 \tag{5-21}$$

$$\kappa_S \frac{\partial S}{\partial z} = 0 \tag{5-22}$$

海底垂向运动的边界条件为

$$- w + \vec{v} \cdot \nabla h = 0 \tag{5-23}$$

式中，τ_s^x、τ_s^y 为海面风应力；$E-P$ 为淡水通量；T_{ref} 为海表面参考温度；Q_T 为海表面热通量，由 T_{ref} 计算得到，在式中考虑了 T 偏离 T_{ref} 引起的通量校正项。海底摩擦力设定为线性项和二次项之和，即

$$\tau_b^x = (\gamma_1 + \gamma_2 \sqrt{u^2 + v^2}) u \tag{5-24}$$

$$\tau_b^y = (\gamma_1 + \gamma_2 \sqrt{u^2 + v^2}) v \tag{5-25}$$

3) 模型坐标系统

地形和侧边界不连续的数值网格会造成模式计算上的误差。依据地形变化的坐标称 Sigma 坐标，最早是应用在大气模式中，采用随地形等比例分层的方式可以用来描述流场受到地形影响下的变化。ROMS 模式使用的坐标系统为 S 坐标，由 Song 和 Haidvogel 在 1994 年开发完成。该坐标系统在设计上更富弹性，采取水深非等比分层的方式，由坐标参数的设定将 S 坐标转换为传统的 Sigma 坐标。S 坐标可以方便地对不同的研究现象在表层或底层加密，进而增加了计算网格的解析度，对于计算范围内包含水深变化较大的区域，可以改善不连续网络所造成的计算误差。

S 坐标与笛卡尔坐标的转化关系如下：

$$x^* = x, \ y^* = y, \ t^* = t \tag{5-26}$$

$$z = h_c \cdot [\, s - C(s) \,] + h \cdot C(s) + \zeta \cdot \left\{ 1 + \frac{h_c \cdot [\, s - C(s) \,] + h \cdot C(s)}{h} \right\} \tag{5-27}$$

$$C(s) = (1 - \theta_b) \frac{\sinh(\theta_s \cdot s)}{\sinh(\theta_s)} + \theta_b \left\{ \frac{\tanh\left[\, \theta_s \left(s + \dfrac{1}{2} \right) \,\right]}{2\tanh\left(\dfrac{1}{2}\theta_s\right)} - \frac{1}{2} \right\} \tag{5-28}$$

式中，$(\theta_s, \ \theta_b)$ 为 S 坐标的设定参数，其设定值分别为 $0<\theta_s<20$、$0<\theta_b<1$。当 $\theta_s = 0$ 时，S 坐标可以变化成传统的 Sigma 坐标，并且通过调整参数 θ_b 可以调整表层网格的分辨率。

物理变量在两坐标系下的微分公式为

$$\left(\frac{\partial}{\partial x} \right)_z = \left(\frac{\partial}{\partial x} \right)_s - \left(\frac{1}{H_z} \right) \left(\frac{\partial z}{\partial x} \right)_s \frac{\partial}{\partial s} \tag{5-29}$$

$$\left(\frac{\partial}{\partial y} \right)_z = \left(\frac{\partial}{\partial y} \right)_s - \left(\frac{1}{H_z} \right) \left(\frac{\partial z}{\partial y} \right)_s \frac{\partial}{\partial s} \tag{5-30}$$

$$\frac{\partial}{\partial z} = \left(\frac{\partial s}{\partial z} \right) \frac{\partial}{\partial s} = \left(\frac{1}{H_z} \right) \frac{\partial}{\partial s} \tag{5-31}$$

$$H_z = \frac{\partial z}{\partial s} \tag{5-32}$$

因此，控制方程可以改写为

$$\frac{\partial u}{\partial t} + \vec{v} \cdot \nabla u - fv = -\frac{\partial \varphi}{\partial x} - \left(\frac{g\rho}{\rho_0} \right) \frac{\partial z}{\partial x} - g \frac{\partial \zeta}{\partial x} + F_u + D_u \tag{5-33}$$

$$\frac{\partial v}{\partial t} + \vec{v} \cdot \nabla v - fu = -\frac{\partial \varphi}{\partial y} - \left(\frac{g\rho}{\rho_0} \right) \frac{\partial z}{\partial y} - g \frac{\partial \zeta}{\partial y} + F_v + D_v \tag{5-34}$$

$$\frac{\partial T}{\partial t} + \vec{v} \cdot \nabla T = F_T + D_T \tag{5-35}$$

$$\frac{\partial S}{\partial t} + \vec{v} \cdot \nabla S = F_S + D_S \tag{5-36}$$

$$\rho = \rho(T, \ S, \ P) \tag{5-37}$$

$$\frac{\partial \varphi}{\partial x} = \left(\frac{-gH_z\rho}{\rho_0} \right) \tag{5-38}$$

$$\frac{\partial H_z}{\partial t} + \frac{\partial H_z u}{\partial x} + \frac{\partial H_z v}{\partial y} + \frac{\partial H_z \Omega}{\partial s} = 0 \tag{5-39}$$

式中，$\vec{v} = (u, \ v, \ \Omega)$

$$\vec{v} \cdot \nabla = u \frac{\partial}{\partial x} + v \frac{\partial}{\partial y} + \Omega \frac{\partial}{\partial s} \tag{5-40}$$

垂直方向流速分量可表示为

$$\Omega(x, \ y, \ s, \ t) = \frac{1}{H_z}\left[w - (1+s)\frac{\partial \zeta}{\partial x} - u\frac{\partial z}{\partial x} - v\frac{\partial z}{\partial y} \right] \tag{5-41}$$

$$w(x, \ y, \ s, \ t) = \frac{\partial z}{\partial t} + u\frac{\partial z}{\partial x} + v\frac{\partial z}{\partial y} + \Omega H_z \tag{5-42}$$

垂向边界条件变为

(1)在海表面处($s=0$)处。

$$\left(\frac{\nu}{H_z} \right)\frac{\partial u}{\partial s} = \tau_s^x(x, \ y, \ t) \tag{5-43}$$

$$\left(\frac{\nu}{H_z} \right)\frac{\partial v}{\partial s} = \tau_s^y(x, \ y, \ t) \tag{5-44}$$

$$\left(\frac{\kappa_T}{H_z} \right)\frac{\partial T}{\partial s} = \frac{Q_T}{\rho_0 c_P} + \frac{1}{\rho_0 c_P}\frac{dQ}{dT}(T - T_{ref}) \tag{5-45}$$

$$\left(\frac{\kappa_S}{H_z} \right)\frac{\partial S}{\partial s} = \frac{(E-P)S}{\rho_0} \tag{5-46}$$

$$\Omega = 0 \tag{5-47}$$

(2)在海底($s=-1$)处。

$$\left(\frac{\nu}{H_z} \right)\frac{\partial u}{\partial s} = \tau_b^x(x, \ y, \ t) \tag{5-48}$$

$$\left(\frac{\nu}{H_z} \right)\frac{\partial v}{\partial s} = \tau_b^y(x, \ y, \ t) \tag{5-49}$$

$$\left(\frac{\kappa_T}{H_z} \right)\frac{\partial T}{\partial s} = 0 \tag{5-50}$$

$$\left(\frac{\kappa_S}{H_z} \right)\frac{\partial S}{\partial s} = 0 \tag{5-51}$$

$$\Omega = 0 \tag{5-52}$$

5.1.1.2　湍流闭合模式

由于运动方程式的求解需要在解析度有限的空间与时间网格上进行，那些无法直接在网格上计算的运动过程，例如分子的扩散和黏性、三维湍流以及内波破碎等，所以需要对这些运动过程以参数化的方式考虑进来，其中：

$$\overline{u'w'} = -K_M \frac{\partial U}{\partial z}, \quad \overline{v'w'} = -K_M \frac{\partial V}{\partial z}, \quad \overline{w'\rho'} = -K_H \frac{\partial \rho}{\partial z} \tag{5-53}$$

涡度黏性系数 K_M 和涡度扩散系数 K_H 由下式计算，即

$$K_M = S_M k^{1/2} l + K_{MB} \tag{5-54}$$

$$K_H = S_H k^{1/2} l + K_{HB} \tag{5-55}$$

式中，k 为湍流动能；l 为混合长度；S_M 和 S_H 定义为稳定函数；K_{MB}、K_{HB} 为背景涡度系数和扩散系数。k、l 采用湍封闭方程进行求解。

湍封闭方程由湍动能方程和混合长度方程组成。虽然人们对湍动能方程已经有了一致的认识，但对计算湍流混合长度的第二个方程的选取一直存在不同的见解。在广西廉州湾附近海域的算例中，使用了经典的 Mellor-Yamada 湍封闭方案。

5.1.1.3　时间步长配置

ROMS 模式采用时间分裂算法，这样可以增加模式的计算效率，将计算过程分为内模态和外模态两个步骤分别计算。外模态的计算将控制方程经水深积分（2D）后采用显式算法，基于 CFL 的稳定条件与重力外波的波速，决定外模态计算的积分步长；内模态的计算则是将控制方程直接以隐式法计算。基于 CFL 与重力内波的波速，内模的时间步长较长，目前 2D 和 3D 方程式采用三阶精度 predictor（Leap-frog）-corrector（Admas-Molton）算法，这样可以减少数值计算上的误差并且增加模式计算的效率。

外模态（Δt_E）与内模态的时间步长限制为

外模态：
$$\Delta t_E < \frac{1}{C_t} \left| \frac{1}{dx^2} + \frac{1}{dy^2} \right|^{-\frac{1}{2}} \tag{5-56}$$

内模态：
$$\Delta t_I < \frac{1}{C_T} \left| \frac{1}{dx^2} + \frac{1}{dy^2} \right|^{-\frac{1}{2}} \tag{5-57}$$

式中，$C_t = 2\sqrt{gh} + U_{max}$，$U_{max}$ 为最大平均速度；$C_T = C + U_{max}$，C 为最大重力内波波

速,通常为 2 m/s。

5.1.1.4 底摩擦系数

潮波运动属于浅水长波性质,其传播速度为 $\sqrt{gh}$,g 为重力加速度,h 为海水深度。潮波运动依据其动力学特性的不同,可以分为三类:一是大洋深海的潮波运动,以线性效应为主;二是陆架附近的潮波运动,主要为引潮力直接作用下的强迫振动与邻近大洋潮波传到这里的自由振动组合,也是以线性效应为主;三是近岸浅海的潮波运动,非线性效应明显,边界摩擦对潮波能量的消耗起主要作用。潮波在近岸传播过程中还会受到海水深度改变的影响,与海底产生摩擦,对潮波运动产生影响。

污染物输运扩散方程为

$$\frac{\partial C}{\partial t} + \vec{v} \cdot \nabla C = F_C + D_C \tag{5-58}$$

上述方程为水体中物质输运扩散方程。式中,$\vec{v} = (u, v, w)$ 为流速向量;C 为污染物浓度;D_C 为耗散项;F_C 为强迫项。可以看出,在模型中,污染物跟温盐一样,是随水体的输运扩散过程。

5.1.2 廉州湾算例

5.1.2.1 模型配置

本项目数值模型模拟区域为北部湾,计算海区为 19.43°—22.00°N,105.49°—110.00°E 所覆盖的范围,水平分辨率为 0.5′(约 0.86 km),网格数是 332×542,垂向分 20 层。

以往的研究表明,北部湾是潮流占优的海区,潮流流速远远大于环流。海区的环流主要是风生环流。因此大区模型考虑了潮和风场的强迫作用,湍混合方案为经典的 Mellor-Yamada 湍封闭方案,底摩擦系数选为 0.001 5。

大区模型地形数据来源于 Etopo-1 的高分辨率地形数据,开边界的潮汐强迫数据来自 Global Inverse Tide Model,考虑 8 个分潮,分别为 $K1$、$O1$、$P1$、$Q1$、$M2$、$S2$、$N2$ 和 $K2$。观测结果表明:北部湾海区全年受东亚季风的显著影响,冬季风速较高,多为东北风,夏季为南风,风速较弱。本书模型使用的 COADS 气候态数据跟观测数据比较吻合。

5.1.2.2　水动力模型验证

将数值模式瞬时结果中的水位和 u、v 流速每小时输出一次，使用 T_TIDE Matlab 工具包计算研究海域的调和常数。北部湾是半日潮占优的海区，$O1$ 和 $K1$ 分潮是最主要分潮，其振幅从南向北递增，到沿岸海域振幅可达 1 m 以上。半日潮 $M2$ 的振幅在北部沿海可达半米以上。本书将模型计算得到的调和常数和由 TOPEX/Poseidon 卫星高度计反演得到的潮汐调和常数做了对比，结果表明，模型反演的潮汐结果跟卫星结果相近。

冬季，北部湾的环流场主要受风场控制，为从北向南的沿岸流。夏季，北部湾表层环流场也是主要受风场控制，流向从东南向北，底层流速较小。北部湾北部表底层都有从东向西的环流存在。

5.1.2.3　污染物输运扩散

根据在廉州湾的入海通量调查结果，汇总 6 种主要入海污染物，并模拟 13 个重要污染源排出的污染物在研究海域的扩散情况。表 5-1 是模型中计算使用的污染物数据。

表 5-1　廉州湾主要入海污染物情况汇总

组成	坐标		流量（万 t/a）	污染物入海量（t/a）					
	纬度	经度		高锰酸盐	氨氮	石油类	总氮	总磷	重金属
北海永鑫	21.663 3°N	109.009 2°E	35.96	5.39	5.39	0.09	0.01	5.32	0.15
北海中安兴水产、北海鑫利水产、北海浙海水产	21.484 3°N	109.099 8°E	5.35	10.2	2.28	0.1	4.27	0.92	0
合浦船厂	21.577 2°N	109.153 1°E	156.03	89.27	10.79	0.27	19.46	2.44	0.02
七星江	21.510 3°N	109.160 3°E	701.38	115.5	37.77	0.4	61.9	5.25	0.15
海城水产、水产码头	21.483 3°N	109.100 8°E	142.01	131.47	77.11	2.36	101.92	9.63	0.01
地角镇西头、地角码头、地角西头和红坎污水处理厂	21.479 2°N	109.076 4°E	1 816.71	1 722.49	665.18	14.55	844.8	170.12	0.53
侨港码头和海底光缆	21.422 5°N	109.118 3°E	267.48	992.97	47.13	26.54	312.13	43.46	0.06
四川南路	21.426 4°N	109.123 7°E	710.48	470.66	236.35	5.49	250.53	20.93	0.44
银滩码头	21.407 5°N	109.148 3°E	107.67	26.74	9.71	0.11	10.77	0.74	0.1

组成	坐标		流量	污染物入海量(t/a)					
	纬度	经度	(万 t/a)	高锰酸盐	氨氮	石油类	总氮	总磷	重金属
冯家江	21.416 7°N	109.161 8°E	111.9	15.02	17.33	0.45	19.55	1.51	0.02
南流江南域 南流江亚桥	21.655 8°N	109.073 6°E	533 682	18 296	2 093	68	16 906	1 280	2 540
大风江	21.909 4°N	108.742 8°E	90 182	3 761	414	10	1 532	171	766
西门江	21.642 1°N	109.167 2°E	14 129	714	253	5	587	53	51

冬季污染物输运和扩散主要跟冬季流场和污染物排放源排放量有关，总体趋势是沿北部湾北部沿岸向西输运。高锰酸盐指数和总氮可以影响到整个广西近岸海域。

夏季污染物输运和扩散主要跟夏季流场和污染物排放源排放量有关，总体趋势与冬季类似，沿北部湾北部沿岸向西输运，但更多集中在廉州湾海域。

5.2 廉州湾污染物总量分配计算

5.2.1 水质目标

廉州湾及其邻近海域水质超过近岸海域环境功能区的现象仍然十分突出，因此需要考虑在达到近岸海域环境功能区的条件下污染物的总量分配。

5.2.2 污染物总量分配方法

5.2.2.1 线性规划模型

采用以线性规划为基础的方法进行污染物总量的分配计算。

线性规划方法是每一个污染源都在计算区域形成独立的浓度场，计算区域总的污染物浓度为各个污染源相应浓度值的代数叠加。从水质模型的表达形式及应用实践来看，这一假设是合理的。如果此时所求的目标函数也为线性函数，则整个规划构成了线性规划问题。

污染物总量分配线性规划问题的一般形式为

$$\max z = C^{\mathrm{T}} X \tag{5-59}$$

$$\text{st.} \begin{cases} AX + B \leqslant S \\ X_1 \leqslant X \leqslant X_u \\ X \geqslant 0 \end{cases} \tag{5-60}$$

式中，z 为目标函数；C 为系数，当考虑污染物总量最大时，取 $C = [1, 1, \cdots, 1]^{\mathrm{T}}$。

A 为响应系数矩阵，

$$A = \begin{bmatrix} a_{11} & \cdots & a_{1n} \\ \vdots & a_{ij} & \vdots \\ a_{m1} & \cdots & a_{mn} \end{bmatrix} \tag{5-61}$$

式中，a_{ij} 为第 j 个污染源单位负荷在第 i 个水质点所形成的响应浓度。

B 为背景深度，

$$B = [b_1, b_2, \cdots, b_m]^{\mathrm{T}} \tag{5-62}$$

S 为水质标准，

$$S = [s_1, s_2, \cdots, s_m]^{\mathrm{T}} \tag{5-63}$$

X、X_l 和 X_u 分别为污染源的排放负荷、排放负荷下限和排放负荷上限向量，

$$X = [x_1, x_2, \cdots, x_n]^{\mathrm{T}} \tag{5-64}$$

$$X_l = [x_{l1}, x_{l2}, \cdots, x_{ln}]^{\mathrm{T}} \tag{5-65}$$

$$X_u = [x_{u1}, x_{u2}, \cdots, x_{un}]^{\mathrm{T}} \tag{5-66}$$

5.2.2.2　按比例分配规划模型

根据公平性、经济性和可行性的原则，按照上述线性规划问题所求得的最优解可能不适用，因为在上述问题中，虽然能够取得最大的污染物允许排放量，但对污染源之间的公平性有欠考虑。因此在某些情况下，可能已经知道污染源之间的分配比例，即污染源之间的公平性已经有所考虑的前提下，要求污染源的最大允许纳污量。

上述问题实际是一个单变量优化的问题。假设污染源之间的分配比例系数向量为 R

$$R = [r_1, r_2, \cdots, r_n]$$

显然，存在标量参数 t，使得

$$X = tR \tag{5-67}$$

此时，假设不考虑 X 的上下限，因为上下限的设置在很多情况下是出于公平性的考虑，则优化问题转化为

$$\max z = C^{\mathrm{T}}X \tag{5-68}$$

$$\text{st.} \begin{cases} AX + B \leqslant S \\ X \geqslant 0 \end{cases} \tag{5-69}$$

将 X 向量代入约束条件得

$$tAR + B \leqslant S \tag{5-70}$$

目标函数可以转化为对 t 求最大值，有

$$t = \min_{1 \leqslant i \leqslant m} \left[\frac{s_i - b_i}{(AR)_i} \right] \tag{5-71}$$

显然，每个污染源所分配的负荷为

$$x_i = r_i \min_{1 \leqslant i \leqslant m} \left[\frac{s_i - b_i}{(AR)_i} \right] \tag{5-72}$$

从而可以求得各个源的最大排放量。

本方案采用线性规划模型计算污染物最大允许排放量，同时也按照污染物现状排放量按比例计算最大允许排放量，最终的分配总量为上述两项结果的平均值。

5.2.3 海域污染物总量分配结果

按近岸海域环境功能区两种水质目标，以及冬季和夏季两种污染源响应场计算污染物最大允许排放量，计算结果见表5-2。

表5-2 廉州湾附近主要污染源夏季和冬季污染物分配量(单位: t/a)

季节	污染源	COD_{Cr} 分配量	NH_3-N 分配量	TN 分配量	TP 分配量
	排污口	1 722.5	665.2	520.1	99.3
	南流江	18 296.0	2 093.0	5 763.1	387.0
夏季	大风江	3 761.0	414.0	293.7	22.9
	西门江	714.0	253.0	279.7	16.7
	合计	24 493.5	3 425.2	6 856.6	525.9

季节	污染源	COD$_{Cr}$分配量	NH$_3$-N 分配量	TN 分配量	TP 分配量
冬季	排污口	1 722.5	665.2	433.4	111.5
	南流江	18 296.0	2 093.0	12 113.9	839.1
	大风江	3 761.0	414.0	544.7	40.9
	西门江	714.0	253.0	156.5	34.7
	合计	24 493.5	3 425.2	13 248.5	1 026.2

最终的污染物最大允许排放量为冬、夏两季污染物分配量的均值，见表 5-3。

表 5-3　廉州湾附近主要污染源污染物分配量（单位：t/a）

污染源	COD$_{Cr}$	NH$_3$-N	TN	TP
排污口	1 722.5	665.2	476.8	105.4
南流江	18 296.0	2 093.0	8 938.5	613.0
大风江	3761.0	414.0	419.2	31.9
西门江	714.0	253.0	218.1	25.7
合计	24 493.5	3 425.2	10 052.6	776.0

根据廉州湾附近主要污染源污染物的现实排放量，各水质目标条件下污染物的削减量见表 5-4，削减比例见表 5-5。

表 5-4　廉州湾附近主要污染源污染物削减量（单位：t/a）

污染源	COD$_{Cr}$	NH$_3$-N	TN	TP
排污口	0.0	0.0	368.0	64.7
南流江	0.0	0.0	7 967.5	667.0
大风江	0.0	0.0	1 112.8	139.1
西门江	0.0	0.0	368.9	27.3
合计	0.0	0.0	9 817.2	898.1

表 5-5　廉州湾附近主要污染源污染物削减比例（%）

污染源	COD$_{Cr}$	NH$_3$-N	TN	TP
排污口	0	0	44	38
南流江	0	0	47	52
大风江	0	0	73	81
西门江	0	0	63	51

5.3 南流江-廉州湾流域总量分配计算

5.3.1 南流江流域河流水系

经过概化，南流江流域纳入计算的河段共计 1 065 km，能够代表南流江流域河流水系的总体状况。

5.3.2 南流江流域水功能区划

根据玉林市、钦州市和北海市水功能区划，南流江流域上游水功能区以Ⅳ类和Ⅴ类为主，下游区域以Ⅲ类为主。

5.3.3 河口区水质目标

根据廉州湾污染物总量分配结果，南流江河口区域的水质目标见表5-6。从表5-6来看，河口区水质目标均以海域约束为主，说明仅靠河口区地表水环境功能区达标不能满足廉州湾水质目标的要求，必须依据廉州湾的海域环境容量对南流江流域的污染物入海量进行约束。

表5-6　河口区水质目标(单位：mg/L)

约束条件	COD_{Cr}	NH_3-N	TN	TP
水功能区水质目标	20	1	无	0.2
近岸海域环境功能区水质目标	10.28	0.39	1.67	0.11
地表水和海域水质目标双重约束	10.28	0.39	1.67	0.11
海域目标是否关键约束	是	是	是	是

5.3.4 水文条件

南流江流域内水文站和水位站相对较少，主要有横江、博白、小江、常乐、文利、总江口等，其中横江、博白、合江和常乐为水文站。南流江流域横江、博白、合江、常乐2001—2011年流量日变化过程见图5-1。根据南流江流域水文站日流量数据，南流江流域水文站90%保证率月均流量和多年平均流量见表5-7。本研究以90%保证率月均流量作为点源分配的主要依据，以多年平均流量作为面源分配的主要依据。

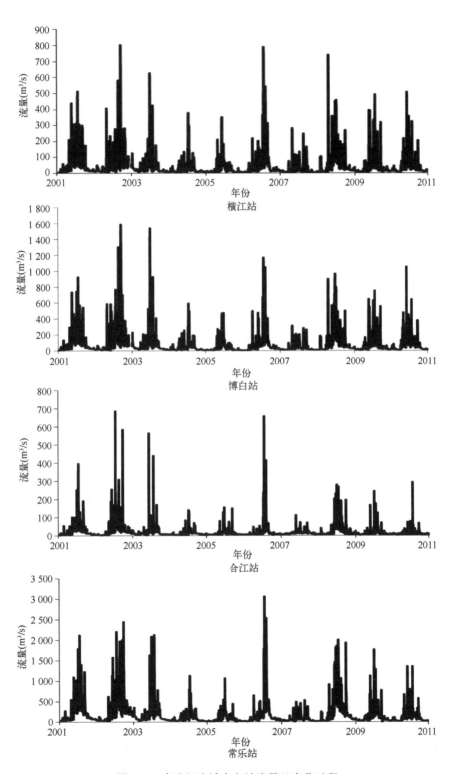

图 5-1　南流江流域水文站流量日变化过程

陆海统筹水环境治理技术、实践与成效

表 5-7　南流江流域水文站流量(单位：m³/s)

类别	横江站	博白站	常乐站	合江站	合计
流域面积（km²）	1 597	2 805	6 645	554	11 601
90%保证率月均	9.22	12.55	28.74	6.16	56.67
多年平均	39.46	69.35	157.15	18.63	284.59

南流江流域水文站90%保证率月均流量和多年平均流量与流域面积的关系见图5-2。从图中来看，流域主要水文站的设计流量与流域面积具有明显的线性响应关系。

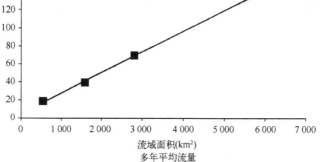

图 5-2　南流江流域水文站设计流量与流域面积的关系

根据南流江流域主要水文站设计流量与流域面积之间的关系，计算各乡镇和街道的汇水流量。南流江流域内90%保证率月均流量为45.67 m³/s，多年平均流量为

229.41 m³/s。

5.3.5　南流江流域水质模型

南流江流域采用 CSTR 模型进行模拟。CSTR（The Continuously-Stirred-Tank-Reactor Model）模型即连续箱式模型，是传统的水动力学模型和化学工程模型的结合。它最基本的思想是把河道分成若干连续的段，段内划分箱体，在每一段内参数近似保持不变，每个箱体内水质完全均匀混合。CSTR 模型是由零维模型串联而成的一维模型，其完全均匀混合的概念具有高度的概括性，适于处理大流域水环境问题，曾被广泛地应用在国内外的河流水质模拟中。

图 5-3 是 CSTR 模型的河流系统示意。在连续的河段内，如果河道的各种参数如河宽、平均水深、坡度等都比较接近，则认为段内的参数近似相同。

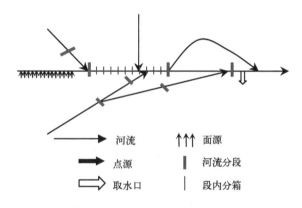

图 5-3　CSTR 模型河流系统示意

在河流分段的基础上，CSTR 模型把整个河流系统划分为首尾紧密连接的箱体（图 5-4）。

图 5-4　CSTR 模型的河段分箱

图 5-4 中各项的意义如下：

ir 为河段编号；n_{ir} 为河段 ir 内箱体划分的总数。

在每个箱体内，污染物是完全均匀混合的。CSTR 模型可以包括任意形式的流量和污染物源汇项（图 5-5），例如点源、非点源、下渗、取水等，也能处理比较复杂的支流关系。

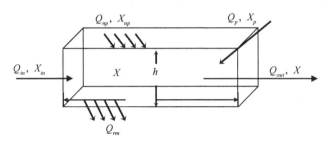

图 5-5　CSTR 模型箱内的输入和输出

图 5-5 中各项的意义如下：

Q_{in} 和 X_{in} 分别为上游来水流量（m^3/s）和水质（mg/L）；Q_p 和 X_p 分别为点源流量（m^3/s）和水质（mg/L）；Q_{np} 和 X_{np} 分别为非点源流量（m^3/s）和水质（mg/L）；Q_{rm} 为取水量（m^3/s）；Q_{out} 为下游流量（m^3/s）；X 为箱体水质（mg/L）；h 为箱体高度（m）。

为了进行模型推导，CSTR 模型具有以下几个基本假设：①水只能从上游箱体流向下游箱体，也就是说现有的 CSTR 模型不适用于感潮河段；②上游箱体质量平衡对下游箱体质量平衡影响的唯一机制是上游箱体的出流；③在每一个箱体内水位是相同的，箱体下游边界水位的任何变化将立即定义一个新的、水平的水面；④箱体的流量与平均水深或过水断面面积存在着函数关系。

CSTR 模型的水动力学方程为

$$\frac{\mathrm{d}Q}{\mathrm{d}t} = \frac{nQ}{V}(q - Q) \qquad (5-73)$$

非守恒性物质的降解方程表示为

$$\frac{\mathrm{d}x(t)}{\mathrm{d}t} = r(t) + s(t) \qquad (5-74)$$

式中，$x(t)$ 为物质浓度（mg/L）；$r(t)$ 为反应项 $[mg/(L \cdot d)]$；$s(t)$ 为源汇项 $[mg/(L \cdot d)]$。

CSTR 模型的溶质混合和传输方程为

$$s = \frac{q(x_{in} - x)}{V(1 - F_d)} \qquad (5-75)$$

式中，F_d 为死区系数，无量纲。

5.3.6　功能区水质目标

　　根据廉州湾污染物总量分配结果，南流江河口区水质目标均以海域约束为主，说明仅靠河口区地表水环境功能区达标不能满足廉州湾水质目标的要求，必须依据廉州湾的海域环境容量对南流江流域的污染物入海量进行控制。

5.4　污染物总量分配结果

5.4.1　总量分配结果

　　以南流江入海量和流域水质达标为依据，按照公平性、经济性和可行性的原则，以乡镇和街道为单位，分城镇生活和工业源、农业源（农村生活源、畜禽养殖源、种植业和水产养殖，下同）两种类型，开展了南流江-廉州湾流域污染物总量分配。本章节作为流域污染物总量方法研究，利用 2015 年经典案例——立足 2015 年作为现状场景，面向中期目标 2020 年开展目标控制，以此阐述总量分配的全过程。

　　按县（区、市）统计，城镇生活和工业源的总量分配结果见表 5-8。南流江-廉州湾流域城镇生活和工业源 COD_{Cr}、NH_3-N、TN 和 TP 的污染物总量分配结果为 22 473 t、1 280 t、2 745 t 和 221 t。

表 5-8　南流江-廉州湾流域城镇生活和工业源总量分配结果（单位：t）

地级市	县（区、市）	COD_{Cr}	NH_3-N	TN	TP
	北流市	1 371.07	82.66	205.65	12.96
	兴业县	1 709.06	124.95	262.77	17.58
	玉州区	2 495.42	110.45	775.14	18.34
玉林市	福绵区	1 615.48	106.57	190.57	17.83
	陆川县	1 134.47	67.87	171.75	10.69
	博白县	4 398.74	342.51	365.72	45.25
	小计	12 724.24	835.01	1 971.60	122.65

续表

地级市	县(区、市)	COD$_{Cr}$	NH$_3$-N	TN	TP
钦州市	浦北县	1 683.39	109.07	90.18	19.59
	灵山县	413.36	25.95	31.69	4.27
	钦南区	13.10	1.20	0.65	0.14
	小计	2 109.85	136.22	122.52	24.00
北海市	合浦县	4 999.24	152.34	281.21	49.08
	海城区	2 639.91	156.15	369.60	25.23
	小计	7 639.15	308.49	650.81	74.31
合计		22 473.24	1 279.72	2 744.93	220.96

按县(区、市)统计,农业源的总量分配结果见表5-9。南流江-廉州湾流域农业源COD$_{Cr}$、NH$_3$-N、TN和TP的污染物分配结果为103 889 t、4 124 t、6 192 t和906 t。

表5-9 南流江-廉州湾流域农业源总量分配结果(单位:t)

地级市	县(区、市)	COD$_{Cr}$	NH$_3$-N	TN	TP
玉林市	北流市	2 737.29	210.96	469.56	53.05
	兴业县	12 413.46	484.00	978.43	121.44
	玉州区	4 814.27	262.23	674.41	47.82
	福绵区	8 028.06	397.81	387.21	81.74
	陆川县	5 323.02	285.41	527.34	49.93
	博白县	39 628.80	1 303.72	1 133.30	310.65
	小计	72 944.90	2 944.13	4 170.25	664.63
钦州市	浦北县	14 128.22	431.05	637.59	88.83
	灵山县	10 873.19	360.06	634.93	77.98
	钦南区	676.41	31.46	23.02	9.61
	小计	25 677.82	822.57	1 295.54	176.42
北海市	合浦县	4 954.25	300.68	642.40	56.83
	海城区	312.34	56.13	84.00	7.62
	小计	5 266.59	356.81	726.40	64.45
合计		103 889.31	4 123.51	6 192.19	905.50

按县(区、市)统计,污染物总负荷量的总量分配结果见表5-10。南流江-廉州湾流域COD$_{Cr}$、NH$_3$-N、TN和TP的污染物总量分配结果为126 363 t、5 403 t、8 937 t和1 126 t。

表 5-10　南流江-廉州湾流域污染物总量分配结果(单位: t)

地级市	县(区、市)	COD$_{Cr}$	NH$_3$-N	TN	TP
玉林市	北流市	4 108.36	293.63	675.21	66.01
	兴业县	14 122.52	608.95	1 241.20	139.02
	玉州区	7 309.69	372.68	1 449.55	66.16
	福绵区	9 643.55	504.39	577.78	99.57
	陆川县	6 457.50	353.28	699.09	60.62
	博白县	44 027.55	1 646.23	1 499.02	355.89
	小计	85 669.17	3 779.16	6 141.85	787.27
钦州市	浦北县	15 811.61	540.12	727.76	108.42
	灵山县	11 286.55	386.01	666.62	82.26
	钦南区	689.51	32.66	23.67	9.75
	小计	27 787.67	958.79	1 418.05	200.43
北海市	合浦县	9 953.48	453.02	923.61	105.91
	海城区	2 952.25	212.28	453.60	32.85
	小计	12 905.73	665.30	1 377.21	138.76
	合计	126 362.57	5 403.25	8 937.11	1 126.46

5.4.2　现状负荷削减比例[①]

按县(区、市)统计,为实现污染物总量控制目标,在 2015 年排放量的基础上,城镇生活和工业源的削减比例见表 5-11。南流江-廉州湾流域城镇生活和工业源 COD$_{Cr}$、NH$_3$-N、TN 和 TP 的污染物削减比例分别为 17%、60%、51% 和 52%。

表 5-11　南流江-廉州湾流域城镇生活和工业源总量削减比例(%)

地级市	县(区、市)	COD$_{Cr}$	NH$_3$-N	TN	TP
玉林市	北流市	14	61	28	45
	兴业县	14	53	28	41
	玉州区	24	82	39	78
	福绵区	26	66	74	58
	陆川县	14	64	28	46
	博白县	14	49	60	40
	小计	18	63	48	55

---

① 本节为立足 2015 年作为现状场景,面向中期目标 2020 年、长期目标 2030 年开展的总量目标控制,并以此作为流域污染物总量方法研究,阐述总量分配的全过程,故该节中"现状"为 2015 年。

地级市	县(区、市)	COD$_{Cr}$	NH$_3$-N	TN	TP
钦州市	浦北县	14	42	65	38
	灵山县	14	42	55	39
	钦南区	14	42	75	38
	小计	14	42	63	38
北海市	合浦县	16	53	57	46
	海城区	17	60	51	52
	小计	16	57	54	48
合计		17	60	51	52

按县(区、市)统计，为实现污染物总量控制目标，在 2015 年排放量的基础上，农业源的削减比例见表 5-12。南流江-廉州湾流域农业源 COD$_{Cr}$、NH$_3$-N、TN 和 TP 的污染物削减比例分别为 40%、37%、64% 和 74%。

表 5-12　南流江-廉州湾流域农业源总量削减比例(%)

地级市	县(区、市)	COD$_{Cr}$	NH$_3$-N	TN	TP
玉林市	北流市	21	1	24	64
	兴业县	38	17	42	66
	玉州区	22	25	32	67
	福绵区	29	22	70	62
	陆川县	29	22	38	69
	博白县	32	31	75	78
	小计	32	25	58	73
钦州市	浦北县	42	59	73	74
	灵山县	56	44	67	77
	钦南区	32	32	84	41
	小计	49	53	71	75
北海市	合浦县	66	61	75	82
	海城区	40	37	64	74
	小计	65	58	74	82
合计		40	37	64	74

按县(区、市)统计，为实现污染物总量控制目标，在 2015 年排放量的基础上，污染物总量削减比例见表 5-13。南流江-廉州湾流域 COD$_{Cr}$、NH$_3$-N、TN 和 TP 的污染物总量削减比例分别为 37%、44%、61% 和 72%。

表 5–13　南流江–廉州湾流域污染物总量削减比例(%)

地级市	县(区、市)	COD$_{Cr}$	NH$_3$–N	TN	TP
玉林市	北流市	19	31	25	62
	兴业县	36	28	39	64
	玉州区	23	62	36	71
	福绵区	28	39	71	62
	陆川县	27	36	36	66
	博白县	31	36	73	76
	小计	30	39	56	71
钦州市	浦北县	40	57	73	71
	灵山县	56	44	67	76
	钦南区	31	32	84	41
	小计	47	52	70	73
北海市	合浦县	51	58	71	74
	海城区	20	56	54	60
	小计	46	58	67	72
合计		37	44	61	72

5.5　分阶段总量控制目标

5.5.1　分阶段目标确定的原则

根据南流江–廉州湾污染物总量分配结果，为全面稳定达到流域内功能区质量标准，污染物的削减量和削减比例较大，难以在短期内完成。因此，考虑采用分步走的方法，逐步实现南流江–廉州湾流域水质全面稳定达标。

第一步，到 2020 年，南流江–廉州湾流域和廉州湾考核断面年平均值达到功能区水质目标。以乡镇和街道为单位，对城镇生活和工业源，如果该乡镇和街道的削减比例高于 50%，则按削减 50% 确定 2020 年总量目标；如果低于 50%，按控制目标削减率确定 2020 年总量目标。对农业源，如果该乡镇和街道的削减比例高于 30%，则按削减 30% 确定 2020 年总量目标；如果低于 30%，按控制目标削减率确定 2020 年总量目标。

第二步，到 2030 年，南流江–廉州湾水质全面稳定达标。以乡镇和街道为单位,城镇生活和工业源、农业源的排放量达到基于功能区水质目标计算的总量控制目标。

第三步,在乡镇和街道污染物总量分配计算的基础上,按县(区、市)所辖的乡镇和街道汇总,计算各县(区、市)的污染物总量控制目标。

5.5.2 2020 年总量控制方案[①]

5.5.2.1 控制目标

到 2020 年,按县(区、市)统计,城镇生活和工业源的总量控制目标见表 5-14。南流江-廉州湾流域城镇生活和工业源 COD_{Cr}、NH_3-N、TN 和 TP 的污染物总量控制目标为 22 473 t、1 711 t、3 245 t 和 254 t。

表 5-14　南流江-廉州湾流域城镇生活和工业源 2020 年总量控制目标(单位: t)

地级市	县(区、市)	COD_{Cr}	NH_3-N	TN	TP
玉林市	北流市	1 371.07	110.12	205.65	12.96
	兴业县	1 709.06	144.72	262.77	17.58
	玉州区	2 495.42	314.08	826.18	43.55
	福绵区	1 615.48	164.21	367.43	23.36
	陆川县	1 134.47	99.99	171.75	11.03
	博白县	4 398.74	374.29	526.10	45.48
	小计	12 724.24	1 207.41	2 359.88	153.96
钦州市	浦北县	1 683.39	109.07	141.54	19.59
	灵山县	413.36	25.95	41.62	4.27
	钦南区	13.10	1.20	1.32	0.14
	小计	2 109.85	136.22	184.48	24.00
北海市	合浦县	4 999.24	170.81	327.74	50.06
	海城区	2 639.91	196.34	373.36	26.17
	小计	7 639.15	367.15	701.10	76.23
合计		22 473.24	1 710.78	3 245.46	254.19

---

① 本节为立足 2015 年作为现状场景,面向中期目标 2020 年、长期目标 2030 年开展的总量目标控制,并以此作为流域污染物总量方法研究,阐述总量分配的全过程,故该节中"目标"为 2020 年。

到 2020 年，按县（区、市）统计，农业源的总量控制目标见表 5-15。南流江-廉州湾流域农业源 COD_{Cr}、NH_3-N、TN 和 TP 的污染物总量控制目标为 122 451 t、4 940 t、12 242 t 和 2 452 t。

表 5-15　南流江-廉州湾流域农业源 2020 年总量控制目标（单位：t）

地级市	县（区、市）	COD_{Cr}	NH_3-N	TN	TP
玉林市	北流市	2 737.29	210.96	469.56	104.15
	兴业县	14 099.46	484.00	1 188.92	252.53
	玉州区	4 840.13	271.92	736.44	103.45
	福绵区	8 120.60	397.81	913.13	152.27
	陆川县	5 402.21	292.82	611.60	112.33
	博白县	41 399.53	1 454.13	3 219.60	987.70
	小计	76 599.22	3 111.64	7 139.25	1 712.43
钦州市	浦北县	17 214.05	745.26	1 681.44	243.08
	灵山县	17 457.17	451.86	1 348.29	239.45
	钦南区	693.93	32.28	100.68	11.46
	小计	35 365.15	1 229.40	3 130.41	493.99
北海市	合浦县	10 124.22	536.54	1 807.94	224.98
	海城区	362.28	62.00	164.19	20.62
	小计	10 486.50	598.54	1 972.13	245.60
合计		122 450.87	4 939.58	12 241.79	2 452.02

到 2020 年，按县（区、市）统计，污染物总量控制目标见表 5-16。南流江-廉州湾流域 COD_{Cr}、NH_3-N、TN 和 TP 的污染物总量控制目标为 144 924 t、6 650 t、15 487 t 和 2 706 t。

表 5-16　南流江-廉州湾流域污染物 2020 年总量控制目标（单位：t）

地级市	县（区、市）	COD_{Cr}	NH_3-N	TN	TP
玉林市	北流市	4 108.36	321.08	675.21	117.12
	兴业县	15 808.52	628.72	1 451.69	270.11
	玉州区	7 335.55	586.01	1 562.62	146.99
	福绵区	9 736.08	562.03	1 280.56	175.63
	陆川县	6 536.68	392.82	783.35	123.37
	博白县	45 798.27	1 828.42	3 745.69	1 033.18
	小计	89 323.46	4 319.08	9 499.12	1 866.40

续表

地级市	县（区、市）	COD$_{Cr}$	NH$_3$-N	TN	TP
钦州市	浦北县	18 897.44	854.34	1 822.98	262.67
	灵山县	17 870.53	477.80	1 389.91	243.73
	钦南区	707.03	33.49	102.00	11.60
	小计	37 475.00	1 365.63	3 314.89	518.00
北海市	合浦县	15 123.46	707.35	2 135.67	275.04
	海城区	3 002.19	258.34	537.55	46.80
	小计	18 125.65	965.69	2 673.22	321.84
合计		144 924.11	6 650.40	15 487.23	2 706.24

5.5.2.2 相对 2015 年排放量的削减比例

到 2020 年，按县（区、市）统计，为实现污染物总量控制目标，在 2015 年排放量的基础上，城镇生活和工业源的削减比例见表 5-17。南流江-廉州湾流域城镇生活和工业源 COD$_{Cr}$、NH$_3$-N、TN 和 TP 的污染物削减比例分别为 17%、47%、41% 和 45%。

表 5-17 南流江-廉州湾流域城镇生活和工业源 2020 年削减比例（%，相对 2015 年排放量）

地级市	县（区、市）	COD$_{Cr}$	NH$_3$-N	TN	TP
玉林市	北流市	14	48	28	45
	兴业县	14	45	28	41
	玉州区	24	49	35	49
	福绵区	26	48	49	45
	陆川县	14	47	28	44
	博白县	14	44	43	40
	小计	18	47	38	44
钦州市	浦北县	14	42	45	38
	灵山县	14	42	40	39
	钦南区	14	42	50	38
	小计	14	42	44	38
北海市	合浦县	16	47	50	45
	海城区	17	50	50	50
	小计	16	49	50	47
合计		17	47	41	45

　　到 2020 年，按县（区、市）统计，为实现污染物总量控制目标，在 2015 年排放量的基础上，农业源的削减比例见表 5-18。南流江-廉州湾流域农业源 COD_{Cr}、NH_3-N、TN 和 TP 的污染物削减比例分别为 29%、24%、29% 和 30%。

表 5-18　南流江-廉州湾流域农业源 2020 年削减比例（%，相对 2015 年排放量）

地级市	县（区、市）	COD_{Cr}	NH_3-N	TN	TP
玉林市	北流市	21	1	24	30
	兴业县	29	17	29	30
	玉州区	22	22	26	29
	福绵区	28	22	29	30
	陆川县	28	20	29	30
	博白县	29	23	29	30
	小计	28	20	29	30
钦州市	浦北县	29	30	30	30
	灵山县	30	29	30	30
	钦南区	30	30	30	30
	小计	30	30	30	30
北海市	合浦县	30	30	30	30
	海城区	30	30	30	30
	小计	30	30	30	30
合计		29	24	29	30

　　到 2020 年，按县（区、市）统计，为实现污染物总量控制目标，在 2015 年排放量的基础上，污染源总的削减比例见表 5-19。南流江-廉州湾流域 COD_{Cr}、NH_3-N、TN 和 TP 的污染物削减比例分别为 27%、32%、32% 和 32%。

表 5-19　南流江-廉州湾流域污染源 2020 年削减比例（%，相对 2015 年排放量）

地级市	县（区、市）	COD_{Cr}	NH_3-N	TN	TP
玉林市	北流市	19	24	25	32
	兴业县	28	26	29	31
	玉州区	23	40	31	37
	福绵区	27	32	37	32
	陆川县	26	29	28	32
	博白县	28	28	32	30
	小计	27	30	31	31

地级市	县(区、市)	COD$_{Cr}$	NH$_3$-N	TN	TP
钦州市	浦北县	28	32	31	31
	灵山县	30	30	30	30
	钦南区	30	31	30	30
	小计	29	31	31	30
北海市	合浦县	26	35	34	33
	海城区	19	46	45	43
	小计	25	38	37	35
合计		27	32	32	32

5.5.2.3 相对 2020 年预测排放量的削减比例

到 2020 年，按县(区、市)统计，为实现污染物总量控制目标，考虑污染物增量，在 2020 年预测排放量的基础上，城镇生活和工业源的削减比例见表 5-20。南流江-廉州湾流域城镇生活和工业源 COD$_{Cr}$、NH$_3$-N、TN 和 TP 的污染物削减比例分别为 32%、53%、48% 和 53%。

表 5-20 南流江-廉州湾流域城镇生活和工业源 2020 年削减比例(%,相对 2020 年预测排放量)

地级市	县(区、市)	COD$_{Cr}$	NH$_3$-N	TN	TP
玉林市	北流市	24	52	35	51
	兴业县	22	50	34	46
	玉州区	44	57	44	57
	福绵区	46	58	60	56
	陆川县	21	51	32	48
	博白县	22	49	48	45
	小计	31	53	46	52
钦州市	浦北县	32	49	53	50
	灵山县	33	49	49	51
	钦南区	22	46	54	43
	小计	32	49	52	50
北海市	合浦县	35	53	55	57
	海城区	33	57	55	59
	小计	34	55	55	57
合计		32	53	48	53

到 2020 年，按县(区、市)统计，为实现污染物总量控制目标，考虑污染物增

量，在 2020 年预测排放量的基础上，农业源的削减比例见表 5-21。南流江-廉州湾流域农业源 COD_{Cr}、NH_3-N、TN 和 TP 的污染物削减比例分别为 29%、24%、29% 和 30%。

表 5-21　南流江-廉州湾流域农业源 2020 年削减比例(%，相对 2020 年预测排放量)

地级市	县(区、市)	COD_{Cr}	NH_3-N	TN	TP
	北流市	21	1	24	30
	兴业县	29	17	29	30
	玉州区	22	22	26	29
玉林市	福绵区	28	22	29	30
	陆川县	28	20	29	30
	博白县	29	23	29	30
	小计	28	20	29	30
	浦北县	29	30	30	30
钦州市	灵山县	30	29	30	30
	钦南区	30	30	30	30
	小计	30	30	30	30
	合浦县	30	30	30	30
北海市	海城区	30	30	30	30%
	小计	30	30	30	30
合计		29	24	29	30

到 2020 年，按县(区、市)统计，为实现污染物总量控制目标，考虑污染物增量，在 2020 年预测排放量的基础上，污染源总的削减比例见表 5-22。南流江-廉州湾流域 COD_{Cr}、NH_3-N、TN 和 TP 的污染物削减比例分别为 29%、35%、34% 和 33%。

表 5-22　南流江-廉州湾流域污染源 2020 年削减比例(%，相对 2020 年预测排放量)

地级市	县(区、市)	COD_{Cr}	NH_3-N	TN	TP
	北流市	22	27	28	33
	兴业县	29	28	30	31
	玉州区	31	46	37	41
玉林市	福绵区	32	38	42	35
	陆川县	27	31	29	32
	博白县	29	30	33	31
	小计	29	33	34	32

地级市	县(区、市)	COD_{Cr}	NH_3-N	TN	TP
钦州市	浦北县	30	33	33	32
	灵山县	30	31	31	31
	钦南区	30	31	30	30
	小计	30	32	32	31
北海市	合浦县	32	38	35	37
	海城区	33	53	50	49
	小计	32	42	39	39
合计		29	35	34	33

5.5.3 2030 年总量控制方案

5.5.3.1 控制目标

到 2030 年，按县(区、市)统计，城镇生活和工业源的总量控制目标见表 5-23。南流江-廉州湾流域城镇生活和工业源 COD_{Cr}、NH_3-N、TN 和 TP 的污染物总量控制目标为 22 473 t、1 280 t、2 745 t 和 221 t。

表 5-23　南流江-廉州湾流域城镇生活和工业源 2030 年总量控制目标(单位：t)

地级市	县(区、市)	COD_{Cr}	NH_3-N	TN	TP
玉林市	北流市	1 371.07	82.66	205.65	12.96
	兴业县	1 709.06	124.95	262.77	17.58
	玉州区	2 495.42	110.45	775.14	18.34
	福绵区	1 615.48	106.57	190.57	17.83
	陆川县	1 134.47	67.87	171.75	10.69
	博白县	4 398.74	342.51	365.72	45.25
	小计	12 724.24	835.01	1 971.60	122.65
钦州市	浦北县	1 683.39	109.07	90.18	19.59
	灵山县	413.36	25.95	31.69	4.27
	钦南区	13.10	1.20	0.65	0.14
	小计	2 109.85	136.22	122.52	24.00
北海市	合浦县	4 999.24	152.34	281.21	49.08
	海城区	2 639.91	156.15	369.60	25.23
	小计	7 639.15	308.49	650.81	74.31
合计		22 473.24	1 279.72	2 744.93	220.96

到 2030 年，按县（区、市）统计，农业源的总量控制目标见表 5-24。南流江-廉州湾流域农业源 COD_{Cr}、NH_3-N、TN 和 TP 的污染物总量控制目标为 103 889 t、4 124 t、6 192 t 和 906 t。

表 5-24　南流江-廉州湾流域农业源 2030 年总量控制目标（单位：t）

地级市	县（区、市）	COD_{Cr}	NH_3-N	TN	TP
玉林市	北流市	2 737.29	210.96	469.56	53.05
	兴业县	12 413.46	484.00	978.43	121.44
	玉州区	4 814.27	262.23	674.41	47.82
	福绵区	8 028.06	397.81	387.21	81.74
	陆川县	5 323.02	285.41	527.34	49.93
	博白县	39 628.80	1 303.72	1 133.30	310.65
	小计	72 944.90	2 944.13	4 170.25	664.63
钦州市	浦北县	14 128.22	431.05	637.59	88.83
	灵山县	10 873.19	360.06	634.93	77.98
	钦南区	676.41	31.46	23.02	9.61
	小计	25 677.82	822.57	1 295.54	176.42
北海市	合浦县	4 954.25	300.68	642.40	56.83
	海城区	312.34	56.13	84.00	7.62
	小计	5 266.59	356.81	726.40	64.45
合计		103 889.31	4 123.51	6 192.19	905.50

到 2030 年，按县（区、市）统计，污染物总量控制目标见表 5-25。南流江-廉州湾流域 COD_{Cr}、NH_3-N、TN 和 TP 的污染物总量控制目标为 126 363 t、5 403 t、8 937 t 和 1 126 t。

表 5-25　南流江-廉州湾流域污染物 2030 年总量控制目标（单位：t）

地级市	县（区、市）	COD_{Cr}	NH_3-N	TN	TP
玉林市	北流市	4 108.36	293.63	675.21	66.01
	兴业县	14 122.52	608.95	1 241.20	139.02
	玉州区	7 309.69	372.68	1 449.55	66.16
	福绵区	9 643.55	504.39	577.78	99.57
	陆川县	6 457.50	353.28	699.09	60.62
	博白县	44 027.55	1 646.23	1 499.02	355.89
	小计	85 669.17	3 779.16	6 141.85	787.27

地级市	县（区、市）	COD_{Cr}	NH_3-N	TN	TP
钦州市	浦北县	15 811.61	540.12	727.76	108.42
	灵山县	11 286.55	386.01	666.62	82.26
	钦南区	689.51	32.66	23.67	9.75
	小计	27 787.67	958.79	1 418.05	200.43
北海市	合浦县	9 953.48	453.02	923.61	105.91
	海城区	2 952.25	212.28	453.60	32.85
	小计	12 905.73	665.30	1 377.21	138.76
合计		126 362.57	5 403.25	8 937.11	1 126.46

5.5.3.2 相对 2015 年排放量的削减比例

到 2030 年，按县（区、市）统计，为实现污染物总量控制目标，在 2015 年排放量的基础上，城镇生活和工业源的削减比例见表 5-26。南流江-廉州湾流域城镇生活和工业源 COD_{Cr}、NH_3-N、TN 和 TP 的污染物削减比例分别为 17%、60%、51% 和 52%。

表 5-26　南流江-廉州湾流域城镇生活和工业源 2030 年削减比例（%，相对 2015 年排放量）

地级市	县（区、市）	COD_{Cr}	NH_3-N	TN	TP
玉林市	北流市	14	61	28	45
	兴业县	14	53	28	41
	玉州区	24	82	39	78
	福绵区	26	66	74	58
	陆川县	14	64	28	46
	博白县	14	49	60	40
	小计	18	63	48	55
钦州市	浦北县	14	42	65	38
	灵山县	14	42	55	39
	钦南区	14	42	75	38
	小计	14	42	63	38
北海市	合浦县	16	53	57	46
	海城区	17	60	51	52
	小计	16	57	54	48
合计		17	60	51	52

到 2030 年，按县(区、市)统计，为实现污染物总量控制目标，在 2015 年排放量的基础上，农业源的削减比例见表 5-27。南流江-廉州湾流域农业源 COD_{Cr}、NH_3-N、TN 和 TP 的污染物削减比例分别为 40%、37%、64%和 74%。

表 5-27　南流江-廉州湾流域农业源 2030 年削减比例(%，相对 2015 年排放量)

地级市	县(区、市)	COD_{Cr}	NH_3-N	TN	TP
玉林市	北流市	21	1	24	64
	兴业县	38	17	42	66
	玉州区	22	25	32	67
	福绵区	29	22	70	62
	陆川县	29	22	38	69
	博白县	32	31	75	78
	小计	32	25	58	73
钦州市	浦北县	42	59	73	74
	灵山县	56	44	67	77
	钦南区	32	32	84	41
	小计	49	53	71	75
北海市	合浦县	66	61	75	82
	海城区	40	37	64	74
	小计	65	58	74	82
合计		40	37	64	74

到 2030 年，按县(区、市)统计，为实现污染物总量控制目标，在 2015 年排放量的基础上，污染源的削减比例见表 5-28。南流江-廉州湾流域 COD_{Cr}、NH_3-N、TN 和 TP 的污染物削减比例分别为 37%、44%、61%和 72%。

表 5-28　南流江-廉州湾流域污染源 2030 年削减比例(%，相对 2015 年排放量)

地级市	县(区、市)	COD_{Cr}	NH_3-N	TN	TP
玉林市	北流市	19	31	25	62
	兴业县	36	28	39	64
	玉州区	23	62	36	71
	福绵区	28	39	71	62
	陆川县	27	36	36	66
	博白县	31	36	73	76
	小计	30	39	56	71

续表

地级市	县(区、市)	COD$_{Cr}$	NH$_3$-N	TN	TP
钦州市	浦北县	40	57	73	71
	灵山县	56	44	67	76
	钦南区	31	32	84	41
	小计	47	52	70	73
北海市	合浦县	51	58	71	74
	海城区	20	56	54	60
	小计	46	58	67	72
	合计	37	44	61	72

5.5.3.3 相对 2030 年预测排放量的削减比例

到 2030 年，按县(区、市)统计，为实现污染物总量控制目标，考虑污染物增量，在 2030 年预测排放量的基础上，城镇生活和工业污染源的削减比例见表 5-29。南流江-廉州湾流域城镇生活和工业源 COD$_{Cr}$、NH$_3$-N、TN 和 TP 的削减比例分别为 66%、83%、76% 和 78%。

表 5-29 南流江-廉州湾流域城镇生活和工业源 2030 年削减比例(%，相对 2030 年预测排放量)

地级市	县(区、市)	COD$_{Cr}$	NH$_3$-N	TN	TP
玉林市	北流市	55	79	61	71
	兴业县	57	76	62	70
	玉州区	78	93	71	91
	福绵区	75	87	88	82
	陆川县	53	80	60	70
	博白县	58	76	80	71
	小计	66	84	75	79
钦州市	浦北县	64	73	84	72
	灵山县	64	73	78	74
	钦南区	54	68	86	66
	小计	64	73	83	72
北海市	合浦县	65	81	78	76
	海城区	71	86	78	82
	小计	67	84	78	79
	合计	66	83	76	78

到 2030 年，按县（区、市）统计，为实现污染物总量控制目标，考虑污染物增量，在 2030 年预测排放量的基础上，农业源的削减比例见表 5-30。南流江-廉州湾流域农业源 COD_{Cr}、NH_3-N、TN 和 TP 的污染物削减比例分别为 40%、37%、64%和74%。

表 5-30　南流江-廉州湾流域农业源 2030 年削减比例（%，相对 2030 年预测排放量）

地级市	县（区、市）	COD_{Cr}	NH_3-N	TN	TP
玉林市	北流市	21	1	24	64
	兴业县	38	17	42	66
	玉州区	22	25	32	67
	福绵区	29	22	70	62
	陆川县	29	22	38	69
	博白县	32	31	75	78
	小计	32	25	58	73
钦州市	浦北县	42	59	73	74
	灵山县	56	44	67	77
	钦南区	32	32	84	41
	小计	49	53	71	75
北海市	合浦县	66	61	75	82
	海城区	40	37	64	74
	小计	65	58	74	82
合计		40	37	64	74

到 2030 年，按县（区、市）统计，为实现污染物总量控制目标，考虑污染物增量，在 2030 年预测排放量的基础上，污染源的削减比例见表 5-31。南流江-廉州湾流域 COD_{Cr}、NH_3-N、TN 和 TP 的污染物削减比例分别为 47%、61%、69%和75%。

表 5-31　南流江-廉州湾流域污染源 2030 年削减比例（%，相对 2030 年预测排放量）

地级市	县（区、市）	COD_{Cr}	NH_3-N	TN	TP
玉林市	北流市	37	51	42	66
	兴业县	41	45	48	67
	玉州区	58	81	61	81
	福绵区	45	61	80	69
	陆川县	35	50	46	69
	博白县	36	50	77	77
	小计	41	58	66	74

地级市	县(区、市)	COD$_{Cr}$	NH$_3$-N	TN	TP
钦州市	浦北县	46	63	76	74
	灵山县	57	48	68	77
	钦南区	32	35	84	42
	小计	51	58	73	75
北海市	合浦县	65	71	76	80
	海城区	69	82	76	81
	小计	66	76	76	80
合计		47	61	69	75

第6章 控制单元水环境综合整治

6.1 玉林北片区

6.1.1 玉林北片区基本情况

玉林北片区包含三个控制单元,分别为车陂江、清湾江和塘岸河,各控制单元包含的行政区见表6-1。

表6-1 玉林北片区基本情况

片区	控制单元	地级市	县(区、市)	镇名
玉林北片区	车陂江	玉林市	兴业县	大平山镇、葵阳镇、龙安镇、石南镇、卖酒镇、小平山镇
		玉林市	福绵区	成均镇、福绵镇
	清湾江	玉林市	北流市	大里镇
		玉林市	玉州区	城西街道、玉城街道、名山街道、城北街道、仁厚镇、仁东镇、大塘镇
	塘岸河	玉林市	北流市	新圩镇(北流)、西埌镇
		玉林市	玉州区	南江街道、茂林镇

6.1.1.1 车陂江控制单元

1) 车陂江控制单元基本情况

车陂江控制单元主要包括玉林市2个县区的8个镇,分别为兴业县的大平山镇、葵阳镇、龙安镇、石南镇、卖酒镇、小平山镇以及福绵区的成均镇、福绵镇。车陂江控制单元包含的支流有鸦桥江、福绵镇支流和鸣水江。

2) 车陂江控制单元水质现状

2016年5月,车陂江控制单元共布设4个监测点位,监测因子共5个,分别为高锰酸盐指数、生化需氧量、化学需氧量、氨氮和总磷,水质情况如表6-2所示。

福绵镇支流执行Ⅲ类水质标准，车陂江执行Ⅳ类水质标准。车陂江上布设3个监测断面，分别为鸦桥江、车陂江下游(入干)和车陂江的二级支流鸣水江。其中鸦桥江监测断面水质较好，均不超Ⅳ类标准；车陂江下游断面氨氮和总磷超Ⅳ类标准；鸣水江监测断面为劣Ⅴ类水质，主要超标因子为氨氮和总磷，污染指数分别为3.28和2.77。福绵镇支流属于一级支流，所有监测指标均超过Ⅲ类水质标准，为劣Ⅴ类水质，超标严重的因子为氨氮和总磷，污染指数为2.77和3.00。车陂江控制单元监测断面的主要污染因子为氨氮和总磷。

表 6-2　车陂江控制单元监测点位 2016 年水质评价

控制单元	一级支流	二级支流	监测点位	功能区	断面水质评价结果	是否超标	单因子水质评价结果				
							高锰酸盐指数	生化需氧量	化学需氧量	氨氮	总磷
车陂江	福绵镇支流		39	Ⅲ类	劣Ⅴ类	是	Ⅳ类(1.13)	Ⅳ类(1.05)	Ⅳ类(1.05)	劣Ⅴ类(2.77)	劣Ⅴ类(3.00)
	车陂江(下游)		38	Ⅳ类	劣Ⅴ类	是	Ⅲ类	Ⅳ类	Ⅲ类	Ⅴ类(1.07)	劣Ⅴ类(1.47)
	车陂江(上游)	鸦桥江	8	Ⅳ类	Ⅳ类	否	Ⅲ类	Ⅳ类	Ⅲ类	Ⅲ类	Ⅳ类
	车陂江	鸣水江	7	Ⅳ类	劣Ⅴ类	是	Ⅳ类	Ⅲ类		Ⅴ类(1.13)	劣Ⅴ类(3.28)	劣Ⅴ类(2.77)

3) 车陂江控制单元污染源特征

2015 年，车陂江控制单元不同类型污染源的污染物排放量见表 6-3，2015 年 COD_{Cr}、NH_3-N、TN 和 TP 的总排放量分别为 25 604 t、1 196 t、2 921 t、476 t。其中城镇生活和工业源 COD_{Cr}、NH_3-N、TN 和 TP 的排放量分别为 4 985 t、651 t、997 t 和 72 t，农业源(包括农村生活源、畜禽养殖源、种植业和水产养殖) COD_{Cr}、NH_3-N、TN 和 TP 的排放量分别为 22 027 t、714 t、2 036 t 和 418 t。

表 6-3　车陂江控制单元 2015 年污染物排放现状 (单位：t)

	污水量(万 t)	COD_{Cr}	NH_3-N	TN	TP
城镇生活源	1 115.16	3 571.42	532.07	663.26	53.94
农村生活源	598.96	1 497.24	209.61	269.50	23.96
工业源	1 323.39	1 413.40	118.51	333.51	18.28

续表

	污水量(万 t)	COD$_{Cr}$	NH$_3$-N	TN	TP
畜禽养殖源	0.00	20 487.74	459.45	1 442.74	358.28
种植业	0.00	0.00	43.46	321.29	34.88
水产养殖	0.00	42.12	1.14	2.59	0.71
污水处理厂削减量	0.00	−1 407.88	−168.67	−111.94	−13.83
合计	3 037.51	25 604.04	1 195.57	2 920.95	476.22

2015 年，车陂江控制单元不同类型污染源的比例见表 6-4。由表可知，畜禽养殖源排放的污染物最多，畜禽养殖的 COD$_{Cr}$ 和 TP 排放比例分别高达 80% 和 75%。

表 6-4　车陂江控制单元 2015 年不同类型污染源所占的比例(%)

	污水量	COD$_{Cr}$	NH$_3$-N	TN	TP
城镇生活源	37	8	30	19	8
农村生活源	20	6	18	9	5
工业源	44	6	10	11	4
畜禽养殖源	0	80	38	49	75
种植业	0	0	4	11	7
水产养殖	0	0	0	0	0
合计	100	100	100	100	100

注：本书表中部分数据因四舍五入的原因，存在各分项值相加不等于合计总值的情况，本书同。

车陂江控制单元 2015 年污染物排放量最大的 4 个镇(福绵镇、大平山镇、葵阳镇和石南镇)见表 6-5，氨氮主要来自城镇生活源，总磷主要来自畜禽养殖源。

表 6-5　车陂江控制单元 2015 年水质污染严重乡镇的污染物排放量(单位：t)

	污水量(万 t)	COD$_{Cr}$	NH$_3$-N	TN	TP
城镇生活源	886.15	2 837.99	422.80	527.06	42.86
农村生活源	289.90	724.68	101.46	130.44	11.59
工业源	1 307.32	1 220.36	115.61	325.35	15.79
畜禽养殖源	0.00	17 157.97	376.27	1 150.68	294.12
种植业	0.00	0.00	28.69	215.97	23.42
水产养殖	0.00	23.10	0.60	1.38	0.41
污水处理厂削减量	0.00	−1 116.02	−139.48	−95.01	−11.45
合计	2 483.37	20 848.08	905.95	2 255.87	376.74

6.1.1.2 清湾江控制单元

1) 清湾江控制单元基本情况

清湾江控制单元包括玉林市 2 个市区的 8 个镇，分别为北流市的大里镇和玉州区的城西街道、玉城街道、名山街道、城北街道、仁厚镇、仁东镇、大塘镇。清湾江控制单元包含的支流有清湾江、仁东镇支流和白鸠江。

2) 清湾江控制单元水质现状

2016 年 5 月，清湾江控制单元布设 4 个监测断面，监测因子为高锰酸盐指数、生化需氧量、化学需氧量、氨氮和总磷，水质情况如表 6-6 所示。清湾江控制单元的 4 个监测断面分别为清水江、清湾江(下游)、仁东镇支流以及清湾江的二级支流白鸠江。其中，清湾江(下游)和清水江执行Ⅲ类标准，白鸠江和仁东镇支流执行Ⅳ类标准。清湾江监测断面为劣Ⅴ类水质，污染严重的是下游河段，所有监测指标均超过Ⅲ类标准，超标严重的因子是氨氮，污染指数高达 2.35；清湾江上游监测断面污染也较严重，除了生化需氧量不超标外，其他因子均超过Ⅲ类标准；白鸠江监测断面只有总磷超标，污染指数为 1.13，该监测断面为Ⅴ类水质；仁东镇支流监测断面污染严重，为劣Ⅴ类水质，高锰酸盐指数、化学需氧量、氨氮、总磷均超标，氨氮和总磷污染指数高达 4.15 和 4.60。清湾江控制单元主要超标因子为：高锰酸盐指数、化学需氧量、氨氮和总磷。

表 6-6　清湾江控制单元监测点位 2016 年水质评价

控制单元	一级支流	二级支流	监测点位	功能区	断面水质评价结果	是否超标	单因子水质评价结果				
							高锰酸盐指数	生化需氧量	化学需氧量	氨氮	总磷
清湾江	清水江		3	Ⅲ类	Ⅴ类	是	Ⅳ类 (1.35)	Ⅲ类	Ⅳ类 (1.45)	Ⅴ类 (1.81)	Ⅳ类 (1.50)
	清湾江 (下游)		4	Ⅲ类	劣Ⅴ类	是	Ⅳ类 (1.25)	Ⅳ类 (1.15)	Ⅳ类 (1.45)	劣Ⅴ类 (2.35)	Ⅴ类 (1.95)
	清湾江	白鸠江	42	Ⅳ类	Ⅴ类	是	Ⅳ类	Ⅳ类	Ⅳ类	Ⅳ类	Ⅴ类 (1.13)
	仁东镇支流		2	Ⅳ类	劣Ⅴ类	是	Ⅴ类 (1.24)	Ⅲ类	劣Ⅴ类 (1.53)	劣Ⅴ类 (4.15)	劣Ⅴ类 (4.60)

3) 清湾江控制单元污染源特征

2015 年，清湾江控制单元不同类型污染源的污染物排放量见表 6-7，2015 年 COD_{Cr}、NH_3-N、TN 和 TP 的总排放量分别为 6 361 t、721 t、1 657 t 和 164 t。其中城镇生活和工业源 COD_{Cr}、NH_3-N、TN 和 TP 的排放量分别为 6 175 t、859 t、1 141 t 和 92 t，农业源（包括农村生活源、畜禽养殖源、种植业和水产养殖）COD_{Cr}、NH_3-N、TN 和 TP 的排放量分别为 4 225t、266 t、750 t 和 105 t。

表 6-7　清湾江控制单元 2015 年不同类型污染源的污染物排放量（单位：t）

	污水量（万 t）	COD_{Cr}	NH_3-N	TN	TP
城镇生活源	1 705.94	5 463.47	813.95	1 014.65	82.51
农村生活源	408.89	1 022.13	143.10	183.98	16.35
工业源	315.58	711.30	45.07	126.82	9.20
畜禽养殖源	0.00	3 158.69	85.79	255.06	52.90
种植业	0.00	0.00	35.45	305.93	35.23
水产养殖	0.00	44.26	1.50	5.18	0.89
污水处理厂削减量	0.00	-4 038.85	-403.88	-234.26	-32.99
合计	2 430.41	6 361.00	720.98	1 657.36	164.09

2015 年，清湾江控制单元不同类型污染源的比例见表 6-8。由表可知，COD_{Cr} 和 TP 主要来自畜禽养殖源，分别为 50% 和 32%，NH_3-N 和 TN 主要来自城镇生活源，分别为 57% 和 47%。

表 6-8　清湾江控制单元 2015 年不同类型污染源所占的比例（%）

	污水量	COD_{Cr}	NH_3-N	TN	TP
城镇生活源	70	22	57	47	30
农村生活源	17	16	20	11	10
工业源	13	11	6	8	6
畜禽养殖源	0	50	12	15	32
种植业	0	0	5	18	21
水产养殖	0	1	0	0	1
合计	100	100	100	100	100

2015 年，清湾江控制单元污染物排放量最大的 3 个镇为名山街道、仁东镇、仁厚镇（表 6-9），COD_{Cr} 和 TP 主要来自畜禽养殖源，NH_3-N 主要来自城镇生活源。

表 6-9　清湾江控制单元 2015 年水质污染严重乡镇的污染物排放量（单位：t）

	污水量（万 t）	COD$_{Cr}$	NH$_3$-N	TN	TP
城镇生活源	357.30	1 144.30	170.48	212.51	17.28
农村生活源	186.46	466.10	65.25	83.90	7.46
工业源	237.68	563.38	33.58	94.51	7.29
畜禽养殖源	0.00	1 457.06	52.24	169.29	33.31
种植业	0.00	0.00	11.76	113.34	12.49
水产养殖	0.00	14.48	0.50	1.77	0.29
污水处理厂削减量	0.00	−870.34	−87.03	−50.48	−7.11
合计	781.44	2 774.98	246.78	624.84	71.01

6.1.1.3　塘岸河控制单元

1）塘岸河控制单元基本情况

塘岸河控制单元包括玉林市 2 个市区的 4 个镇（街道），分别为北流市的新圩镇（北流）、西埌镇以及玉州区的南江街道、茂林镇。

2）塘岸河控制单元水质现状

2016 年 5 月，在塘岸河控制单元上布设 2 个监测断面，分别为塘岸河（上游）和塘岸河（下游）。根据河流水功能区划，塘岸河执行《地表水环境质量标准》Ⅳ类标准，由评价结果可知，塘岸河（上游）监测断面超标因子为总磷，污染指数为1.13；塘岸河（下游）监测断面化学需氧量、氨氮、总磷均超过Ⅳ类标准，污染指数分别为 1.27、3.47、2.43。2016 年，塘岸河监测断面水质为劣Ⅴ类，下游监测断面水质污染严重主要超标因子为氨氮和总磷（表 6-10）。

表 6-10　塘岸河控制单元监测点位 2016 年水质评价

控制单元	一级支流	监测点位	功能区	断面水质评价结果	是否超标	单因子水质评价结果				
						高锰酸盐指数	生化需氧量	化学需氧量	氨氮	总磷
塘岸河	塘岸河（上游）	1	Ⅳ类	Ⅴ类	是	Ⅲ类	Ⅲ类	Ⅳ类	Ⅳ类	Ⅴ类（超1.13）
	塘岸河（下游）	5	Ⅳ类	劣Ⅴ类	是	Ⅳ类	Ⅳ类	Ⅴ类（1.27）	劣Ⅴ类（3.47）	劣Ⅴ类（2.43）

3）塘岸河控制单元污染源特征

2015 年，塘岸河控制单元不同类型污染源的污染物排放量见表 6-11，2015 年 COD_{Cr}、NH_3-N、TN 和 TP 的总排放量分别为 6 968 t、567 t、1 303 t 和 208 t。其中城镇生活和工业源 COD_{Cr}、NH_3-N、TN 和 TP 的排放量分别为 3 857 t、470 t、668 t 和 56 t，农业源（包括农村生活源、畜禽养殖源、种植业和水产养殖）COD_{Cr}、NH_3-N、TN 和 TP 的排放量分别为 4 635 t、250 t、723 t 和 164 t。

表 6-11　塘岸河控制单元 2015 年不同类型污染源的污染物排放量（单位：t）

	污水量（万 t）	COD_{Cr}	NH_3-N	TN	TP
城镇生活源	873.52	2 797.54	416.78	519.54	42.25
农村生活源	340.94	852.25	119.32	153.40	13.64
工业源	495.68	1 059.00	52.84	148.70	13.70
畜禽养殖源	0.00	3 739.96	90.77	260.34	113.48
种植业	0.00	0.00	38.16	304.50	36.24
水产养殖	0.00	42.51	1.39	4.60	0.90
污水处理厂削减量	0.00	-1 523.35	-152.33	-88.36	-12.44
合计	1 710.14	6 967.91	566.93	1 302.72	207.77

2015 年，塘岸河控制单元不同类型污染源的比例见表 6-12。由表可知，COD_{Cr} 和 TP 主要来自畜禽养殖源，分别占 54% 和 55%，NH_3-N 和 TN 主要来自城镇生活源，分别占 47% 和 33%。

表 6-12　塘岸河控制单元 2015 年不同类型污染源所占的比例（%）

	污水量	COD_{Cr}	NH_3-N	TN	TP
城镇生活源	51	18	47	33	14
农村生活源	20	12	21	12	7
工业源	29	15	9	11	7
畜禽养殖源	0	54	16	20	55
种植业	0	0	7	23	17
水产养殖	0	1	0	0	0
合计	100	100	100	100	100

2015 年，塘岸河控制单元污染物排放量最大的为南江街道（表 6-13），TP 和 NH₃-N 主要来自水产养殖，工业源的 TP 和农村生活源的 NH₃-N 排放量仅次于水产养殖。

表 6-13　南江街道 2015 年污染物排放量（单位：t）

	污水量(万 t)	COD$_{Cr}$	NH$_3$-N	TN	TP
城镇生活源	92.05	230.09	32.21	41.42	3.68
农村生活源	465.23	882.86	47.35	133.25	11.42
工业源	0.00	960.59	28.76	89.55	18.08
畜禽养殖源	0.00	0.00	6.43	61.92	6.83
种植业	0.00	21.29	0.74	2.60	0.42
水产养殖	941.28	1 247.87	158.53	349.13	24.97
污水处理厂削减量	0.00	-1 159.59	-115.96	-67.26	-9.47
合计	1 498.56	2 183.11	158.06	610.61	55.93

6.1.2　玉林北片区问题诊断

（1）玉林北片区水质污染严重。玉林北片区内的河流多为 Ⅴ 类和劣 Ⅴ 类水质，主要污染因子为总磷和氨氮，其中 TP 均超地表水 Ⅴ 类标准，部分河流（如龙表河）水体呈黑色状态。

（2）畜禽养殖生产技术落后，养殖废水直排入江。玉林北片区 TP 和 COD$_{Cr}$ 主要来自畜禽养殖源。流域内的大部分养殖场仍采用水冲清粪养殖模式。目前，片区内规模化畜禽养殖废水处理主要采取废水收集、建设沼气池和储液池的方式，部分养殖场设有氧化塘；小型散养的废水则通过小型沼气池进行处理。废水经过沼气池后，部分用于农业灌溉，无法消纳的废水则直接排入河流中，对水环境压力较大。

（3）城镇污水处理设施建设滞后。玉林北片区涉及兴业县、福绵区、北流市、玉州区 4 个县区的 20 个乡镇，其中 10 个乡镇建设了镇级污水处理厂，其余 10 个乡镇尚未建设，涉及人口 50.39 万。

6.1.3　玉林北片区治理控制措施

（1）大力推进畜禽养殖方式转变，全面推广高架网床养殖模式，加大对现有畜禽养殖企业高架网床养殖模式改造的财政支持力度，禁止采用水冲清粪养殖模式。

（2）加快推进城镇污水处理厂建设。在 2017 年年底前建成葵阳镇、龙安镇、卖酒镇、小平山镇、大里镇、仁厚镇、仁东镇、大塘镇、新圩镇、茂林镇共 10 个镇的污水处理厂并投入运营；新建的污水处理厂配套建设污水管网。

（3）控制农业面源污染。实行测土配方施肥，推广精准施肥技术和机具，推广生物粪肥。推广使用高效、低毒、低残留农药，推进农作物病虫害绿色防控和统防统治融合发展。单位防治面积农药使用量控制在近 3 年平均水平以下，实现农药使用总量零增长；主要农作物病虫害绿色防控覆盖率达 30% 以上，专业化统防统治覆盖率达 40% 以上，农药利用率达 40% 以上，林业无公害防治率达 85% 以上。

（4）开展河道黑臭水体整治。开展流域内黑臭水体调查、评估和认定工作。采取控源截污、垃圾清理、清淤疏浚、生态修复等治理措施，进行河道综合整治，消除黑臭水体。

6.2　福绵片区

6.2.1　福绵片区基本情况

福绵片区包含 2 个控制单元，分别为丽江和福绵陆川段控制单元，各控制单元包含的行政区见表 6-14。

表 6-14　福绵片区基本情况

片区	控制单元	地级市	县(区、市)	镇名
福绵片区	丽江	玉林市	北流市	塘岸镇
			福绵区	新桥镇
			陆川县	米场镇、马坡镇、平乐镇、珊罗镇
	福绵陆川段	玉林市	福绵区	沙田镇、石和镇、樟木镇
			陆川县	沙湖镇

6.2.1.1　福绵陆川段控制单元

1）福绵陆川段控制单元基本情况

福绵陆川段控制单元包括玉林市 2 个县区的 4 个镇，分别为福绵区的沙田镇、石和镇、樟木镇以及陆川县的沙湖镇。福绵陆川段控制单元包含的支流有樟木镇支流和沙田河。

2）福绵陆川段控制单元水质现状

2016 年 5 月，在福绵陆川段控制单元布设了 4 个监测断面，福绵陆川段的水质评价见表 6-15。4 个监测断面布设情况为干流段 1 个监测断面，樟木镇支流 1 个监测断面，沙田河上游和下游各 1 个监测断面，由监测结果可知，沙田河水质良好，所有监测指标均不超Ⅳ类标准。

樟木镇支流执行《地表水环境质量标准》Ⅲ类标准，该监测断面为劣Ⅴ类水质，主要超标因子为氨氮和总磷，污染指数分别为 2.28 和 2.10。福绵陆川段的干流监测断面执行Ⅲ类标准，该断面整体水质为Ⅴ类水质，超标因子为生化需氧量和总磷，其中总磷超标严重(表 6-15)。

表 6-15　福绵陆川段控制单元监测点位 2016 年水质评价

控制单元	干流	一级支流	监测点位	功能区	断面水质评价结果	是否超标	单因子水质评价结果				
							高锰酸盐指数	生化需氧量	化学需氧量	氨氮	总磷
福绵陆川段		樟木镇支流	34	Ⅳ类	劣Ⅴ类	是	Ⅲ类	Ⅲ类	Ⅲ类	劣Ⅴ类(2.28)	劣Ⅴ类(2.10)
		沙田河(上游)	10	Ⅳ类	Ⅳ类	否	Ⅱ类	Ⅲ类	Ⅲ类	Ⅱ类	Ⅳ类
		沙田河(下游)	37	Ⅳ类	Ⅳ类	否	Ⅱ类	Ⅳ类	Ⅲ类	Ⅱ类	Ⅳ类
	干流福绵陆川段		9	Ⅲ类	Ⅴ类	是	Ⅱ类	Ⅳ类(1.05)	Ⅲ类	Ⅲ类	Ⅴ类(1.60)

3）福绵陆川段控制单元污染源特征

2015 年，福绵陆川段控制单元不同类型污染源的污染物排放量见表 6-16。2015 年 COD_{Cr}、NH_3-N、TN 和 TP 的总排放量分别为 8 536 t、410 t、915 t 和 147 t。其中城镇生活和工业源 COD_{Cr}、NH_3-N、TN 和 TP 的排放量分别为 847 t、123 t、160 t 和 13 t，农业源(包括农村生活源、畜禽养殖源、种植业和水产养殖) COD_{Cr}、NH_3-N、TN 和 TP 的排放量分别为 8 183 t、336 t、783 t 和 138 t。

表 6-16　福绵陆川段控制单元 2015 年不同类型污染源的污染物排放量(单位：t)

	污水量(万 t)	COD_{Cr}	NH_3-N	TN	TP
城镇生活源	250. 11	801. 00	119. 33	148. 76	12. 10
农村生活源	341. 33	853. 25	119. 45	153. 58	13. 65
工业源	44. 25	45. 86	4. 00	11. 26	0. 59
畜禽养殖源	0. 00	7 243. 77	185. 77	448. 65	104. 09
种植业	0. 00	0. 00	28. 27	174. 53	19. 10
水产养殖	0. 00	86. 26	2. 64	6. 58	1. 10
污水处理厂削减量	0. 00	-494. 04	-49. 40	-28. 65	-4. 04
合计	635. 69	8 536. 10	410. 06	914. 71	146. 59

2015 年，福绵陆川段控制单元不同类型污染源的比例见表 6-17。由表可知，COD_{Cr}、NH_3-N、TN 和 TP 主要来自畜禽养殖源，分别占 85%、45%、49% 和 71%。

表 6-17　福绵陆川段控制单元 2015 年不同类型污染源所占的比例(%)

	污水量	COD_{Cr}	NH_3-N	TN	TP
城镇生活源	39	4	17	13	5
农村生活源	54	10	29	17	9
工业源	7	1	1	1	0
畜禽养殖源	0	85	45	49	71
种植业	0	0	7	19	13
水产养殖	0	1	1	1	1
合计	100	100	100	100	100

污染物排放最多的乡镇为樟木镇，2015 年，不同类型污染源污染物的排放量见表 6-18。樟木镇的 COD_{Cr}、NH_3-N、TN 和 TP 主要来自畜禽养殖源；COD_{Cr} 和 NH_3-N 的农村生活源的排放量也较大；TN 和 TP 的种植业的排放量仅次于畜禽养殖源。樟木镇的主要污染源为畜禽养殖源、农村生活源、城镇生活源和种植业。

表 6-18　樟木镇 2015 年不同类型污染源污染物的排放量(单位：t)

	污水量(万 t)	COD_{Cr}	NH_3-N	TN	TP
城镇生活源	102. 03	326. 76	48. 68	60. 68	4. 93
农村生活源	145. 37	363. 38	50. 87	65. 41	5. 81

	污水量(万 t)	COD_{Cr}	NH_3-N	TN	TP
工业源	0.00	0.00	0.00	0.00	0.00
畜禽养殖源	0.00	2 498.95	59.00	145.19	33.52
种植业	0.00	0.00	11.89	72.98	8.04
水产养殖	0.00	33.29	1.06	2.36	0.38
污水处理厂削减量	0.00	−248.53	−24.85	−14.42	−2.03
合计	247.40	2 973.85	146.65	332.20	50.65

6.2.1.2 丽江控制单元

1)丽江控制单元基本情况

丽江控制单元包括玉林市 3 个县(区、市)的 6 个镇,分别为北流市的塘岸镇、福绵区的新桥镇以及陆川县的米场镇、马坡镇、平乐镇、珊罗镇。

2)丽江控制单元水质现状

2016 年 5 月,在丽江上游和下游各布设 1 个监测断面,执行《地表水环境质量标准》Ⅲ类标准,水质评价结果见表 6-19。丽江上游和下游均超过Ⅲ类标准的因子为生化需氧量和总磷,上游监测断面化学需氧量也超标,下游监测断面总磷超标严重,污染指数为 1.80,丽江监测断面整体为Ⅴ类水质。

表 6-19 丽江控制单元监测点位 2016 年水质评价

控制单元	一级支流	监测点位	功能区	断面水质评价结果	是否超标	单因子水质评价结果				
						高锰酸盐指数	生化需氧量	化学需氧量	氨氮	总磷
丽江	丽江(上游)	6	Ⅲ类	Ⅴ类	是	Ⅲ类	Ⅳ类(1.13)	Ⅳ类(1.05)	Ⅲ类	Ⅴ类(1.75)
	丽江(下游)	36	Ⅲ类	Ⅴ类	是	Ⅲ类	Ⅳ类(1.08)	Ⅲ类	Ⅲ类	Ⅴ类(1.80)

3)丽江控制单元污染源特征

2015 年,丽江控制单元不同类型污染源的污染物排放量见表 6-20。2015 年 COD_{Cr}、NH_3-N、TN 和 TP 的总排放量分别为 11 227 t、724 t、1 531 t、240 t。其中城镇生活和工业源 COD_{Cr}、NH_3-N、TN 和 TP 的排放量分别为 2 280 t、302 t、403 t 和 34 t,农业源(包括农村生活源、畜禽养殖源、种植业和水产养殖)COD_{Cr}、

NH$_3$-N、TN 和 TP 的排放量分别为 9 263 t、454 t、1 146 t 和 209 t。

表 6-20　丽江控制单元 2015 年不同类型污染源的污染物排放量(单位：t)

	污水量(万 t)	COD$_{Cr}$	NH$_3$-N	TN	TP
城镇生活源	595.96	1 908.62	284.34	354.46	28.82
农村生活源	592.42	1 480.90	207.33	266.56	23.69
工业源	250.98	371.52	17.16	48.28	4.81
畜禽养殖源	0.00	7 565.98	184.17	491.79	141.12
种植业	0.00	0.00	56.44	368.82	40.47
水产养殖	0.00	216.50	6.01	19.24	3.47
污水处理厂削减量	0.00	-316.20	-31.62	-18.34	-2.58
合计	1 439.36	11 227.32	723.83	1 530.81	239.80

2015 年，丽江控制单元不同类型污染源的比例见表 6-21。COD$_{Cr}$、TN 和 TP 主要来自畜禽养殖源，分别占 67%、32% 和 59%，NH$_3$-N 主要来自城镇生活源，占 35%。

表 6-21　丽江控制单元 2015 年不同类型污染源所占的比例(%)

	污水量(万 t)	COD$_{Cr}$	NH$_3$-N	TN	TP
城镇生活源	41	14	35	22	11
农村生活源	41	13	29	17	10
工业源	17	3	2	3	2
畜禽养殖源	0	67	25	32	59
种植业	0	0	8	24	17
水产养殖	0	2	1	1	1
合计	100	100	100	100	100

2015 年，丽江控制单元污染物排放量最大的乡镇为新桥镇(表 6-22)，TP 主要来自畜禽养殖源。

表 6-22　新桥镇 2015 年污染物排放量(单位：t)

	污水量(万 t)	COD$_{Cr}$	NH$_3$-N	TN	TP
城镇生活源	129.81	415.74	61.94	77.21	6.28
农村生活源	86.33	215.8	30.21	38.84	3.45
工业源	202.75	278.89	14.79	41.61	3.61
畜禽养殖源	0	2 268.76	61.97	176.65	37.7

	污水量(万 t)	COD$_{Cr}$	NH$_3$-N	TN	TP
种植业	0	0	11.06	67.86	7.48
水产养殖	0	27.42	0.87	1.95	0.31
污水处理厂削减量	0	0	0	0	0
合计	418.89	3 206.61	180.84	404.12	58.83

6.2.2 福绵片区问题诊断

(1)福绵片区主要包括樟木镇支流、沙田河和丽江控制单元。其中樟木镇支流的氨氮和总磷均为劣 V 类水质,部分河段呈黑臭状态。樟木镇支流的主要污染源为畜禽养殖源,农村生活源对 COD$_{Cr}$ 和 NH$_3$-N 的排放量贡献次之,种植业对 TN 和 TP 的排放量的贡献仅次于畜禽养殖源。沙田河支流主要受畜禽养殖污染影响,总磷为 IV 类水质,其他水质因子多为 II 类或 III 类水质。丽江为 V 类水质,主要污染因子为总磷、生化需氧量和化学需氧量,主要污染源为畜禽养殖源。

(2)畜禽养殖污染严重。如片区规模化养殖的生猪存栏量为 71 391 头,散养的生猪存栏量达 22 256 头,小散养殖呈现多、散、杂的特点。福绵片区的大部分养殖场多采用清水冲粪养殖模式,养殖废水直接排入南流江干支流,对支流水质造成较大压力。

福绵片区涉及陆川县、福绵区、北流市 3 个县区的 10 个镇,其中只有马坡镇建设有污水处理厂,另外 9 个镇均未建污水处理设施,涉及人口 52.70 万。50 多万人口的生活废水全部直排入江,给流域水体造成巨大的环境压力。

(3)环境安全问题不容乐观。随着城镇化水平的提高,福绵区的服装厂、水洗厂逐步变成了"城中厂""村中厂",噪声扰民问题突出,烟囱废气污染问题尚未得到解决。

6.2.3 福绵片区治理控制措施

(1)开展畜禽养殖技术改造。转变畜禽养殖方式,全面推广高架网床养殖模式,加大对现有畜禽养殖企业高架网床养殖模式改造的财政支持力度。2017 年已完成禁养区技术改造工作,禁止采用清水冲粪养殖模式,推广使用高架网床畜禽养殖等干粪养殖技术;限养区范围内新建畜禽养殖场须使用高架网床养殖技术,现有的养殖场于 2020 年前改造完毕。

（2）开展城镇污水处理厂建设。2017 年年底已完成福绵片区 7 个乡镇的污水处理厂建设并投入运行，其中玉林市 6 个，钦州市 1 个，并配套建设污水管网工程。

（3）开展河道黑臭现象整治。采取控源截污、垃圾清理、清淤疏浚、生态修复等措施，开展福绵片区控源截污、垃圾清理等工程，清理沿河排污口、河面大面积漂浮物及沿岸垃圾；2017—2018 年开展清淤疏浚工程，清除水体底泥中所含的污染物；2019—2020 年主要以生态修复为主，通过岸带修复、生态净化等措施确保黑臭水体整治工程长效运行。

6.3　博白北片区

6.3.1　博白北片区基本情况

博白北片区包含 3 个控制单元，分别为绿珠江、水鸣河和干流博白北段控制单元，各控制单元包含的行政区见表 6-23。

表 6-23　博白北片区基本情况

片区	控制单元	地级市	县（区、市）	镇名
博白 北片区	绿珠江	玉林市	博白县	双凤镇、浪平镇
		钦州市	浦北县	平睦镇
	水鸣河	玉林市	博白县	水鸣镇、永安镇
	干流博白北段	玉林市	博白县	径口镇、亚山镇、旺茂镇、三滩镇、黄凌镇、博白镇

6.3.1.1　绿珠江控制单元

1）绿珠江控制单元基本情况

绿珠江控制单元包括玉林市和钦州市 2 个县的 3 个镇，分别为玉林市博白县的双凤镇、浪平镇以及钦州市浦北县的平睦镇。

2）绿珠江控制单元水质现状

2016 年 5 月，在绿珠江上游和下游各布设 1 个监测断面，执行Ⅲ类标准，水质良好，所有监测指标均不超Ⅲ类标准（表 6-24）。

表 6-24　绿珠江控制单元监测点位 2016 年水质评价

控制单元	一级支流	监测点位	功能区	断面水质评价结果	是否超标	单因子水质评价结果				
						高锰酸盐指数	生化需氧量	化学需氧量	氨氮	总磷
绿珠江	绿珠江（上游）	12	Ⅲ类	Ⅲ类	否	Ⅱ类	Ⅲ类	Ⅲ类	Ⅲ类	Ⅲ类
	绿珠江（下游）	26	Ⅲ类	Ⅲ类	否	Ⅱ类	Ⅲ类	Ⅲ类	Ⅲ类	Ⅲ类

3) 绿珠江控制单元污染源特征

2015 年，绿珠江控制单元不同类型污染源的污染物排放量见表 6-25。2015 年 COD_{Cr}、NH_3-N、TN 和 TP 的总排放量分别为 4 566 t、175 t、366 t 和 73 t。其中城镇生活和工业源 COD_{Cr}、NH_3-N、TN 和 TP 的排放量分别为 145 t、22 t、27 t 和 2 t，农业源(包括农村生活源、畜禽养殖源、种植业和水产养殖) COD_{Cr}、NH_3-N、TN 和 TP 的排放量分别为 4 421 t、154 t、340 t 和 70 t。绿珠江污染物排放量最多的污染源集中在畜禽养殖源和农村生活源上。

表 6-25　绿珠江控制单元 2015 年不同类型污染源的污染物排放量(单位：t)

	污水量(万 t)	COD_{Cr}	NH_3-N	TN	TP
城镇生活源	45.23	144.87	21.58	26.90	2.19
农村生活源	161.81	404.49	56.63	72.81	6.47
工业源	0.00	0.00	0.00	0.00	0.00
畜禽养殖源	0.00	3 998.79	90.41	228.23	59.57
种植业	0.00	0.00	4.52	34.44	3.52
水产养殖	0.00	17.74	2.00	4.03	0.82
污水处理厂削减量	0.00	0.00	0.00	0.00	0.00
合计	207.04	4 565.89	175.14	366.41	72.57

2015 年，绿珠江控制单元不同类型污染源的比例见表 6-26。由表可知，COD_{Cr}、NH_3-N、TN 和 TP 主要来自畜禽养殖源，分别占 88%、52%、62% 和 82%。

表 6-26　绿珠江控制单元 2015 年不同类型污染源所占的比例(%)

	污水量	COD_{Cr}	NH_3-N	TN	TP
城镇生活源	22	3	12	7	3
农村生活源	78	9	32	20	9

续表

	污水量	COD_{Cr}	NH_3-N	TN	TP
工业源	0	0	0	0	0
畜禽养殖源	0	88	52	62	82
种植业	0	0	3	9	5
水产养殖	0	0	1	1	1
合计	100	100	100	100	100

6.3.1.2 水呜河控制单元

1)水呜河控制单元基本情况

水呜河控制单元包括玉林市博白县的水呜镇和永安镇。

2)水呜河控制单元水质现状

2016 年 5 月,水呜河控制单元执行《地表水环境质量标准》Ⅳ类标准,在水呜河控制单元上游和下游各布设 1 个监测断面。水呜河上游和下游监测断面总磷和氨氮均超过Ⅳ类标准,总磷污染指数分别为 1.58 和 2.88,氨氮污染指数分别为 1.97 和 3.07。2016 年,水呜河监测断面为劣Ⅴ类水质(表 6-27)。

表 6-27 水呜河控制单元监测点位 2016 年水质评价

控制单元	一级支流	监测点位	功能区	断面水质评价结果	是否超标	单因子水质评价结果				
						高锰酸盐指数	生化需氧量	化学需氧量	氨氮	总磷
水呜河	水呜河(上游)	11	Ⅳ类	劣Ⅴ类	是	Ⅳ类	Ⅱ类	Ⅲ类	劣Ⅴ类(1.97)	劣Ⅴ类(1.58)
	水呜河(下游)	29	Ⅳ类	劣Ⅴ类	是	Ⅳ类	Ⅲ类	Ⅳ类	劣Ⅴ类(3.07)	劣Ⅴ类(2.88)

3)水呜河控制单元污染源特征

水呜河控制单元不同类型污染源 2015 年的污染物排放量见表 6-28。2015 年 COD_{Cr}、NH_3-N、TN 和 TP 的总排放量分别为 6 663 t、224 t、488 t 和 164 t。其中城镇生活和工业源 COD_{Cr}、NH_3-N、TN 和 TP 的排放量分别为 216 t、32 t、40 t 和 3 t,农业源(包括农村生活源、畜禽养殖源、种植业和水产养殖)COD_{Cr}、NH_3-N、TN 和 TP 的排放量分别为 6 447 t、191 t、448 t 和 161 t。

表6-28　水鸣河控制单元2015年不同类型污染源的污染物排放量(单位：t)

	污水量(万t)	COD_Cr	NH₃-N	TN	TP
城镇生活源	67.51	216.19	32.21	40.15	3.26
农村生活源	158.86	397.10	55.59	71.48	6.35
工业源	0.00	0.00	0.00	0.00	0.00
畜禽养殖源	0.00	6 050.08	129.46	329.86	149.99
种植业	0.00	0.00	6.30	46.20	4.57
水产养殖	0.00	0.00	0.00	0.00	0.00
污水处理厂削减量	0.00	0.00	0.00	0.00	0.00
合计	226.37	6 663.37	223.56	487.69	164.17

2015年，水鸣河控制单元不同类型污染源的比例见表6-29。由表可知，COD_{Cr}、NH_3-N、TN、TP主要来自畜禽养殖源，分别占91%、58%、68%和91%。

表6-29　水鸣河控制单元2015年不同类型污染源所占的比例(%)

	污水量	COD_Cr	NH₃-N	TN	TP
城镇生活源	30	3	14	8	2
农村生活源	70	6	25	15	4
工业源	0	0	0	0	0
畜禽养殖源	0	91	58	68	91
种植业	0	0	3	9	3
水产养殖	0	0	0	0	0
合计	100	100	100	100	100

2015年，水鸣河控制单元的水鸣镇和永安镇2个镇均为水质污染严重乡镇，覆盖整个控制单元。水鸣镇2015年污染物排放量见表6-30，TP和NH_3-N主要来自畜禽养殖源。

表6-30　水鸣镇2015年污染物排放量(单位：t)

	污水量(万t)	COD_Cr	NH₃-N	TN	TP
城镇生活源	37.11	115.12	18.23	25.14	1.32
农村生活源	98.25	238.26	33.28	42.38	3.81
工业源	0.00	0.00	0.00	0.00	0.00
畜禽养殖源	0.00	2 722.54	55.28	148.67	67.55
种植业	0.00	0.00	3.10	23.10	2.39
水产养殖	0.00	0.00	0.00	0.00	0.00
污水处理厂削减量	0.00	0.00	0.00	0.00	0.00
合计	135.36	3 075.92	109.89	239.29	75.07

6.3.1.3　干流博白北段控制单元

1) 干流博白北段控制单元基本情况

干流博白北段控制单元包括玉林市博白县的 6 个镇，分别为径口镇、亚山镇、旺茂镇、三滩镇、黄凌镇和博白镇。

2) 干流博白北段控制单元水质现状

2016 年 5 月，在干流博白北段控制单元布设 4 个监测断面，其中干流上布设 2 个，分别在乌豆江下游和水鸣河下游；在一级支流上布设 2 个监测断面，分别为乌豆江和旺茂镇支流监测断面。其中乌豆江执行Ⅳ类标准，其他 3 个监测断面都执行Ⅲ类标准。2016 年，评价结果见表 6-31，4 个监测断面全部为劣Ⅴ类水质，污染严重。

干流博白北段控制单元总磷超标严重，2 个监测断面污染指数分别为 3.00 和 1.89；氨氮在干流博白北段的 2 个监测断面均超Ⅲ类标准，污染指数分别为 2.65 和 3.10；干流博白北段 (水鸣河下游) 的生化需氧量也超Ⅲ类标准。综上所述，干流博白北段三个因子 (氨氮、生化需氧量和总磷) 均超标，且超标情况严重。

乌豆江执行《地表水环境质量标准》Ⅳ类标准，乌豆江总磷和氨氮超Ⅳ类标准，污染指数分别为 3.20 和 2.44。乌豆江监测断面整体为劣Ⅴ类水质。

旺茂镇支流执行《地表水环境质量标准》Ⅲ类标准。该支流所有监测指标均超Ⅲ类标准，超标严重的因子为氨氮和总磷，污染指数分别为 3.99 和 5.50。该支流的监测断面为劣Ⅴ类水质。

表 6-31　干流博白北段控制单元监测点位 2016 年水质评价

控制单元	一级支流	监测点位	功能区	断面水质评价结果	是否超标	单因子水质评价结果				
						高锰酸盐指数	生化需氧量	化学需氧量	氨氮	总磷
乌豆江下游	乌豆江	27	Ⅳ类	劣Ⅴ类	是	Ⅲ类	Ⅲ类	Ⅲ类	劣Ⅴ类 (2.44)	劣Ⅴ类 (3.20)
		28	Ⅲ类	劣Ⅴ类	是	Ⅲ类	Ⅱ类	Ⅲ类	Ⅴ类 (3.10)	劣Ⅴ类 (1.89)
	旺茂镇支流	40	Ⅲ类	劣Ⅴ类	是	Ⅳ类 (1.30)	Ⅳ类 (1.15)	Ⅳ类 (1.25)	劣Ⅴ类 (3.99)	劣Ⅴ类 (5.50)
水鸣河下游		33	Ⅲ类	劣Ⅴ类	是	Ⅲ类	Ⅳ类 (1.05)	Ⅲ类	劣Ⅴ类 (2.65)	劣Ⅴ类 (3.00)

3) 干流博白北段控制单元污染源特征

2015 年，干流博白北段控制单元不同类型污染源的污染物排放量见表 6-32。2015 年 COD_{Cr}、NH_3-N、TN 和 TP 的总排放量分别为 35 520 t、1 272 t、2 827 t 和 755 t。其中城镇生活和工业源 COD_{Cr}、NH_3-N、TN 和 TP 的排放量分别为 4 406 t、617 t、778 t 和 66 t，农业源（包括农村生活源、畜禽养殖源、种植业和水产养殖）COD_{Cr}、NH_3-N、TN 和 TP 的排放量分别为 32 349 t、889 t、2 264 t 和 709 t。

表 6-32　干流博白北段控制单元 2015 年不同类型污染源的污染物排放量（单位：t）

	污水量（万 t）	COD_{Cr}	NH_3-N	TN	TP
城镇生活源	1 282.25	4 106.56	611.79	762.65	62.02
农村生活源	592.47	1 481.02	207.34	266.58	23.70
工业源	69.72	298.94	5.35	15.06	3.87
畜禽养殖源	0.00	30 851.43	629.13	1 619.84	647.54
种植业	0.00	0.00	50.90	373.28	36.93
水产养殖	0.00	16.73	1.89	3.80	0.77
污水处理厂削减量	0.00	-1 234.29	-234.66	-214.20	-20.00
合计	1 944.44	35 520.39	1 271.74	2 827.01	754.83

2015 年，干流博白北段控制单元不同类型污染源的比例见表 6-33。由表可知，COD_{Cr}、NH_3-N、TN 和 TP 主要来自畜禽养殖源，分别占 83%、47%、55% 和 55%。

表 6-33　干流博白北段控制单元 2015 年不同类型污染源所占的比例（%）

	污水量	COD_{Cr}	NH_3-N	TN	TP
城镇生活源	16	2	8	4	2
农村生活源	42	5	17	9	5
工业源	42	3	1	1	2
畜禽养殖源	0	83	47	55	55
种植业	0	0	3	9	7
水产养殖	0	6	24	22	29
合计	100	100	100	100	100

　　污染物排放量最多的 2 个乡镇分别为博白镇和旺茂镇,两镇 2015 年不同类型污染源污染物排放量见表 6-34。这 2 个镇的 COD_{Cr}、TN 和 TP 主要来自畜禽养殖,其次为城镇生活;NH_3-N 主要来自城镇生活,其次为畜禽养殖。因此干流博白北段最严重的污染源为畜禽养殖源和城镇生活源。

表 6-34　干流博白北段控制单元水质污染严重乡镇 2015 年污染源的排放量(单位:t)

	污水量(万 t)	COD_{Cr}	NH_3-N	TN	TP
城镇生活源	1 027.75	3 291.48	490.36	611.28	49.71
农村生活源	361.72	904.20	126.59	162.76	14.47
工业源	41.39	191.68	1.45	4.08	2.48
畜禽养殖源	0.00	14 424.23	291.11	751.07	274.11
种植业	0.00	0.00	31.85	233.59	23.11
水产养殖	0.00	20.53	2.32	4.67	0.94
污水处理厂削减量	0.00	-1 234.29	-234.66	-214.20	-20.00
合计	1 430.86	17 597.83	709.02	1 553.25	344.82

6.3.2　博白北片区问题诊断

　　(1)博白北片区河流水质污染严重,部分河道呈现黑臭状态。污染因子是 COD_{Cr}、NH_3-N 和 TP,主要来源于畜禽养殖源和城镇生活源。博白北片区 4 条支流和干流均为劣 V 类水质。其中旺茂镇支流污染最为严重;水鸣河总磷和氨氮均超过 IV 类水质标准;乌豆江总磷和氨氮均超标。

　　(2)畜禽养殖数量多,污染负荷大。2015 年,博白北片区是玉林市畜禽养殖最为集中的区域,生猪存栏量规模化养殖达 604 760 头,小散养殖达 477 002 头。畜禽养殖污染源的 COD_{Cr}、NH_3-N、TN 和 TP 的排放量占该片区污染物排放总量的比例很高,尤以博白镇和旺茂镇污染物排放量大,对片区内各条河流的水质影响显著。

　　(3)城镇污水处理设施建设滞后。博白北片区涉及博白县的 11 个镇,人口71.99 万,目前仅博白镇建有污水处理厂,其余乡镇均未建设污水处理厂。

　　(4)非法采砂现象严重。该片区的上游河道中存在非法采砂现象,给下游水质带来不良影响。

6.3.3 博白北片区治理控制措施

(1)转变畜禽养殖方式,开展畜禽养殖技术改造。应全面推广高架网床养殖模式,加大对现有畜禽养殖企业高架网床养殖模式改造的财政支持力度。2017年完成禁养区拆除,禁止采用清水冲粪养殖模式,推广使用高架网床畜禽养殖等干粪养殖技术;限养区范围内新建畜禽养殖场须使用高架网床养殖技术,现有的养殖场于2020年改造完毕。

(2)开展城镇污水处理厂建设。2017年完成博白北片区10个乡镇的污水处理厂建设并投入运营,配套建设污水管网工程。

(3)开展河道综合整治。采取控源截污、垃圾清理、清淤疏浚、生态修复等措施,开展旺茂镇支流、水鸣河和乌豆江等支流综合整治。

(4)整治非法采砂现象。国土、水利、公安、生态环境等部门加强监管和联动,对流域内的非法采砂予以关停取缔。

6.4 博白南片区

6.4.1 博白南片区基本情况

博白南片区包含2个控制单元,分别为干流博白南段和东平河控制单元,各控制单元包含的行政区见表6-35。

表6-35 博白南片区基本情况

片区	控制单元	地级市	县(区、市)	镇名
博白南片区	干流博白南段 东平河	玉林市	博白县	菱角镇、沙河镇、顿谷镇 新田镇、东平镇、凤山镇

6.4.1.1 干流博白南段控制单元

1)干流博白南段控制单元基本情况

干流博白南段控制单元包括玉林市博白县的菱角镇、沙河镇和顿谷镇。

2)干流博白南段控制单元水质现状

2016年5月,干流博白南段控制单元有2个监测断面,分别在那四江支流和顿谷镇支流上。

那四江支流执行Ⅲ类标准。2016年,该河段生化需氧量和总磷超Ⅲ类标准,污染指数分别为1.10和1.15,那四江支流监测断面为Ⅳ类水质(表6-36)。

顿谷镇支流执行Ⅲ类标准。2016年,该支流监测断面水质良好,所有指标均不超Ⅲ类标准(表6-36)。

表6-36 干流博白南段控制单元监测点位2016年水质评价

控制单元	一级支流	监测点位	功能区	断面水质评价结果	是否超标	单因子水质评价结果				
						高锰酸盐指数	生化需氧量	化学需氧量	氨氮	总磷
干流博白南段	顿谷镇支流	41	Ⅲ类	Ⅲ类	否	Ⅱ类	Ⅲ类	Ⅱ类	Ⅱ类	Ⅱ类
	那四江支流	35	Ⅲ类	Ⅳ类	是	Ⅱ类	Ⅳ类 (1.10)	Ⅱ类	Ⅱ类	Ⅳ类 (1.15)

3) 干流博白南段控制单元污染源特征

2015年,干流博白南段控制单元不同类型污染源的污染物排放量见表6-37。2015年 COD_{Cr}、NH_3-N、TN 和 TP 的总排放量分别为5 093 t、285 t、582 t 和 97 t。其中城镇生活和工业源 COD_{Cr}、NH_3-N、TN 和 TP 的排放量分别为520 t、77 t、97 t 和 8 t,农业源(包括农村生活源、畜禽养殖源、种植业和水产养殖) COD_{Cr}、NH_3-N、TN 和 TP 的排放量分别为4 573 t、208 t、485 t 和 89 t。

表6-37 干流博白南段控制单元2015年不同类型污染源的污染物排放量(单位:t)

	污水量(万t)	COD_{Cr}	NH_3-N	TN	TP
城镇生活源	162.27	519.68	77.42	96.51	7.85
农村生活源	297.59	743.90	104.15	133.90	11.90
工业源	0.00	0.00	0.00	0.00	0.00
畜禽养殖源	0.00	3 740.62	74.85	192.37	59.51
种植业	0.00	0.00	18.92	138.77	13.73
水产养殖	0.00	88.62	10.01	20.15	4.07
污水处理厂削减量	0.00	0.00	0.00	0.00	0.00
合计	459.86	5 092.82	285.35	581.70	97.06

2015年,干流博白南段控制单元不同类型污染源的比例见表6-38。由表可知,COD_{Cr}、TN 和 TP 主要来自畜禽养殖源,分别占73%、33% 和 61%;NH_3-N 主

要来自农村生活源，所占的比例为 36%。

表 6-38　干流博白南段控制单元 2015 年不同类型污染源所占的比例(%)

	污水量	COD_{Cr}	NH_3-N	TN	TP
城镇生活源	35	10	27	17	8
农村生活源	65	15	36	23	12
工业源	0	0	0	0	0
畜禽养殖源	0	73	26	33	61
种植业	0	0	7	24	14
水产养殖	0	2	4	3	4
合计	100	100	100	100	100

污染物排放最多的乡镇为沙河镇，2015 年不同类型污染源污染物排放量见表 6-39。沙河镇的 COD_{Cr}、TN 和 TP 主要来自畜禽养殖源，其次为城镇生活源；NH_3-N 主要来自城镇生活源，其次为农村生活源。因此干流博白南段最严重的污染源为畜禽养殖源和城镇生活源。

表 6-39　沙河镇 2015 年不同类型污染源的污染物排放量(单位：t)

	污水量(万 t)	COD_{Cr}	NH_3-N	TN	TP
城镇生活源	116.72	373.80	55.69	69.42	5.65
农村生活源	114.88	287.18	40.20	51.69	4.59
工业园	0.00	0.00	0.00	0.00	0.00
畜禽养殖源	0.00	1 438.56	28.49	74.61	18.08
种植业	0.00	0.00	7.19	52.71	5.22
水产养殖	0.00	8.73	0.99	1.99	0.40
污水处理厂削减量	0.00	0.00	0.00	0.00	0.00
合计	231.60	2 108.27	132.56	250.42	33.94

6.4.1.2　东平河控制单元

1) 东平河控制单元基本情况

东平河控制单元包括玉林市博白县的 3 个镇，分别为新田镇、东平镇和凤山镇。

2) 东平河控制单元水质现状

2016 年 5 月，东平河控制单元执行《地表水环境质量标准》Ⅳ类标准。2016

年，东平河控制单元监测点位水质评价见表6-40，由评价结果可知，该河段只有总磷超Ⅳ类标准，污染指数为1.27，东平河监测断面为Ⅴ类水质。

表6-40 东平河控制单元监测点位2016年水质评价

控制单元	一级支流	监测点位	功能区	断面水质评价结果	是否超标	单因子水质评价结果				
						高锰酸盐指数	生化需氧量	化学需氧量	氨氮	总磷
东平河	东平河	30	Ⅳ类	Ⅴ类	是	Ⅲ类	Ⅳ类	Ⅲ类	Ⅳ类	Ⅴ类(1.27)

3) 东平河控制单元污染源特征

2015年，东平河控制单元不同类型污染源的污染物排放量见表6-41。2015年COD_{Cr}、NH_3-N、TN和TP的总排放量分别为10 766 t、479 t、1 043 t和327 t。其中城镇生活和工业源COD_{Cr}、NH_3-N、TN和TP的排放量分别为574 t、85 t、107 t和9 t，农业源(包括农村生活源、畜禽养殖源、种植业和水产养殖)COD_{Cr}、NH_3-N、TN和TP的排放量分别为10 192 t、394 t、937 t和318 t。

表6-41 东平河控制单元2015年不同类型污染源的污染物排放量(单位：t)

	污水量(万t)	COD_{Cr}	NH_3-N	TN	TP
城镇生活源	178.65	572.14	85.24	106.25	8.64
农村生活源	468.56	1 171.28	163.98	210.83	18.74
工业源	5.58	1.48	0.11	0.31	0.02
畜禽养殖源	0.00	9 001.37	198.59	508.26	277.20
种植业	0.00	0.00	29.06	213.16	21.09
水产养殖	0.00	19.77	2.23	4.50	0.91
污水处理厂削减量	0.00	0.00	0.00	0.00	0.00
合计	652.79	10 766.04	479.21	1 043.31	326.60

2015年，东平河控制单元不同类型污染源的比例见表6-42。由表可知，COD_{Cr}、NH_3-N、TN和TP主要来自畜禽养殖源，分别占83%、41%、48%和85%。

表6-42 东平河控制单元2015年不同类型污染源所占的比例(%)

	污水量	COD_{Cr}	NH_3-N	TN	TP
城镇生活源	29	6	19	11	3
农村生活源	70	11	34	20	6

	污水量	COD$_{Cr}$	NH$_3$-N	TN	TP
工业源	1	0	0	0	0
畜禽养殖源	0	83	41	48	85
种植业	0	0	6	20	6
水产养殖	0	0	0	0	0
合计	100	100	100	100	100

东平河控制单元污染物排放最多的乡镇为东平镇，其污染源排放量见表 6-43。2015 年，东平镇的 COD$_{Cr}$、NH$_3$-N、TN 和 TP 主要来自畜禽养殖源；COD$_{Cr}$ 和 NH$_3$-N 的农村生活源排放量较多，TN 和 TP 的种植业排放量较大。东平河控制单元主要的污染源为畜禽养殖源、农村生活源和种植业。

表 6-43 东平镇 2015 年污染源的排放量（单位：t）

	污水量（万 t）	COD$_{Cr}$	NH$_3$-N	TN	TP
城镇生活源	122.28	391.63	58.34	72.73	5.91
农村生活源	199.29	498.18	69.75	89.67	7.97
工业源	5.58	1.48	0.11	0.31	0.02
畜禽养殖源	0.00	5 144.57	119.65	304.57	187.41
种植业	0.00	0.00	18.51	135.76	13.43
水产养殖	0.00	16.74	1.89	3.81	0.77
污水处理厂削减量	0.00	0.00	0.00	0.00	0.00
合计	327.15	6 052.6	268.25	606.85	215.51

6.4.2 博白南片区问题诊断

（1）博白南片区总体水质良好，顿谷镇支流水质达到Ⅲ类标准；那四江支流和东平河受畜禽养殖污染影响，存在总磷超标问题。其中那四江支流为Ⅳ类水质，东平河河段总磷超Ⅳ类水质标准，污染指数为 1.27。

（2）博白南片区的生猪存栏量达 261 288 头，散养的生猪存栏量达 118 490 头。大部分养殖场多采用清水冲粪方式，排放的养殖废水直接排入南流江支流，最终汇入南流江。

（3）镇级污水处理基础设施薄弱。博白南片区涉及博白县的 6 个镇均未建设污水处理厂，涉及人口 45.56 万。

6.4.3　博白南片区治理控制措施

(1)转变畜禽养殖方式，开展畜禽养殖技术改造。全面推广高架网床养殖模式，加大对现有畜禽养殖企业高架网床养殖模式改造的财政支持力度。2017 年完成禁养区技术改造工作，禁止采用清水冲粪养殖模式，推广使用高架网床畜禽养殖等干粪养殖技术；限养区范围内新建畜禽养殖场须使用高架网床养殖技术，现有的养殖场于 2020 年改造完毕。

(2)开展城镇污水处理厂建设。于 2017 年完成博白南片区 6 个乡镇的污水处理厂建设并投入运营，配套建设污水管网工程。

6.5　浦北合浦片区

6.5.1　浦北合浦片区基本情况

浦北合浦片区包含 6 个控制单元，分别为马江、张黄江、干流浦北段、干流合浦段、武利江和洪潮江控制单元，各控制单元包含的行政区见表 6-44。

表 6-44　浦北合浦片区基本情况

片区	控制单元	地级市	县(区、市)	镇名
浦北合浦片区	马江	玉林市	博白县	江宁镇、那林镇
		钦州市	浦北县	小江街道、江城街道、福旺镇
	张黄江	钦州市	浦北县	张黄镇、龙门镇
	干流浦北段	钦州市	浦北县	泉水镇、石埇镇、安石镇
	干流合浦段	北海市	合浦县	曲樟乡、党江镇、廉州镇、石康镇、石湾镇、常乐镇
	武利江	钦州市	浦北县	大成镇、白石水镇、北通镇、三合镇
		钦州市	灵山县	新圩镇(灵山)、檀圩镇、文利镇、武利镇
	洪潮江	钦州市	钦南区	那思镇
		北海市	合浦县	星岛湖镇

6.5.1.1　马江控制单元

1)马江控制单元基本情况

马江控制单元包括玉林市和钦州市 2 个县的 5 个镇，分别为博白县的江宁镇、那林镇以及浦北县的小江街道、江城街道、福旺镇。

2) 马江控制单元水质现状

2016 年 5 月,在马江控制单元布设 3 个监测断面,分别布设在马江上游、马江二级支流江宁镇支流和马江下游,其中,马江上游和江宁镇支流断面执行 Ⅱ 类标准,马江下游断面执行 Ⅲ 类标准。2016 年,根据监测结果进行评价,马江下游断面水质良好,所有监测指标均不超 Ⅲ 类标准;江宁镇支流断面除了高锰酸盐指数不超 Ⅱ 类标准外,其他 4 个指标均超 Ⅱ 类标准,超标最严重的是总磷,污染指数为 1.80,该支流断面为 Ⅲ 类水质;马江上游所有监测指标均超 Ⅱ 类标准,超标最严重的是氨氮,污染指数为 2.42,马江监测断面整体为 Ⅳ 类水质(表 6-45)。

表 6-45　马江控制单元监测点位 2016 年水质评价

控制单元	一级支流	二级支流	监测点位	功能区	断面水质评价结果	是否超标	单因子水质评价结果				
							高锰酸盐指数	生化需氧量	化学需氧量	氨氮	总磷
马江	马江(上游)		14	Ⅱ类	Ⅳ类	是	Ⅲ类(1.10)	Ⅳ类(1.47)	Ⅲ类(1.27)	Ⅳ类(2.42)	Ⅲ类(1.30)
	马江(下游)		15	Ⅲ类	Ⅲ类	否	Ⅱ类	Ⅲ类	Ⅱ类	Ⅱ类	Ⅱ类
	马江	江宁镇支流	13	Ⅱ类	Ⅲ类	是	Ⅱ类	Ⅲ类(1.13)	Ⅲ类(1.07)	Ⅲ类(1.16)	Ⅲ类(1.80)

3) 马江控制单元污染源特征

马江控制单元不同类型污染源 2015 年的污染物排放量见表 6-46。2015 年 COD_{Cr}、NH_3-N、TN 和 TP 的总排放量分别为 9 281 t、540 t、1 021 t 和 191 t。其中城镇生活和工业源 COD_{Cr}、NH_3-N、TN 和 TP 的排放量分别为 1 819 t、231 t、289 t 和 27 t,农业源(包括农村生活源、畜禽养殖源、种植业和水产养殖) COD_{Cr}、NH_3-N、TN 和 TP 的排放量分别为 8 177 t、387 t、831 t 和 170 t。

表 6-46　马江控制单元 2015 年不同类型污染源的污染物排放量(单位:t)

	污水量(万 t)	COD_{Cr}	NH_3-N	TN	TP
城镇生活源	481.55	1 542.22	229.76	286.41	23.29
农村生活源	472.34	1 180.74	165.30	212.53	18.89
工业源	248.91	276.53	0.94	2.65	3.58

续表

	污水量(万 t)	COD$_{Cr}$	NH$_3$-N	TN	TP
畜禽养殖源	0.00	6 830.98	181.31	443.06	126.68
种植业	0.00	0.00	14.80	122.34	13.28
水产养殖	0.00	165.23	25.15	52.72	11.11
污水处理厂削减量	0.00	-714.33	-76.88	-98.46	-6.33
合计	1 202.80	9 281.37	540.38	1 021.25	190.50

2015 年，马江控制单元不同类型污染源的比例见表 6-47。由表可知，COD$_{Cr}$、NH$_3$-N、TN 和 TP 主要来自畜禽养殖源，分别占 74%、34%、43% 和 67%。

表 6-47　马江控制单元 2015 年不同类型污染源所占的比例(%)

	污水量	COD$_{Cr}$	NH$_3$-N	TN	TP
城镇生活源	40	9	28	18	9
农村生活源	39	13	31	21	10
工业源	21	3	0	0	2
畜禽养殖源	0	74	34	43	67
种植业	0	0	3	12	7
水产养殖	0	2	5	5	6
合计	100	100	100	100	100

2015 年，马江控制单元污染物排放最多的乡镇为福旺镇、小江街道、江城街道和江宁镇，这 4 个镇的污染物排放量见表 6-48。2015 年，COD$_{Cr}$、TN 和 TP 主要来自畜禽养殖源，其次来自城镇生活源；NH$_3$-N 主要来自城镇生活源，其次来自畜禽养殖源。

表 6-48　马江控制单元 2015 年水质污染严重乡镇污染物的排放量(单位：t)

	污水量(万 t)	COD$_{Cr}$	NH$_3$-N	TN	TP
城镇生活源	397.68	1 273.63	189.74	236.53	19.23
农村生活源	401.73	1 004.22	140.59	180.76	16.07
工业源	248.91	276.53	0.94	2.65	3.58
畜禽养殖源	0.00	5 657.59	157.02	381.68	102.35
种植业	0.00	0.00	12.62	106.36	11.70
水产养殖	0.00	165.23	25.15	52.72	11.11
污水处理厂削减量	0.00	-714.33	-76.88	-98.46	-6.33
合计	1 048.32	7 662.87	449.18	862.24	157.71

6.5.1.2 张黄江控制单元

1）张黄江控制单元基本情况

张黄江控制单元包括钦州市浦北县的张黄镇和龙门镇。

2）张黄江控制单元水质现状

2016 年，张黄江控制单元执行《地表水环境质量标准》Ⅲ类标准。张黄江控制单元监测断面水质为Ⅳ类水质，超标因子为生化需氧量，污染指数为 1.05。其他监测指标均不超《地表水环境质量标准》Ⅲ类标准（表 6-49）。

表 6-49　张黄江控制单元监测点位 2016 年水质评价

控制单元	一级支流	监测点位	功能区	断面水质评价结果	是否超标	单因子水质评价结果				
						高锰酸盐指数	生化需氧量	化学需氧量	氨氮	总磷
张黄江	张黄江	17	Ⅲ类	Ⅳ类	是	Ⅱ类	Ⅳ类（1.05）	Ⅲ类	Ⅱ类	Ⅲ类

3）张黄江控制单元污染源特征

张黄江控制单元 2015 年不同类型污染源的污染物排放量见表 6-50。2015 年 COD_{Cr}、NH_3-N、TN 和 TP 的总排放量分别为 5 831 t、286 t、561 t 和 74 t。其中城镇生活和工业源 COD_{Cr}、NH_3-N、TN 和 TP 的排放量分别为 428 t、48 t、65 t 和 6 t，农业源（包括农村生活源、畜禽养殖源、种植业和水产养殖）COD_{Cr}、NH_3-N、TN 和 TP 的排放量分别为 5 404 t、238 t、496 t 和 68 t。

表 6-50　张黄江控制单元 2015 年不同类型污染源的污染物排放量（单位：t）

	污水量（万 t）	COD_{Cr}	NH_3-N	TN	TP
城镇生活源	94.22	301.74	44.95	56.04	4.56
农村生活源	324.28	810.62	113.49	145.91	12.97
工业源	93.31	126.01	3.16	8.89	1.63
畜禽养殖源	0.00	4 579.17	116.78	299.40	48.50
种植业	0.00	0.00	5.10	45.47	5.19
水产养殖	0.00	13.91	2.34	4.95	1.05
污水处理厂削减量	0.00	0.00	0.00	0.00	0.00
合计	511.81	5 831.45	285.82	560.66	73.90

2015 年，张黄江控制单元不同类型污染源的比例见表 6-51。由表可知，COD_{Cr}、NH_3-N、TN 和 TP 主要来源于畜禽养殖源，分别占 79%、41%、53% 和 66%。

表 6-51　张黄江控制单元 2015 年不同类型污染源所占的比例 (%)

	污水量	COD_{Cr}	NH_3-N	TN	TP
城镇生活源	18	5	16	10	6
农村生活源	63	14	40	26	18
工业源	18	2	1	2	2
畜禽养殖源	0	79	41	53	66
种植业	0	0	2	8	7
水产养殖	0	0	1	1	1
合计	100	100	100	100	100

2015 年，张黄江控制单元污染物排放最多的乡镇为张黄镇，不同类型污染源污染物排放量见表 6-52。从表可知，农业源的污染物排放量大于城镇生活和工业源，2015 年农业源污染相对严重，其中农业源污染物排放量中所占比例最大的是畜禽养殖源。

表 6-52　张黄镇 2015 年不同类型污染源的污染物排放量 (单位：t)

	污水量(万 t)	COD_{Cr}	NH_3-N	TN	TP
城镇生活源	65.57	209.99	31.28	39.00	3.17
农村生活源	142.34	355.81	49.81	64.05	5.69
工业源	93.31	126.01	3.16	8.89	1.63
畜禽养殖源	0.00	2 377.87	59.80	148.18	24.62
种植业	0.00	0.00	2.48	22.09	2.52
水产养殖	0.00	13.91	2.34	4.95	1.05
污水处理厂削减量	0.00	0.00	0.00	0.00	0.00
城镇生活和工业源	158.88	336.00	34.44	47.89	4.80
农业源	142.34	2 747.59	114.43	239.27	33.88

6.5.1.3　干流浦北段控制单元

1) 干流浦北段控制单元基本情况

干流浦北段控制单元包括钦州市浦北县的 3 个镇，分别为泉水镇、石埇镇和安石镇。

2) 干流浦北段控制单元水质现状

2016 年 5 月，在干流浦北段控制单元布设 1 个监测断面，干流浦北段控制单元执行《地表水环境质量标准》Ⅲ类标准。该断面整体为 V 类水质,超标因子为总磷,污染指数为 1.60(表 6-53)。

表 6-53 干流浦北段控制单元监测点位 2016 年水质评价

控制单元	干流	监测点位	功能区	断面水质评价结果	是否超标	单因子水质评价结果				
						高锰酸盐指数	生化需氧量	化学需氧量	氨氮	总磷
干流浦北段	干流浦北段	16	Ⅲ类	V类	是	Ⅲ类	Ⅲ类	Ⅲ类	Ⅲ类	V类(1.60)

3)干流浦北段控制单元污染源特征

2015 年,干流浦北段控制单元不同类型污染源的污染物排放量见表 6-54。2015 年 COD_{Cr}、NH_3-N、TN 和 TP 的总排放量分别为 7 146 t、309 t、742 t 和 119 t。其中城镇生活和工业源 COD_{Cr}、NH_3-N、TN 和 TP 的排放量分别为 388 t、28 t、38 t 和 5 t,农业源(包括农村生活源、畜禽养殖源、种植业和水产养殖)COD_{Cr}、NH_3-N、TN 和 TP 的排放量分别为 6 758 t、281 t、704 t 和 113 t。

表 6-54 干流浦北段控制单元 2015 年不同类型污染源的污染物排放量(单位:t)

	污水量(万 t)	COD_{Cr}	NH_3-N	TN	TP
城镇生活源	54.85	175.67	26.17	32.62	2.65
农村生活源	146.07	365.13	51.12	65.72	5.84
工业源	147.82	212.14	1.92	5.41	2.74
畜禽养殖源	0.00	5 944.12	146.71	408.73	65.34
种植业	0.00	0.00	7.84	69.96	7.98
水产养殖	0.00	449.07	75.51	160.02	34.05
污水处理厂削减量	0.00	0.00	0.00	0.00	0.00
合计	348.74	7 146.13	309.27	742.46	118.60

2015 年,干流浦北段控制单元污染物 COD_{Cr}、NH_3-N、TN 和 TP 主要来自畜禽养殖源,分别为 5 944 t、147 t、409 t 和 65 t;水产养殖污染源的污染物排放量仅次于畜禽养殖,水产养殖的 COD_{Cr}、NH_3-N、TN 和 TP 排放量分别占 6%、24%、22% 和 29%(表 6-55)。干流浦北段主要的污染源为畜禽养殖源和水产养殖源。

表 6-55 干流浦北段控制单元 2015 年不同类型污染源所占的比例(%)

	污水量	COD$_{Cr}$	NH$_3$-N	TN	TP
城镇生活源	16	2	8	4	2
农村生活源	42	5	17	9	5
工业源	42	3	1	1	2
畜禽养殖源	0	83	47	55	55
种植业	0	0	3	9	7
水产养殖	0	6	24	22	29
合计	100	100	100	100	100

6.5.1.4 干流合浦段控制单元

1)干流合浦段控制单元基本情况

干流合浦段控制单元包括北海市合浦县的 6 个乡镇,分别为曲樟乡、党江镇、廉州镇、石康镇、石湾镇和常乐镇。

2)干流合浦段控制单元水质现状

2016 年 5 月,在干流合浦段控制单元布设 2 个监测断面,分别为张黄江下游干流段和武利江下游干流段。干流合浦段执行《地表水环境质量标准》Ⅲ类标准,水质评价结果见表 6-56。干流合浦段(武利江下游)监测断面为Ⅳ类水质,超标因子为生化需氧量和总磷,污染指数分别为 1.05 和 1.30;干流合浦段(张黄江下游)监测断面为劣 Ⅴ 类水质,超标因子为化学需氧量和总磷,污染指数分别为 1.10 和 2.10,其中总磷超标严重。

表 6-56 干流合浦段控制单元监测点位 2016 年水质评价

控制单元	干流	监测点位	功能区	断面水质评价结果	是否超标	单因子水质评价结果				
						高锰酸盐指数	生化需氧量	化学需氧量	氨氮	总磷
干流合浦段	干流合浦段(张黄江下游)	31	Ⅲ类	劣Ⅴ类	是	Ⅱ类	Ⅲ类	Ⅳ类 (1.10)	Ⅱ类	劣Ⅴ类 (2.10)
	干流合浦段(武利江下游)	22	Ⅲ类	Ⅳ类	是	Ⅱ类	Ⅳ类 (1.05)	Ⅲ类	Ⅱ类	Ⅳ类 (1.30)

3)干流合浦段控制单元污染源特征

2015 年,干流合浦段控制单元不同类型污染源的污染物排放量见表 6-57。

2015 年 COD_{Cr}、NH_3-N、TN 和 TP 的总排放量分别为 11 987 t、593 t、1 667 t 和 231 t。其中城镇生活和工业源 COD_{Cr}、NH_3-N、TN 和 TP 的排放量分别为 2 109 t、139 t、182 t 和 29 t,农业源(包括农村生活源、畜禽养殖源、种植业和水产养殖)COD_{Cr}、NH_3-N、TN 和 TP 的排放量分别为 9 878 t、455 t、1 486 t 和 202 t。

表 6-57 干流合浦段控制单元 2015 年不同类型污染源的污染物排放量(单位:t)

	污水量(万 t)	COD_{Cr}	NH_3-N	TN	TP
城镇生活源	279.48	895.05	133.34	166.22	13.52
农村生活源	432.70	1 081.63	151.43	194.69	17.31
工业源	205.17	1 213.60	5.49	15.44	15.70
畜禽养殖源	0.00	8 389.73	187.06	579.35	122.62
种植业	0.00	0.00	98.12	674.74	57.55
水产养殖	0.00	406.58	17.99	36.87	4.77
污水处理厂削减量	0.00	0.00	0.00	0.00	0.00
合计	917.35	11 986.59	593.43	1 667.31	231.47

干流合浦段控制单元 2015 年污染物 COD_{Cr}、NH_3-N 和 TP 主要来自畜禽养殖源,分别占 70%、32% 和 53%;工业源的 COD_{Cr} 排放量、农村生活源的 NH_3-N 和 TN 排放量仅次于畜禽养殖源;TN 主要来源于种植业,畜禽养殖仅次于种植业(表 6-58)。干流合浦段控制单元最主要的污染源是畜禽养殖源、工业源、农村生活源和种植业。

表 6-58 干流合浦段控制单元 2015 年不同类型污染源所占的比例(%)

	污水量	COD_{Cr}	NH_3-N	TN	TP
城镇生活源	30	7	22	10	6
农村生活源	47	9	26	12	7
工业源	22	10	1	1	7
畜禽养殖源	0	70	32	35	53
种植业	0	0	17	40	25
水产养殖	0	3	3	2	2
合计	100	100	100	100	100

6.5.1.5 武利江控制单元

1)武利江控制单元基本情况

武利江控制单元包括钦州市 2 个县的 8 个镇,分别为浦北县的大成镇、白石水镇、北通镇、三合镇以及灵山县的新圩镇(灵山)、檀圩镇、文利镇和武利镇。

2) 武利江控制单元水质现状

2016 年,武利江控制单元执行《地表水环境质量标准》Ⅲ类标准。2016 年 5
月,武利江控制单元共布设 5 个监测断面,分别为武利镇上游、武利镇、武利镇下
游、武利江入干前和武利江二级支流文利镇支流监测断面,武利江监测点位水质评
价结果见表 6-59。其中武利镇上游和武利江入干前的监测断面所有监测指标均不超
Ⅲ类标准;武利镇和武利镇下游断面生化需氧量超标,污染指数分别为 1.08 和 1.03;
文利镇支流监测断面总磷超Ⅲ类标准,污染指数为 1.55,该监测断面为Ⅴ类水质。

表 6-59　武利江控制单元监测点位 2016 年水质评价

控制单元	一级支流	二级支流	监测点位	功能区	断面水质评价结果	是否超标	单因子水质评价结果				
							高锰酸盐指数	生化需氧量	化学需氧量	氨氮	总磷
武利江	武利江(武利镇上游)		18	Ⅲ类	Ⅲ类	否	Ⅰ类	Ⅲ类	Ⅲ类	Ⅱ类	Ⅱ类
	武利江(武利镇)		19	Ⅲ类	Ⅳ类	是	Ⅱ类	Ⅳ类(1.08)	Ⅲ类	Ⅱ类	Ⅱ类
	武利江(武利镇下游)		21	Ⅲ类	Ⅳ类	是	Ⅱ类	Ⅳ类(1.03)	Ⅲ类	Ⅱ类	Ⅱ类
	武利江(入干前)		20	Ⅲ类	Ⅲ类	否	Ⅱ类	Ⅲ类	Ⅲ类	Ⅱ类	Ⅱ类
	武利江	文利镇支流	32	Ⅲ类	Ⅴ类	是	Ⅲ类	Ⅲ类	Ⅲ类	Ⅲ类	Ⅴ类(1.55)

3) 武利江控制单元污染源特征

2015 年,武利江控制单元不同类型污染源的污染物排放量见表 6-60。
2015 年 COD_{Cr}、NH_3-N、TN 和 TP 的总排放量分别为 30 572 t、920 t、2 514 t 和
416 t。其中城镇生活和工业源 COD_{Cr}、NH_3-N、TN 和 TP 的排放量分别为
1 154 t、90 t、139 t 和 16 t,农业源(包括农村生活源、畜禽养殖源、种植业
和水产养殖)COD_{Cr}、NH_3-N、TN 和 TP 的排放量分别为 29 564 t、845 t、2 388 t

和 402 t。

表 6-60　武利江控制单元 2015 年不同类型污染源的污染物排放量(单位：t)

	污水量(万 t)	COD$_{Cr}$	NH$_3$-N	TN	TP
城镇生活源	152.28	487.71	72.66	90.57	7.37
农村生活源	994.87	2 486.92	348.17	447.64	39.79
工业源	204.01	665.82	17.24	48.50	8.61
畜禽养殖源	0.00	27 054.01	425.96	1 400.40	306.95
种植业	0.00	0.00	69.22	532.98	53.80
水产养殖	0.00	23.07	1.63	6.69	1.53
污水处理厂削减量	0.00	-145.67	-14.41	-13.19	-1.92
合计	1 351.16	30 571.86	920.47	2 513.59	416.13

2015 年，武利江控制单元不同类型污染源的比例见表 6-61。由表可知，COD$_{Cr}$、NH$_3$-N、TN 和 TP 主要来自畜禽养殖源，分别占 88%、46%、56% 和 74%。

表 6-61　武利江控制单元 2015 年不同类型污染源所占的比例(%)

	污水量	COD$_{Cr}$	NH$_3$-N	TN	TP
城镇生活源	11	1	6	3	1
农村生活源	74	8	38	18	10
工业源	15	2	2	2	2
畜禽养殖源	0	88	46	56	74
种植业	0	0	8	21	13
水产养殖	0	0	0	0	0
合计	100	100	100	100	100

2015 年，武利江控制单元污染物排放量最多的 2 个乡镇为武利镇和文利镇，这 2 个镇的污染物排放量见表 6-62。2015 年，不同类型的污染源中畜禽养殖排放污染物最多，COD$_{Cr}$、NH$_3$-N、TN 和 TP 的排放量分别为 4 922 t、95 t、255 t 和 58 t；COD$_{Cr}$、NH$_3$-N 排放较多的为农村生活源；TN 和 TP 排放量较多的为种植业。

表 6-62　武利江控制单元 2015 年水质污染严重乡镇污染物的排放量(单位：t)

	污水量(万 t)	COD$_{Cr}$	NH$_3$-N	TN	TP
城镇生活源	50.26	160.97	23.98	29.89	2.43
农村生活源	218.48	546.13	76.46	98.30	8.74
工业源	7.13	108.06	3.45	9.70	1.40
畜禽养殖源	0.00	4 922.42	95.19	254.56	57.90

	污水量(万 t)	COD_{Cr}	NH_3-N	TN	TP
种植业	0.00	0.00	27.36	205.98	20.34
水产养殖	0.00	18.39	0.86	5.03	1.18
污水处理厂削减量	0.00	0.00	0.00	0.00	0.00
合计	275.87	5 755.97	227.30	603.46	91.99

6.5.1.6　洪潮江控制单元

1)洪潮江控制单元基本情况

洪潮江控制单元包括钦州市钦南区的那思镇和北海市合浦县的星岛湖镇。

2)洪潮江控制单元水质现状

洪潮江控制单元执行《地表水环境质量标准》Ⅲ类标准。2016 年,洪潮江控制单元主要超标因子为生化需氧量和化学需氧量,污染指数分别为 1.08 和 1.20,洪潮江监测断面为Ⅳ类水质,污染来源于那思镇和星岛湖镇(表 6-63)。

表 6-63　洪潮江控制单元监测点位 2016 年水质评价

控制单元	一级支流	监测点位	功能区	断面水质评价结果	是否超标	单因子水质评价结果				
						高锰酸盐指数	生化需氧量	化学需氧量	氨氮	总磷
洪潮江	洪潮江	23	Ⅲ类	Ⅳ类	是	Ⅲ类	Ⅳ类(1.08)	Ⅳ类(1.20)	Ⅱ类	Ⅱ类

3)洪潮江控制单元污染源特征

2015 年,洪潮江控制单元不同类型污染源的污染物排放量见表 6-64。2015 年 COD_{Cr}、NH_3-N、TN 和 TP 的总排放量分别为 2 980 t、123 t、347 t 和 50 t。其中城镇生活和工业源 COD_{Cr}、NH_3-N、TN 和 TP 的排放量分别为 614 t、16 t、21 t 和 8 t,农业源(包括农村生活源、畜禽养殖源、种植业和水产养殖)COD_{Cr}、NH_3-N、TN 和 TP 的排放量分别为 2 366 t、107 t、326 t 和 42 t。

表 6-64　洪潮江控制单元 2015 年不同类型污染源的污染物排放量(单位:t)

	污水量(万 t)	COD_{Cr}	NH_3-N	TN	TP
城镇生活源	32.48	104.02	15.50	19.32	1.57
农村生活源	99.07	247.65	34.67	44.58	3.96

	污水量(万 t)	COD_{Cr}	NH_3-N	TN	TP
工业源	43.20	509.71	0.68	1.90	6.59
畜禽养殖源	0.00	1 597.09	30.26	90.40	17.70
种植业	0.00	0.00	18.04	126.51	11.37
水产养殖	0.00	521.29	23.69	64.72	8.69
污水处理厂削减量	0.00	0.00	0.00	0.00	0.00
合计	174.75	2 979.76	122.84	347.43	49.88

2015 年，洪潮江控制单元不同类型污染源所占的比例见表 6-65。COD_{Cr} 和 TP 主要来自畜禽养殖源，畜禽养殖源的 NH_3-N 排放也较严重；NH_3-N 主要来自农村生活源，其次为畜禽养殖源；TN 主要来源于种植业，其次为畜禽养殖源；水产养殖的 COD_{Cr} 排放量位居第二。综上所述，洪潮江的主要污染源为畜禽养殖源、农村生活源、种植业和水产养殖。

表 6-65 洪潮江控制单元 2015 年不同类型污染源所占的比例(%)

	污水量	COD_{Cr}	NH_3-N	TN	TP
城镇生活源	19	3	13	6	3
农村生活源	57	8	28	13	8
工业源	25	17	1	1	13
畜禽养殖源	0	54	25	26	35
种植业	0	0	15	36	23
水产养殖	0	17	19	19	17
合计	100	100	100	100	100

6.5.2 浦北合浦片区问题诊断

(1)畜禽养殖污染源污染物排放量大。浦北合浦片区的常年生猪存栏量为 547 108 头，牛存栏量为 40 780 头，鸡存栏量为 4 670 743 羽，羊存栏量为 25 333 头，区域平均污染物 COD_{Cr}、NH_3-N、TN、TP 分别占 2015 年总排放量的 80%、39%、47%和 64%。其中小散户养殖场大部分都采用水冲清粪，废液几乎不经过任何处理排入支流，有少部分建有化粪池，但流入化粪池的污水溢出后亦进入支流，最终汇入南流江。

(2)污水处理厂、垃圾集中处理基础环保设施较为薄弱。浦北合浦片区共有 26 个镇，仅有 6 个镇建设了污水处理厂。个别污水处理厂排放口离上游河流取水口较近(图 6-1)，存在一定环境风险。部分镇建有垃圾收集点，并有简易垃圾焚烧装置或填埋厂(图 6-2)，但缺乏对垃圾集中管理，存在焚烧装置周边垃圾随意堆放或燃烧不完全等现象(图 6-3)，垃圾渗滤液带来的环境风险问题不容忽视。

图 6-1　污水处理厂选址

图 6-2　简易垃圾焚烧装置

图 6-3　垃圾填埋场被社会人员引火燃烧

（3）浦北合浦片区水库水质较差，水葫芦泛滥成灾。浦北合浦片区洪潮江水库上游水质较差（图6-4和图6-5）。污染物主要来源于水产养殖过程中大量投放的鱼类饵料，以及渔船的油污染、废弃塑料垃圾污染等。该片区的合浦水库上游水葫芦泛滥严重，约有25%的湖面被水葫芦覆盖（图6-6）。

图6-4　洪潮江水库上游大面积种植速生桉树

图6-5　洪潮江水库上游水体富营养化

图6-6　合浦水库上游水葫芦泛滥成灾

6.5.3　浦北合浦片区治理控制措施

（1）严格执行禁养区和限养区的畜禽养殖管理办法，积极推广高架网床养殖方式，严格执行禁养区和限养区的划分方案，减轻对南流江-廉州湾流域的环境污染。

（2）推进泉水镇、石埇镇、安石镇等 19 个镇的污水处理厂配套管网建设。建设钦州市浦北县浦北合浦片区 11 个镇的镇级生活垃圾收集中转站，购置中型生活垃圾收运车，建立村、镇、县生活垃圾收运系统。

（3）大力推进农村环境综合整治。积极推广正确使用农药和化肥的方式和方法，对农药罐和化肥袋进行集中收集和处理；规范水库水产养殖行为。

6.6　廉州湾片区

6.6.1　廉州湾片区基本情况

廉州湾片区包含 2 个控制单元，分别为海城廉州湾和合浦廉州湾控制单元，各控制单元包含的行政区见表 6-66。

表 6-66　廉州湾片区基本情况

片区	控制单元	地级市	县(区、市)	镇名
廉州湾片区	海城廉州湾	北海市	海城区	地角街道、西街街道、驿马街道、海角街道、中街街道、东街街道、高德街道
	合浦廉州湾	北海市	合浦县	西场镇、沙岗镇、乌家镇

6.6.1.1　海城廉州湾控制单元

1）海城廉州湾控制单元基本情况

海城廉州湾控制单元包括北海市海城区的 7 个街道，分别为地角街道、西街街道、驿马街道、海角街道、中街街道、东街街道和高德街道。

2）海城廉州湾控制单元水质现状

海城廉州湾监测断面执行《地表水环境质量标准》Ⅲ类标准。海城廉州湾控制单元 2016 年水质评价结果见表 6-67。海城廉州湾监测断面整体为Ⅳ类水质，超标因子为生化需氧量。

表 6-67　海城廉州湾控制单元监测点位 2016 年水质评价

控制单元	干流	监测点位	功能区	断面水质评价结果	是否超标	单因子水质评价结果				
						高锰酸盐指数	生化需氧量	化学需氧量	氨氮	总磷
海城廉州湾	海城廉州湾	25	Ⅲ类	Ⅳ类	是	Ⅱ类	Ⅳ类 (1.05)	Ⅲ类	Ⅱ类	Ⅲ类

3) 海城廉州湾控制单元污染源特征

2015 年，海城廉州湾控制单元不同类型污染源的污染物排放量见表 6-68。2015 年 COD_{Cr}、NH_3-N、TN 和 TP 的总排放量分别为 3 692 t、481 t、981 t 和 82 t。其中城镇生活和工业源 COD_{Cr}、NH_3-N、TN 和 TP 的排放量分别为 6 762 t、883 t、1 114 t 和 100 t，农业源（包括农村生活源、畜禽养殖源、种植业和水产养殖）COD_{Cr}、NH_3-N、TN 和 TP 的排放量分别为 518 t、89 t、235 t 和 29 t。

表 6-68　海城廉州湾控制单元 2015 年不同类型污染源的污染物排放量 (单位：t)

	污水量(万 t)	COD_{Cr}	NH_3-N	TN	TP
城镇生活源	1 831.75	5 866.39	873.97	1 089.47	88.59
农村生活源	89.64	224.08	31.37	40.33	3.59
工业源	372.81	895.33	8.88	24.98	11.58
畜禽养殖源	0.00	257.41	44.08	93.70	14.75
种植业	0.00	0.00	11.53	96.44	10.65
水产养殖	0.00	36.06	1.59	4.09	0.48
污水处理厂削减量	0.00	-3 587.05	-490.16	-367.74	-47.83
合计	2 294.20	3 692.22	481.26	981.27	81.81

2015 年，海城廉州湾控制单元的污染主要来源于城镇生活，其污染源 COD_{Cr}、NH_3-N、TN 和 TP 的排放量最大，畜禽养殖的 NH_3-N 和 TP，COD_{Cr} 的工业源，TN 的种植业的排放量仅次于城镇生活源。海城廉州湾主要污染源为城镇生活源、畜禽养殖源、工业源和种植业（表 6-69）。

表 6-69　海城廉州湾控制单元 2015 年不同类型污染源所占的比例(%)

	污水量	COD_{Cr}	NH_3-N	TN	TP
城镇生活源	80	62	80	74	50
农村生活源	4	6	7	4	4
工业源	16	24	2	3	14
畜禽养殖源	0	7	9	10	18
种植业	0	0	2	10	13
水产养殖	0	1	0	0	1
合计	100	100	100	100	100

6.6.1.2　合浦廉州湾控制单元

1) 合浦廉州湾控制单元基本情况

合浦廉州湾控制单元包括北海市合浦县的 3 个镇,分别为西场镇、沙岗镇和乌家镇。

2) 合浦廉州湾控制单元水质现状

合浦廉州湾执行Ⅲ类标准。水质评价结果见表 6-70。该控制单元监测断面整体水质良好,所有监测指标均不超Ⅲ类标准。

表 6-70　合浦廉州湾控制单元监测点位 2016 年水质评价

控制单元	干流	监测点位	功能区	断面水质评价结果	是否超标	单因子水质评价结果				
						高锰酸盐指数	生化需氧量	化学需氧量	氨氮	总磷
合浦廉州湾	合浦廉州湾	24	Ⅲ类	Ⅲ类	否	Ⅱ类	Ⅲ类	Ⅲ类	Ⅱ类	Ⅲ类

3) 合浦廉州湾控制单元污染源特征

2015 年,合浦廉州湾控制单元不同类型污染源的污染物排放量见表 6-71。2015 年 COD_{Cr}、NH_3-N、TN 和 TP 的总排放量分别为 6 375 t、419 t、1 370 t 和 148 t。其中城镇生活和工业源 COD_{Cr}、NH_3-N、TN 和 TP 的排放量分别为 4 906 t、432 t、553 t 和 70 t,农业源(包括农村生活源、畜禽养殖源、种植业和水产养殖)COD_{Cr}、NH_3-N、TN 和 TP 的排放量分别为 3 162 t、251 t、915 t 和 94 t。

表 6-71　合浦廉州湾控制单元 2015 年不同类型污染源的污染物排放量(单位：t)

	污水量(万 t)	COD_{Cr}	NH_3-N	TN	TP
城镇生活源	886.54	2 839.24	422.99	527.29	42.88
农村生活源	247.62	618.98	86.66	111.42	9.90
工业源	227.15	2 066.58	9.07	25.53	26.73
畜禽养殖源	0.00	1 621.18	54.64	243.49	32.48
种植业	0.00	0.00	69.25	476.20	40.61
水产养殖	0.00	922.06	40.80	83.62	10.81
污水处理厂削减量	0.00	-1 693.47	-264.24	-97.60	-15.22
合计	1 361.31	6 374.57	419.17	1 369.95	148.19

2015 年，合浦廉州湾控制单元 COD_{Cr} 主要来自工业源，NH_3-N 主要来自城镇生活源，TN 和 TP 主要来自种植业。合浦廉州湾控制单元主要的污染源为城镇生活源、工业源和种植业(表 6-72)。

表 6-72　合浦廉州湾控制单元 2015 年不同类型污染源所占的比例(%)

	污水量	COD_{Cr}	NH_3-N	TN	TP
城镇生活源	65	18	38	31	19
农村生活源	18	10	21	8	7
工业源	17	32	2	2	18
畜禽养殖源	0	25	13	18	22
种植业	0	0	17	35	27
水产养殖	0	14	10	6	7
合计	100	100	100	100	100

6.6.2　廉州湾片区问题诊断

(1)镇级污水处理厂基础设施亟待加强。合浦县城雨污分流不彻底，污水厂配套管网建设相对滞后，城内部分污水外排进入明渠，污水处理厂抽取排水明渠中的污水进行处理，导致进水量浓度偏低。合浦廉州湾区的 3 个镇中，仅西场镇建设了污水处理厂，但存在运行维护费用不足等问题。

（2）城镇生活污水收集和处理能力仍需进一步提升。海城廉州湾区总人口为 37 万，其中非农业人口占 89%。该片区 7 个街道的污水均进入红坎污水处理厂。但目前北海市红坎污水处理厂设计标准为一级 B 排放标准，尾水长期出现总磷超标现象。由于污水管网不完善、管道堵塞和渗漏等问题，污水收集率偏低。

（3）北海内港黑臭问题严重。由于北海内港的地角综合排污口污水排放、渔港港池及码头垃圾收集系统不完善，以及缺乏废油及废水回收设施等因素，渔港港池水体呈黑臭状态，垃圾污染严重。

6.6.3　廉州湾片区治理控制措施

（1）对北海市和合浦县城区排污口进行截污，完善城市污水管网建设，实现雨污分流。对北海市红坎污水处理厂和合浦县污水处理厂进行提标改造，完成脱氮除磷的技术改造，污水达到一级 A 排放标准。加快建设乌家镇、沙岗镇污水处理厂及其配套管网建设。建设镇级生活垃圾收集中转站，建立村、镇、县生活垃圾收运系统。

（2）强化工业集聚区污染集中治理和监督管理，集聚区内工业废水须经预处理达到集中处理要求，方可进入污水集中处理设施。加强污染源自动监控设施运行工作，指导具备条件国控重点监控企业安装污染源自动监控设施。落实十大行业企业的专项整治工作，并开展专项治理。

（3）积极开展港口污染专项治理。加快建设船舶含油污水、化学品洗舱水、生活污水和垃圾等污染物的接收、转运及处置设施，做好船港之间、港城之间污染物转运、处置设施的衔接。加强港口污染物排放监测和监管工作，完善船舶污染物接收、转运、处置监管联单制度，加强对船舶防污染设施、污染物偷排漏排行为和船用燃料油质量的监督检查。提升北海港污染事故应急处置能力，建立健全港口应急预案体系。采取控源截污、垃圾清理、清淤疏浚、生态修复等治理措施，确保黑臭水体整治工程长效运行。

（4）推行生态养殖，控制水产养殖污染。推进水产养殖池塘标准化改造，推广水产养殖清洁生产和生态健康养殖；大力发展工厂化循环水养殖；推进养殖污水的集中治理，建造沉淀池、处理池等污水处理系统。推广高效安全配合饲料，逐步减少冰鲜杂鱼饲料的使用，减少养殖污染排放。加大对水产养殖业的执法力度，依法清理不符合养殖规划规定的养殖设施和养殖活动。

第二篇

陆海统筹水环境治理工程实践

第7章 畜禽养殖粪污资源化利用

7.1 工程实施背景

由前面章节的污染溯源分析和问题诊断可知，畜禽养殖是南流江-廉州湾最主要的污染源，也是影响水质最主要的因素。本章节以南流江流域玉林市陆川县畜禽养殖废弃物制备天然气综合利用工程案例，介绍畜禽养殖的工程技术实践。

7.1.1 我国畜禽养殖粪污排放情况

我国是畜禽生产大国，随着经济快速发展和人民生活水平的提高，畜禽养殖业发展迅速，在保障城乡畜禽产品供应、促进农民增收、活跃农村经济方面发挥了重要作用。但随着畜禽防治的不断发展，养殖废弃物产生量也大幅增加，根据原环境保护部发布的《第一次全国污染源普查公报》显示，2007 年畜禽养殖业主要水污染物排放量 COD 1 268.26 万 t、TN 102.48 万 t、TP 16.04 万 t，分别占农业源主要水污染物排放总量的 95.78%、37.89%、56.34%。畜禽养殖业粪便产生量 2.43 亿 t，尿液产生量 1.63 亿 t，畜禽养殖污染成为我国环境污染的重要因素源。我国畜禽养殖污染防治工作相对滞后，排放的畜禽粪污量约 40%未被有效处理和利用，严重影响生态环境，如造成水体生态系统恶化，加重温室效应，使土壤结构失衡，影响作物生长等。《第二次全国污染源普查公报》显示，2017 年畜禽养殖业水污染物排放量 COD 1 000.53 万 t、氨氮 11.09 万 t、TN 59.63 万 t、TP 11.97 万 t，分别占农业污染源排放总量的 93.76%、51.3%、42.14%、56.46%，畜禽养殖污染仍然是我国环境污染的重要因素源。

7.1.2 陆川县畜禽养殖情况

陆川县隶属广西玉林市，东连北流市，北接玉州区，西壤博白县，南邻广东廉江、化州两市，其西部的沙湖镇汇入南流江干流，米场镇、马坡镇、平乐镇、珊罗镇 4 个镇汇入南流江的丽江支流,因此属于南流江-廉州湾的福绵片区的干流福绵陆川段和丽江控制单元。除了南流江之外,陆川县的东部还汇入九洲江。九洲江流域是广东湛江市和广西玉林市沿江的重要水资源,尤其鹤地水库是九洲江流域中游的大型水库之一,供水区域包括廉江、遂溪、雷州、吴川、化州 5 个县市和麻章、赤坎和坡头 3 个区,年均供水量 15.5 亿 m^3,总供水人口约 380 万,是湛江市最重要的饮用水水源,因此对九洲江流域水环境质量的保障具有十分重要的政治、社会和经济意义。近年来,随着流域内经济持续快速增长以及人为活动的加剧,农村生产和生活用水量、排污量激增,部分水体已经受到不同程度的污染,两岸农村人口的用水安全面临着严峻的挑战,民生问题十分突出。陆川县环境治理工作是开展南流江、九洲江流域上游生态修复和水资源保护工作的重点和关键。

陆川县是中国商品粮基地、中国瘦肉型猪生产基地。陆川猪是中国八大优良种猪之一,已建成国家种猪基因保护基地。根据统计,陆川县全县 2013 年共有肉猪出栏 108 万头,生猪存栏 126 万头,外销中猪 80 万头;肉禽出栏 2 173 万羽,肉禽存栏 920 万羽;牛出栏 0.97 万头,牛存栏 2.55 万头。全县禽畜粪便年产量约为157 万 t。

7.1.3　陆川县畜禽养殖粪污存在的问题

陆川县的污染主要包括工业、第三产业、农业及生活的污染物排放,根据现场调研,该县的工业企业基本已落实了水污染治理措施,而畜禽养殖废弃物和农业废弃物并未得到有效的治理,已成为目前影响该县以至于九洲江流域及鹤地水库的重大污染源。

7.1.3.1　畜禽养殖粪污造成流域水环境污染严重

陆川县养殖数量大,养殖模式粗放,加之养殖场缺乏规划,布置和选址不合理,污染治理设施基础薄弱,导致畜禽养殖废弃物产生量大,综合处理与利用效率低,大量的畜禽养殖粪污未得到合理利用或处理,直接或间接进入九洲江,造成较严重的流域性水环境污染情况,畜禽养殖污染最为严重。该县畜禽粪便的处理方式中主要以直接利用为主,占规模化养殖场比例 37% 左右。粪便污水直接利用易对农村环境产生污染,尤其是暴雨径流使附近河流甚至饮用水井受到污染;此外,粪便直接排入鱼塘,畜禽粪便所携带的病原微生物、寄生虫卵易使鱼塘成为传染病源,同时粪便废水也会在分解过程中消耗鱼塘里的大量氧气,使鱼塘溶解氧浓度下降，容易导致鱼类死亡。畜禽粪便直接排入水体的比例占 18% 左右，九洲江流域内各乡镇的农村生态环境存在严重的隐患。养殖场畜禽养殖废水处理主要以厌氧处理加上农业利用方式为主。调研发现，82% 的养殖场都建有沼气池，但 27% 的沼气池未达到减排核算细则中所规定的技术要求，在降雨和非种植季节不能满足储存要求，给周围环境带来一定的安全隐患。

根据相关统计，2013 年九洲江流域内畜禽养殖业的 COD 排放量为 18 400 t，其中生猪养殖排放的 COD 为 16 430 t，占总量的 89.3%；氨氮排放量为 2 250 t，其中生猪养殖排放的氨氮 2 158 t，占总量的 95.9%；TN 的排放量为 5 226 t，其中生猪养殖排放的 TN 为 4 915 t，占总量的 94.0%；TP 为的排放量为 837 t，其中生猪养殖排放的 TP 为 757 t，占总量的 90.4%。

2013 年陆川县畜禽养殖业的 COD 排放量为 13 060 t，其中生猪养殖排放的 COD 为 11 076 t，占总量的 84.8%；氨氮的排放量 1 483 t，其中生猪养殖排放的氨氮 1 384 t，占总量的 93.3%；TN 的排放量为 3 412 t，其中生猪养殖排放的 TN 为 3 101 t，占总量的 90.9%；TP 的排放量为 558 t，其中生猪养殖排放的 TP 为 478 t，占总量的 85.7%。从表 7-1 中可见，生猪养殖业是当地畜牧养殖的主要污染来源。

表 7-1　2013 年陆川县畜禽养殖污染物排放情况（单位：t）

县域	乡镇	畜禽养殖排污总量				生猪养殖排污总量			
		COD	氨氮	TN	TP	COD	氨氮	TN	TP
陆川县	温泉	1 068.60	124.46	277.41	46.39	865.30	113.85	247.82	38.41
	大桥	1 653.85	229.72	478.33	76.57	1 506.07	223.26	455.77	71.52
	横山	1 439.37	176.08	390.94	62.54	1 288.28	168.91	368.38	57.08
	乌石	3 353.16	355.76	857.90	135.48	2 958.53	338.37	797.78	121.88
	滩面	841.08	92.73	213.90	35.38	665.71	84.47	187.62	28.97
	良田	2 715.16	289.47	684.11	119.90	2 117.65	253.35	581.89	89.31
	古城	1 662.66	181.42	427.48	68.23	1 398.79	170.15	387.08	59.51
	沙坡	326.55	33.63	81.96	13.06	275.55	31.40	74.19	11.33
	合计	13 060.43	1 483.27	3 412.03	557.55	11 075.88	1 383.76	3 100.53	478.01

7.1.3.2　畜禽养殖粪污未实现资源化、无害化处理处置

2014 年 3 月对玉林市陆川县和博白县畜禽养殖情况进行调研，发现堆肥后农业利用的畜禽粪便处理方式所占比例为 45% 左右。简易堆肥的处理方式不仅能杀死畜

禽粪便中的细菌和病原微生物，而且设备和场地投资少，是目前广西流域内畜禽粪便的主要处理方式。现畜禽粪便直接排入水体的比例占 18% 左右，对陆川县、博白县九洲江流域内各乡镇的农村生态环境存在严重的隐患。2013 年，我国发布的《畜禽规模养殖污染防治条例》明确提出，向环境排放经过处理的畜禽养殖废弃物，应当符合国家和地方规定的污染物排放标准和总量控制指标。畜禽养殖废弃物未经处理，不得直接向环境排放。因此，如何对陆川县畜禽养殖粪污开展资源化利用，减少对饮用水源的污染，进而保护居民的用水安全，已成为当前亟须解决的问题。

7.1.4　畜禽养殖粪污资源化利用的必要性

1) 流域水质污染治理的需要

陆川县境内及周边的南流江和九洲江水质已出现明显的超标现象，南流江福绵陆川段和丽江的水质监测断面结果都出现了 V 类水质。2015—2016 年枯水期所监测的九洲江 12 个断面和支流监测断面水质均不能满足水环境功能要求，V 类水质断面比例超过 80%、劣 V 类水质断面比例超过一半。根据枯水期结果，广西九洲江流域定性评价为重度污染，主要污染指标为氨氮、总磷、COD_{Cr}，超标率分别为78.9%、73.7%、10.5%。因此，为保护南流江和九洲江流域水质，需要对畜禽养殖粪污排放进行治理。

2) 加强畜禽养殖业粪污加工和有机肥推广需要

广西针对全区畜禽养殖业粪污处理问题，提出要强化畜禽养殖业粪污加工和有机肥推广工作，同时大力实施畜禽养殖业粪污沼气工程。一是对畜禽养殖企业建设沼气工程予以重点支持，对符合《国土资源部　农业部关于完善设施农用地管理有关问题的通知》规定的畜禽粪污加工用地，按设施农用地管理，切实保障畜禽粪污加工用地需求，为使用畜禽养殖业粪污生产有机肥创造条件，同时加强畜禽养殖企业建设沼气工程示范建设；二是要加强对沼渣、沼液使用相关技术标准的研究，提高沼渣、沼液使用效率，解决沼渣、沼液的出路问题。

3) 发展清洁能源和可再生能源需要

国务院办公厅于 2017 年 5 月出台了《国务院办公厅关于加快推进畜禽养殖废弃物资源化利用的意见》，提出了总体要求：以畜牧大县和规模养殖场为重点，以沼气和生物天然气为主要处理方向，以农用有机肥和农村能源为主要利用方向，健全制度体系，强化责任落实，完善扶持政策，严格执法监管，加强科技支撑，强化装备保障，全面推进畜禽养殖废弃物资源化利用，加快构建种养结合、农牧循环的可持续发展新格局，为全面建成小康社会提供有力支撑。

大力发展可再生能源是有效解决能源与环境问题、推进科技惠民工程实施的重大战略举措。利用畜禽养殖废弃物及有机质生活垃圾生产车用燃气，可从源头改善和消除空气、土壤和水体等环境污染物的产生，显著降低燃油机动车的 CO、HC、NOx 等尾气污染物排放，减少 PM 排放，有效改善城市空气质量，实现城镇居民绿色低碳出行、城市绿色低碳发展。同时可有效辐射周边地区，实现区域范围内工农业有机废弃物(生活有机垃圾、农业废弃物等)的资源化、能源化、无害化处置，显著改善城乡生态环境，增进居民健康。《广西壮族自治区国民经济和社会发展第十二个五年规划纲要》明确提出，大力发展新能源、新材料产业，发挥广西丰富的资源优势，发展生物柴油、燃料乙醇、工业化沼气等生物质能源。推进能源多元清洁发展，转变能源生产和利用方式，优化能源结构，构建清洁能源示范区。积极发展生物质能、风能、太阳能、地热能、潮汐能等可再生能源。稳步推进沿海液化天然气利用、非粮乙醇、生物柴油、生物质成型燃料、生物质气化等项目建设，开展分布式能源和太阳能城市试点，配套建设电动汽车充电设施，提高可再生能源在能源消费中的比重。加快实施原油、成品油管道和天然气主干管网、支线管网、配气管网及附属设施工程建设。如何推动车用燃料从化学能源向非化学能源转型，是广西建设的重大课题，从长远谋划生物质能源产品的生产和推广，推动形成生物质能源产业。《玉林市国民经济和社会发展第十二个五年规划纲要》指出，加快发展生物质能，大力发展生物质燃料和发电产业，带动生物质能源利用设备制造业发展，支持农村先进适用的生物质资源化利用技术的推广应用和非粮生物质制取工业燃料的技术开发等。

7.2 工程主要技术

7.2.1 畜禽养殖污染治理技术要点

畜禽养殖污染治理按照"种养结合、废弃物综合利用"的原则，采取"源头削减、清洁生产、资源化综合利用，防止二次污染"的技术路线进行治理。具体治理技术和监督管理应按照《畜禽规模养殖污染防治条例》《畜禽养殖业污染治理工程技术规范》《畜禽养殖场(户)粪污处理设施建设技术指南》，以及《国务院办公厅关于加快推进畜禽养殖废弃物资源化利用的意见》《关于促进畜禽粪污还田利用依法加强养殖污染治理的指导意见》《农业农村部办公厅　生态环境部办公厅关于进一步明确畜禽粪污还田利用要求强化养殖污染监管的通知》等政策制度要求执行。

1) 畜禽养殖废水处理及资源化利用

养殖废水处理技术选择应结合畜禽养殖场的养殖规模、养殖种类、粪污收集方式、当地自然地理环境条件及排水去向等因素，选择适宜的废水处理工艺，且应配套设置畜禽养殖场区内废水储存池及废水处理设施。

对于已建规模化畜禽养殖场和养殖小区，可通过采用干清粪工艺、改善处理设施、完善雨污分流及干湿分离、优化清洁生产等措施。对于新建、改建、扩建的规模化畜禽养殖场和养殖小区，应建立相应的畜禽养殖废水收集和集中处理设施，实现雨污分流、干湿分离。

畜禽养殖废水处理工艺包括厌氧处理、好氧处理及生物处理工艺。其中，可采用完全混合式厌氧反应器(CSTR)、上流式厌氧污泥床反应器(UASB)、升流式固体厌氧反应器(USR)等厌氧处理技术，作为后续好氧生物处理工艺的前处理部分。可采用完全混合活性污泥法、序批活性污泥法(SBR)、生物接触氧化法等好氧处理工艺进行无害化处理，并杀菌消毒；将人工湿地、土地处理和氧化塘等生物处理技术作为厌氧、好氧两级生物处理后出水的后续或深度处理单元，应具备适宜的场地条件。

畜禽养殖废水不应排入敏感水域和有特殊功能的水域。畜禽养殖废水经治理后向集中式污水处理设施排放的，应符合国家与地方相关要求。处理后排入环境水体的，出水水质不得超出《畜禽养殖业污染物排放标准》(GB 18596—2001)或地方规定的水污染物排放标准和重点水污染物排放总量控制指标；排入农田灌溉渠道的，还应保证其下游最近的灌溉取水点水质符合《农田灌溉水质标准》(GB 5084—2021)的规定。

2) 畜禽养殖粪便处理及资源化利用

实施畜禽粪污存储、运输和还田设施建设，充分考虑占地面积、能耗及运行成本等实际情况，合理选择厌氧发酵产沼和好氧堆肥等畜禽粪便处理技术，推进粪污资源化利用和就地就近利用。

畜禽粪便无害化处理应按照《畜禽粪便无害化处理技术规范》(GB/T 36195—2018)的有关规定执行,并满足相应要求;畜禽粪便经过腐熟和无害化处理后并符合《粪便无害化卫生要求》(GB 7959—2012)和《畜禽粪便还田技术规范》(GB/T 25246—2010)的相关要求才能施用。畜禽粪便用于堆肥的,应符合《畜禽粪便堆肥技术规范》(NY/T 3442—2019)要求,生产商品化有机肥和复合肥的,堆肥产品应分别满足《有机肥料》(NY/T 525—2021)和《有机-无机复混肥料》(GB/T 18877—2009)。沼液肥应满足《沼肥施用技术规范》(NY/T 2065—2011)要求。

3)种养结合的生态循环农业发展模式

"十三五"期间,依据农业部发布的《畜禽粪污土地承载力测算技术指南》,精准测算区域畜禽粪污土地承载力和畜禽规模养殖场粪污消纳配套土地面积,促进种养结合,科学指导畜禽养殖粪污资源与利用,引导畜禽养殖业绿色发展,合理确定适合于本地的种养结合模式。

实施畜禽粪污存储、运输和还田设施建设,充分考虑占地面积、能耗及运行成本等实际情况,合理选择厌氧发酵产沼和好氧堆肥等畜禽粪便处理技术,以"种养结合"为终极目标,实现畜禽粪污资源化利用和就地就近利用。目前,常见的"种养结合"模式包括以下5类:①以种植业、养殖业、加工业为核心的种养加功能复合循环农业经济模式;②以蚕桑业、种植业、养殖业为核心的丘陵山地立体复合循环农业经济模式;③以秸秆为纽带的农业循环经济模式(秸秆-基料-食用菌、秸秆-成型燃料-燃料-农户、秸秆-青贮饲料-养殖业-产业链);④以畜禽粪便为纽带的循环模式(畜禽粪便-沼气工程-燃料-农户、畜禽粪便-沼气工程-沼渣、沼液-果/菜、畜禽粪便-有机肥果/菜产业链);⑤以创意农业循环经济模式(以农业和渔业资源为基础,以文化为核心,以创意为手段,以产业融合为路径,促进当地第一、第二、第三产业的快速发展)等生态循环农业模式。

7.2.2 工程总体工艺

结合流域环境治理需求,针对陆川县畜禽养殖粪污未实现资源化和无害化处理处置,规模化畜禽养殖场农牧脱节严重等问题,采用成熟畜禽废弃物处理、沼气纯化及车用燃气生产、沼渣制肥处理技术,实现畜禽养殖废弃物资源化及无害化处理,实现清洁能源代替燃油消耗,降低农民化肥投入,惠及县城改善生态环境、生态农业产业发展。工程技术主要包括原料预处理工艺、厌氧消化工艺、沼气存储及

净化工艺、污水处理工艺、沼渣好氧堆肥工艺、废气处理工艺，整体工艺流程如图
7-1 所示。

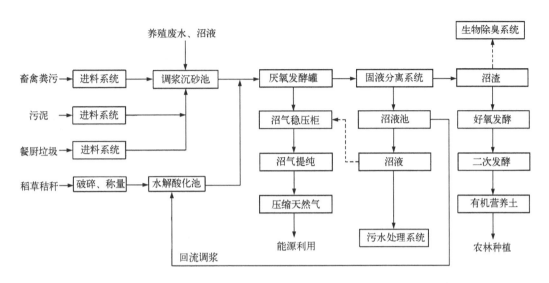

图 7-1 畜禽养殖粪污资源化利用工艺流程

该工艺流程主要描述如下：将禽畜粪污、污泥、餐厨垃圾通过收运车辆收集后
分别送入进料系统，再集中进入预处理工艺的调浆沉砂池，用于除去粪污中大颗粒
砂子杂质。调浆沉砂池的中心设有搅拌器，加入养殖废水稀释到一定浓度后在搅拌
机的搅拌作用下，比重较大的砂粒沉积在池底，然后通过安装在池底的抽砂泵将砂
子从系统中除去。稻草秸秆通过破碎后进行水解酸化，连同调浆沉砂池的混合物料
进入高效全混厌氧反应器进行厌氧发酵，有机物在无氧条件下被微生物分解、转化
成甲烷和二氧化碳等。厌氧发酵产生的沼气由沼气稳压柜的收集，经过干法结合湿
法的脱硫处理工艺及膜法脱碳处理工艺，将沼气提纯制备为符合国家《车用压缩天
然气》(GB 18047—2017)标准的 CNG 产品。经过厌氧发酵后通过固液分离系统将沼
液和沼渣分离处理，沼液进入污水处理系统经过厌氧、好氧及反渗透处理后达标排
放；沼渣经过好氧发酵后形成有机营养土，可用于农林种植，产生的臭气通过生物
除臭系统进行除臭和净化处理，各工艺具体描述见第 7.2.3 节至第 7.2.8 节。

7.2.3　原料预处理工艺

原料以畜禽粪污为主，还包括少部分的稻草秸秆、餐厨垃圾及污泥。原料进入
厌氧发酵前，先分别进行预处理后再进行厌氧发酵，预处理工艺主要设备包括调浆

沉砂池、破碎搅拌机、水解酸化池等。原料预处理及进料工段工艺流程如图 7-2 所示。

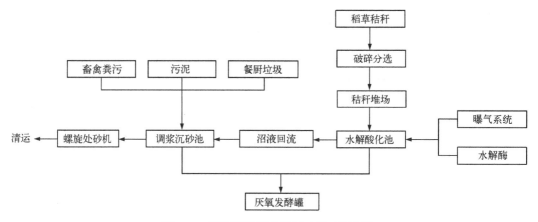

图 7-2 原料预处理及进料工段工艺流程

1）畜禽粪污

畜禽粪污属于较常规的发酵物料，以猪粪为主。通过皮带输送机将物料送入调浆沉砂池，除去粪污中的大颗粒砂子杂质。调浆沉砂池的中心设有搅拌器，回流的沼液稀释到一定浓度后在搅拌机的搅拌作用下，比重较大的砂粒沉积在池体底部，然后通过安装在池底的螺旋除砂机将砂子从系统中除去。

2）污泥

对环境无害的污泥主要包括生活污水处理厂产生的剩余污泥（含水率约为80%）和氧化塘中的塘泥。与禽畜粪污混合通过调浆沉砂池除去污泥中的砂石后，进入厌氧发酵罐。

3）餐厨垃圾

生活垃圾中分选出来的餐厨垃圾，是居民在生活消费过程中形成的生活废物，主要成分包括米和面粉类食物残余、蔬菜、动植物油、肉骨等，这些原料中尺寸较大部分需要经过破碎处理后与畜禽粪污、污泥一起进入调浆沉砂池。

4）稻草秸秆

常规稻草秸秆的发酵时间为 50~70 天，将畜禽粪污、餐厨垃圾、污泥和稻草秸秆混合的混合物料进行发酵，而禽畜粪便的发酵时间为 20~25 天，为了使各种物料保证最佳的发酵时间，采用稻草秸秆水解酸化技术，将水解后的稻草秸秆发酵时间缩短到 20 天左右。稻草秸秆在进入水解池前先进行破碎称量处理，破碎后的尺寸在 10 mm 左右。水解酸化应用的核心技术是纤维素水解技术。纤维素水解技术专门针对纤维素含量较高的发酵原料，在一定工况条件下培养水解微生物菌群，采用专属的复合纤维素水解酶进行催化水解，实现纤维素由大分子多糖向小分子转变的过程，物料中结构性物料逐渐消失液化。水解酸化池的物料浓度保持在含固率 8% 左右，稀释用水采用沼液回流方式。经过水解酸化的物料送至厌氧发酵罐。

7.2.4　厌氧消化工艺

厌氧消化工艺是畜禽粪污资源化利用的核心工艺，是将畜禽粪污等固体废弃物经过两级厌氧发酵，通过设置不同的发酵温度和时间来产生沼气，实现能源回收、利用和资源化利用的目的。厌氧发酵工艺主要设备包括一级厌氧发酵罐、二级厌氧发酵罐、沼气稳压柜、固液分离系统、沼液池、沼液回流泵等。厌氧消化工艺流程图如图 7-3 所示。

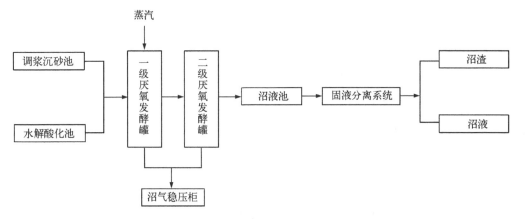

图 7-3　厌氧消化工艺流程

1）工艺原理

厌氧发酵是有机物在无氧条件下被微生物分解、转化成甲烷和二氧化碳等，并合成自身细胞物质的生物学过程，其目的是通过厌氧发酵产生沼气。厌氧发酵一般可以分为三个阶段，即水解阶段、产酸阶段和产甲烷阶段，每一阶段各有其独特的微生物类群起作用。水解阶段起作用的细菌称为发酵细菌，包括纤维素分解菌、蛋白质水解菌；产酸阶段起作用的细菌是醋酸分解菌。这两个阶段起作用的发酵细菌和醋酸分解菌统称为不产甲烷细菌。产甲烷阶段起作用的细菌是产甲烷细菌，产甲烷细菌的繁殖相当缓慢，且对于温度、抑制物等外界条件的变化相当敏感。产甲烷阶段在厌氧消化过程中是十分重要的环节，产甲烷细菌除了产生甲烷外，还起到分解脂肪酸和调节 pH 的作用。同时，通过将 H_2 转化为 CH_4，可以减少氢的分压，有利于产酸菌活动。

（1）水解阶段。

发酵细菌利用胞外酶对有机物进行体外酶解，使固体物质变成可溶于水的物质，然后，细菌再吸收可溶于水的物质，并将其分解成不同产物。高分子有机物的水解速率很低，主要取决于物料的性质、微生物的浓度，以及温度、pH 等环境条件。纤维素、淀粉等水解成单糖类，蛋白质水解成氨基酸，再经脱氨基作用形成有机酸和氨，脂肪水解后形成甘油和脂肪酸。

（2）产酸阶段。

水解阶段产生的简单可溶性有机物在产氢和产酸细菌的作用下，进一步分解成挥发性脂肪酸(如丙酸、乙酸、丁酸、长链脂肪酸)、醇、酮、醛、CO_2 和 H_2 等。

（3）产甲烷阶段。

产甲烷菌将第二阶段的产物进一步降解成 CH_4 和 CO_2，同时利用产酸阶段所产生的 H_2 和部分 CO_2 再转变为 CH_4。产甲烷阶段的生化反应相当复杂，其中72%的 CH_4 来自乙酸，目前已经得到验证的主要反应有：

$$CH_3COOH \rightarrow CH_4 \uparrow + CO_2 \uparrow$$
$$4H_2 + CO_2 \rightarrow CH_4 \uparrow + 2H_2O$$
$$4HCOOH \rightarrow CH_4 \uparrow + 3CO_2 \uparrow + 2H_2O$$
$$4CH_3OH \rightarrow 3CH_4 \uparrow + CO_2 \uparrow + 2H_2O$$
$$4(CH_3)_3N + 6H_2O \rightarrow 9CH_4 \uparrow + 3CO_2 \uparrow + 4NH_3 \uparrow$$
$$4CO + 2H_2O \rightarrow CH_4 \uparrow + 3CO_2 \uparrow$$

由上式可见，除乙酸外 CO_2 和 H_2 的反应也能产生一部分 CH_4，少量 CH_4 来自其他一些物质的转化。产甲烷细菌的活性大小取决于在水解和产酸阶段所提供的营养物质多少。对于以可溶性有机物为主的有机废水来说，由于产甲烷细菌的生长速率低，对环境和底物要求苛刻，产甲烷阶段是整个反应过程的控制步骤。而对于以不溶性高分子有机物为主的污泥、垃圾等废物，水解阶段是整个厌氧消化过程的控制步骤。

有机物厌氧消化的生物化学反应过程与堆肥过程同样是非常复杂的，中间反应

及中间产物有数百种，每种反应都是在酶或其他物质的催化下进行的，总的反应式为

$$有机物+H_2O+营养物 \xrightarrow{\text{厌氧微生物}} 细胞物质+CH_4\uparrow+CO_2\uparrow+NH_3\uparrow+H_2\uparrow+H_2S\uparrow$$
$$+\cdots\cdots+抗性物质+热量$$

其厌氧消化工艺原理如图 7-4 所示。

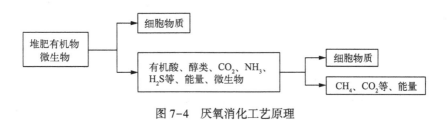

图 7-4　厌氧消化工艺原理

2）厌氧消化工艺核心设备

厌氧消化工艺核心设备是碳钢材料的厌氧反应器，包括一级厌氧发酵罐、二级厌氧发酵罐，分别设置有多层机械搅拌、布料系统、出料系统和沼气收集系统。采用两级厌氧发酵的目的：一是利用反应底物排出时具有的余温继续发酵，产生沼气，提高产气率；二是为了在不使用或较少使用沼液肥的季节，用于储存沼液。

7.2.5　沼气存储及净化工艺

经厌氧发酵后产生的沼气是沼气存储及净化的原料，沼气存储设备采用产汽、储气一体化的厌氧发酵罐，即罐体下部为厌氧发酵产气的主体部分，上部为干式双膜式柔性储气柜，用于收集、存储和输送沼气。储气柜配备有应急燃烧火炬。

沼气净化工艺主要包括脱硫、脱碳、脱水干燥三部分，经过脱硫、脱碳、脱水优化工艺和合理的流程安排，将沼气提纯制备为符合国家《车用压缩天然气》标准的 CNG 产品，简称沼气提纯项目。沼气净化工艺主要设备包括湿法脱硫塔、干法脱硫塔、过滤器、沼气常压冷干机、沼气压缩机、吸收塔、解吸塔、天然气脱水装置。

1）沼气脱硫系统

沼气脱硫系统是沼气净化工艺的第一步，是对产生的沼气进行脱硫处理，包括湿法脱硫和干法脱硫。将沼气和循环液同时通入洗涤塔内，沼气中的 H_2S 气体和含硫细菌的碱溶液在洗涤塔里进行充分接触，H_2S 溶解在碱液中并随碱液进入生物反应器中，脱硫后的沼气从洗涤塔顶部逸出。在生物反应器的充气环境下，硫化物被

硫杆菌家族细菌氧化成硫元素。

（1）沼气湿法脱硫。

湿法脱硫以液体吸收剂来脱除 H_2S，溶剂通过再生后重新进行吸收。目前，在沼气的湿法脱硫技术中，应用较为广泛的是栲胶脱硫法和 888 法。888 法是近几年开发的脱硫新技术，它是以纯碱作为吸收剂，以 888 为载氧体，兼有改良 ADA 法和栲胶法等的优点，自吸空气再生及熔硫新工艺，脱硫效果提高 3% ~ 5%。湿式888 法的整个脱硫和再生过程为连续在线过程，脱硫与再生同时进行，不需要设置备用脱硫塔；沼气脱硫净化程度根据不同要求，通过调整溶液配比，适时加以控制，净化后沼气中 H_2S 含量稳定。

沼气经过增压风机增压后进入湿法脱硫复合塔底部，自下而上流动，与上部喷淋下的脱硫液逆流接触，沼气中的 H_2S 被吸收，进一步捕除沼气中的部分水分后经过干法脱硫塔送到用户使用，最终沼气中的 $H_2S \leqslant 15 \text{ mg/Nm}^3$。

（2）沼气干法脱硫。

干法脱硫是 H_2S 通过物理吸附之后在化学氧化作用下转化为单质硫。在物理吸附过程中，借用吸附剂的表面将 H_2S 吸附；通过化学反应，H_2S 被转化为单质硫。

沼气脱硫系统工艺流程如图 7-5 所示。

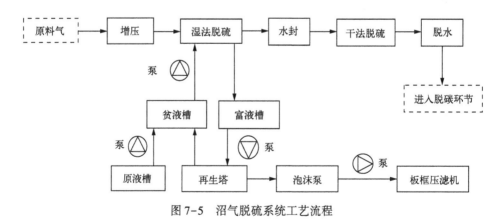

图 7-5　沼气脱硫系统工艺流程

脱硫液从脱硫塔底部引出的富液首先进入富液槽，经再生泵加压后送再生槽喷射器。富液高速通过喷射器喷嘴时，喷射器吸气室形成负压自动吸入空气，富液与空气两相并流经喷射器喉管、扩散管由尾管排出并由再生槽底部并流向上流动。此时，富液中的悬浮硫颗粒被空气浮选形成泡沫漂浮在再生槽上部，溢流至硫泡沫槽内。清液与泡沫分离后经液位调节阀进入塔底，经脱硫泵加压，进入塔顶，经过吸收硫化氢后的贫液转化成富液并流入塔底，最后进入富液槽，如此循环。

再生槽上部分离出的硫泡沫流入泡沫槽，经泡沫泵送入压滤机，从而得到纯度较高的单质硫。其中产生的清液经降温、活化、沉淀后返回溶液系统。系统补水、纯碱、888 的补充在加药槽中完成，由每天定期取样检测脱硫液内纯碱、888 的浓度，根据结果确定添加量。

2）沼气脱碳、脱水系统

沼气脱碳、脱水系统是对脱硫后的沼气进一步纯化，在不同压力和温度下，CO_2 和 CH_4 有不同的溶解度，当沼气在适宜的吸附压力下通过吸附剂时，大量 CO_2 被吸附，而 CH_4 则从吸附塔出口排出，达到净化的目的。沼气脱碳、脱水系统主要设备包括沼气压缩机、洗涤塔、天然气压缩机、闪蒸槽、一级解吸塔、二级解吸塔。沼气脱碳、脱水系统工艺流程如图 7-6 所示。

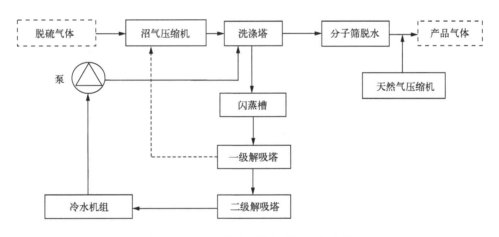

图 7-6　沼气脱碳、脱水系统工艺流程

脱硫后的沼气经压缩机压缩后（1~2 MPa），经气水分离器后进入洗涤塔，气体中的 CO_2 在洗涤塔内与循环液发生溶解，同时少量的 CH_4 也溶解于循环液中。经洗涤后的气体主要组分是 CH_4，还有少量的 CO_2 和饱和水分，送入分子筛吸附器进行脱水，除去气体中残余硫和水分，制成干燥和纯净的天然气。

溶解气体中绝大部分 CO_2 和少量 CH_4 的液体进入闪蒸槽，在闪蒸槽内进行降压至约 0.4 MPa 后，大部分溶解的 CH_4 回流至沼气压缩机进行二次增压净化。吸收塔内工艺水减压到一定压力后进入一级解吸塔闪蒸 CH_4，闪蒸气送入沼气压缩机回收利用，CH_4 回收率约（98%±1%）；一级解吸塔的工艺水进一步减压进入二级解吸塔，释放出 CO_2；二级解吸塔上塔溶液进入下塔，同时从吸收塔引入产品生物天然气与该溶液逆流接触，充分解吸 CO_2；下塔一部分水进入冷水机组形成制冷循环，另一部分水经水泵增压送入吸收塔，循环吸收 CO_2。

7.2.6 沼渣好氧堆肥工艺

从厌氧发酵罐出来的物料经过固液分离系统，将沼渣和沼液进行分离，沼渣通过好氧堆肥工艺制成有机营养土，用于农林种植，实现资源化利用。沼渣好氧堆肥工艺的主要设备包括沼渣储存仓、运输机、搅拌机、提升机、DACS 好氧发酵塔。沼渣好氧堆肥工艺流程如图 7-7 所示。

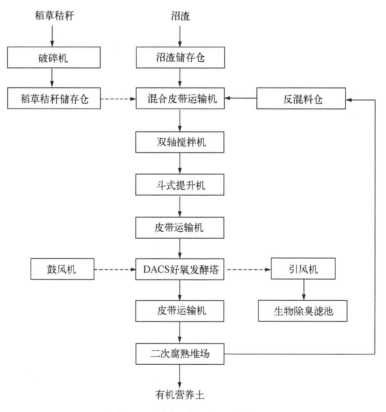

图 7-7 沼渣好氧堆肥工艺流程

沼渣送入沼渣存储仓，加入适量的稻草秸秆混合，加入的返混料为二次腐熟堆场的营养土，通过配料仓定量输送至混料机，经充分搅拌混合后，通过斗式提升机将混合物料送入塔顶的配料皮带运输机,再由皮带运输机进行配料,将混合物料送至相应 DACS 好氧发酵塔进行高温快速发酵。发酵塔进料孔设在发酵塔顶部中央位置,发酵塔中下部设支撑板避免物料压实,造成通风不畅。发酵塔内设多层强制布风管,由布风管分隔的每个堆料层设温度探头监控堆肥过程,发酵塔各层鼓风机可独立控制,根据堆体温度等控制参数进行手动或程序控制。塔内设置物位超高监控系统,当塔内物料高于设计值时,发酵塔的进料口将自动关闭,防止发酵塔进料过量。发酵塔内壁设布料板引导堆料跌落混合,消除塔内物料通风不均造成局部厌氧,实现同深度堆料均匀通风供氧,配合引风机,保证塔体内部供氧充足。发酵结束后的熟料通过齿辊卸料机排至皮带运输机,送至二次腐熟堆场进行腐熟,制成有机营养土,将少部分有机营养土作为反混料,与沼渣、稻草秸秆混合调节干度。

7.2.7　污水处理工艺

从厌氧发酵罐出来的物料经过固液分离系统,分离沼渣和沼液。分离出的沼液一部分回流作为前端秸秆酸化、粪便稀释用水,一部分作为沼液肥直接施用。设置一套污水处理系统,保证未被土地利用的沼液经处理达标后排放至自然水体。污水处理工艺采用"厌氧氨氧化-MBR-钠滤反渗透"技术,主要设备包括厌氧氨氧化池、膜生物反应器(MBR)、纳滤反渗透系统。污水处理工艺流程如图 7-8 所示。

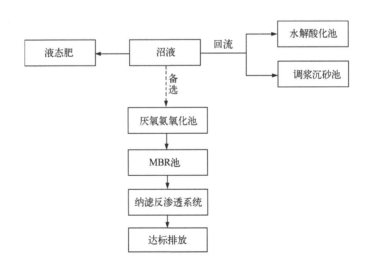

图 7-8　污水处理工艺流程

7.2.8 废气处理工艺

废气的产生主要来自预处理系统、沼渣处置系统以及废水处理系统释放的恶臭气体、锅炉燃气废气、火炬系统废气等。

将以上废气收集后进行集中处理，采用"湿式净化塔-微生物降解"工艺（图7-9），其核心设备是生物除臭反应器，能够有效去除 H_2S、NH_3 等恶臭气体。具体包括采取负压方式来密封各建筑物以限制臭气的扩散；利用引风机的正压将恶臭气体通过管道送入生物除臭反应器，设置在生物除臭反应器内的填料接种的微生物将恶臭气体发臭物质作为营养和能量来维持自身新陈代谢，经过生物除臭反应器的处理后，恶臭气体被转化为细胞物质、二氧化碳、水和微量的残留中间气体，从而达到净化气体的目的。

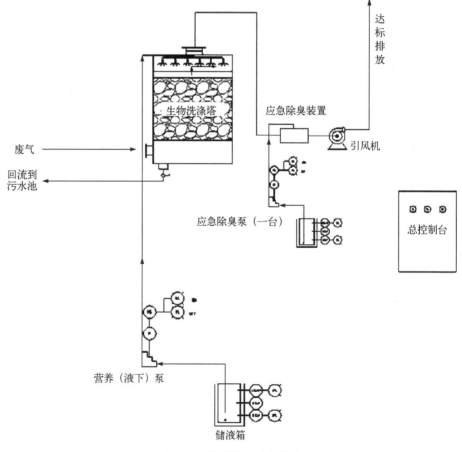

图 7-9 臭气处理工艺流程

7.3　工程实施情况及效果

7.3.1　工程实施地点及规模

结合九州江环境治理需求，本工程项目选址位于广西玉林市陆川县滩面镇滩面村第一批次乡村建设用地上(图 7-10)，该厂址距离陆川县县城约 20 km，距离滩面镇中心约 2 km，位于省道 212 旁，该厂址是规划建设用地，厂址周围山坡无崩塌，厂区内场地较为平整，附近无工矿企业，环境无污染。周围没有其他对环境造成影响的生产设施和建筑物。四周坡地地表保持完好，自然生长各种各样的花草、树木，没有特殊保护的珍稀动植物。厂址土质坚硬，不易崩塌。厂址占地面积73 728.79 m^2。

图 7-10　滩面镇滩面村第一批次乡村建设用地

治理对象为陆川县下属乌石镇、滩面镇、良田镇、古城镇和清湖镇 5 个镇养猪场产生的禽畜养殖粪污、餐厨垃圾及污泥。根据走访和调查及统计数据分析，陆川县乌石镇、滩面镇、良田镇、古城镇和清湖镇养猪场猪粪产量估算，5 个镇养猪场商品猪猪粪可收购量约为 207.91 t/d(表 7-2)，养猪场仔猪和母猪猪粪产量约为243.37 t/d(表 7-3)。

表7-2　陆川县5个镇养猪场商品猪猪粪可收购量估算(单位：t/d)

城镇	养猪规模 (万头，以均值估计)	猪粪可收购量 (估算值)	猪粪固含量折算	鲜猪粪量折算
乌石镇	8.5	15.8	4.30	28.65
滩面镇	6.75	25.56	6.95	46.35
良田镇	15.15	49.48	13.46	89.72
清湖镇	5.65	14.19	3.86	25.73
古城镇	2.8	9.63	2.62	17.46
总计	38.85	114.66	31.19	207.91

表7-3　陆川县5个镇养猪场仔猪和母猪猪粪产量估算

	母猪规模 (头)	仔猪规模 (头)	母猪猪粪产量 [kg/(d·头)]	仔猪猪粪产量 [kg/(d·头)]	母猪猪粪量 (t/d)	仔猪猪粪量 (t/d)	总计 (t/d)
数量	388 500	232 381	2	0.7	80.7	162.67	243.37

根据数据显示，陆川县乌石镇、滩面镇、良田镇、古城镇和清湖镇总猪粪产量约450 t/d，根据设计要求，5个镇的畜禽养殖粪污处理规模按500 t/d计。

7.3.2　工程实施效果及意义

按照陆川县畜禽养殖粪污资源化利用产业化示范工程项目设计要求，完成原料预处理系统(含调浆沉砂池、配套搅拌设备及进料泵房)、厌氧消化系统(高效全混厌氧反应器15座、沼液储存池1座、沼气稳压柜系统1套)、沼气处理及天然气制备系统(提纯净化设备1套)、沼渣处理系统以及部分相关配套设施的建设(含厂内道路、绿化、门卫室、配电室、综合办公楼等)。项目已经满足日处理500 t畜禽废弃物，日产沼气2万 m³的运行处理能力。畜禽废弃物含固量10.85%，水力停留时间24 d，反应器容积负荷6.26 kg/(m³·d)，产气率达到406.7 m³/t-VS。产业化示范工程项目建成相关图片如图7-11所示。

项目选址的陆川县是我国西南地区规模化养殖集中的重点区域，当地畜禽养殖废弃物和农业面源污染是影响下游南流江流域、九洲江流域及廉州湾等区域的主要污染源之一，通过"市场主导、政府扶持、多元收集、适度集中、全产业链发展"的模式，包含"固体废弃物处理处置-生物天然气制备-有机肥生产"，在解决环

门卫室

综合办公楼

预处理系统及收运车辆

高效全混厌氧反应器

沼气稳压柜

沼气火炬及冷却塔

沼液储存池

沼气提存净化设备

图 7-11　产业化示范工程项目建成

产业化示范建设视角一

产业化示范建设视角二

产业化示范建设视角三

产业化示范建设视角四

图 7-11 产业化示范工程项目建成(续图)

境、民生问题的同时有效推动生态农业、循环经济发展,提升产品附加值,实现市场化运作,针对西南地区种养殖业集中地区的流域面源污染控制及生物质新能源利用具有重要意义及示范作用。

陆川县固体废弃物制备天然气综合利用试点项目是目前我国鼓励开展的大型沼气提纯天然气项目,项目以畜禽粪污为主要原料,通过混合厌氧产沼气-提纯天然气-生产有机肥等一系列工艺,不仅解决了陆川县农村环境污染问题,实现畜禽养殖粪污的资源化利用,为九洲江流域治理作出重要贡献,而且促进了陆川县农业循环经济、生态农业的发展,对优化农业种植养殖结构,发展绿色农业具有重要的推动作用。该项目的良好运行,不仅具有良好的经济效益,而且为陆川县和九洲江流域带来了显著的社会效益及生态环境效益。

第8章　农村生活污水处理

8.1　工程实施背景

南流江-廉州湾城镇化率总体偏低，生活污水是南流江-廉州湾的第二大污染来源。在生活污水治理中，城镇尤其是县及以上的城市污水处理技术相对容易集中处理和长时间实践应用，技术较为成熟。而农村生活污水有其自身特点且技术应用较少，成为流域生活污水治理的难点。本章节以南流江-廉州湾周边的北海市合浦县星岛湖镇等乡镇的7个污水处理工程案例为研究对象，介绍农村生活污染的技术实践。

8.1.1　农村生活污水及其排放特点

农村生活污水的特点主要包括：①成分复杂，氮、磷浓度相对较高，可生化性强；②管网收集系统不健全，粗放型排放；③污水排放途径主要为地面直排，或倒入村落沟渠中，或用于农田灌溉，排放量不稳定，无规律排放。在北部湾近岸海域的广大村镇地区，受传统生活习惯的影响，以及农村未建成排水渠道和统一收集处理的污水处理系统，污水的随意排放造成了近岸海域水环境的污染，农村生态环境问题日益严重。

我国污水处理厂在不断兴建，污水的处理率也在不断提高，但这些污水处理厂的建设主要集中在城市及工业园区，用于处理城市及工业园区生活污水，大部分村镇生活污水还未能得到有效处理。目前我国共有约60万个行政村，近8亿人口。随着农村经济的不断发展，生活水平的不断提高，楼房、抽水马桶、厨卫等城市化设施逐渐在农村应用，因此农村生活用水量和集中供水率逐年提高，生活污水水质、水量均发生了较大变化，农村生活污水排放量也逐年增大。南流江流域内北海市合浦县典型乡镇污水排放情况见下文所述。

1）星岛湖镇

星岛湖镇位于合浦县西北部，东与廉州镇交界，南与党江镇隔河相望，西与沙岗镇接壤，北与乌家镇、钦廉林场、灵山县和钦州市相连。星岛湖镇目前无集中排放雨水、污水设施，没有统一的污水处理系统。社区居民生活污水、集贸市场污水主要通过暗沟就近直接排入附近水体。无污水处理设备，工业污水经简单处理后直接排入附近水体。城镇目前污水处理率非常低，对城镇环境破坏较大。

2）沙岗镇

沙岗镇位于合浦县西部，距县城 20 km，地处北部湾畔南流江出海口。沙岗镇目前无集中排放雨水、污水设施，没有统一的污水处理系统。社区居民生活污水、集贸市场污水主要通过暗沟、明渠就近直接排入附近水体。无污水处理设备，部分工业污水经简单处理后直接排入附近水体。城镇目前污水处理率非常低，对城镇环境破坏较大。

3）石湾镇

石湾镇位于合浦县正北 11 km，北部为低丘陵，南部为南流江冲积平原。石湾镇目前无集中排放雨水、污水设施，没有统一的污水处理系统。社区居民生活污水、集贸市场污水主要通过暗沟就近直接排入附近水体。无污水处理设备，工业污水经简单处理后直接排入附近水体。城镇目前污水处理率非常低，对城镇环境破坏较大。

4）乌家镇

乌家镇位于合浦县西北部，东与星岛湖镇交界，南与沙岗镇、西场镇相邻，西与钦州市那丽镇接壤，北与钦州市那思镇相连。主要河流有丹竹江，为合浦与钦州分界河，区域优势独特。乌家镇目前无集中排放雨水、污水设施，没有统一的污水处理系统。社区居民生活污水、集贸市场污水主要通过暗沟就近直接排入附近水体。无污水处理设备，工业污水经简单处理后直接排入附近水体。城镇目前污水处理率非常低，对城镇环境破坏较大。

8.1.2 农村生活污水治理的必要性

国务院印发的《"十三五"卫生与健康规划》中提出："着力改善城乡环境卫生面貌。开展城乡环境卫生整洁行动，以城市环境卫生薄弱地段和农村垃圾污水处理、改厕为重点，完善城乡环境卫生基础设施和长效管理机制，加快推进农村生活污水治理和无害化卫生厕所建设。"国务院印发的《"十三五"生态环境保护规划》中提出：

"改善河口和近岸海域生态环境质量。实施近岸海域污染防治方案，规范入海排污口设置，实施蓝色海湾综合治理，重点整治……北部湾等河口海湾污染。"规划中提出了 25 项环境保护重点工程，其中包括城镇生活污水处理设施全覆盖、农村环境综合整治等具体要求。

广西印发的《广西环境保护和生态建设"十三五"规划》提出总体目标："近岸海域水质有所好转，设区城市建成区基本消除黑臭水体。"重点任务中提出了"深化九洲江、南流江、钦江等入海河流污染防治"的要求，其中包括加快沿海沿河城镇生活污水和生活垃圾设施建设，重点建设城市配套污水管网和乡镇污水和生活垃圾设施，升级改造污水处理厂的脱氮、除磷工艺，北海市、钦州市、防城港市和玉林市等区域的社区城市、县级城市的建成区污水处理设施，分别于 2017 年年底前和 2018 年年底前全面达到一级 A 排放标准；加强流域内农村环境整治工作，加快农村污水垃圾处理设施建设，着力减轻农村面源氮、磷等排放对海域环境的影响。在《广西环境保护和生态建设"十三五"规划》印发前，针对镇级污水处理设施的建设及稳定运行，广西已印发《"十三五"全区镇级污水处理设施建设运营实施方案》，提出"2020 年底前确保完成 450 个、力争完成 554 个建制镇污水处理设施建设"的工作目标。

8.2　工程主要技术

8.2.1　农村生活污水治理主要技术模式

针对流域-沿海地区渔农村生活污水面广分散、水量区域差异大、污水收集难等特点，按照"因地制宜，分区施策，分类治理"的原则，结合渔农村自然地理环境条件，综合考虑村庄经济社会发展水平、农村人口布局、污水产生情况以及村民意愿等，因地制宜确定污水治理模式、工艺路线和后期运维管理方式。

1) 渔农村生活污水治理模式

我国渔村和农村生活污水处理模式主要分为分散治理模式、集中治理模式和纳入城镇排水管网治理模式三种（表 8-1）。沿海地区农渔村往往存在厕所几乎没有防渗措施、村庄生活污水和分散畜禽养殖废水混合在一起未经处理直接排放的问题。因此，需要根据村庄所属区位、人口规模、聚集程度、地形地貌、排水特点及排放要求、经济承受能力等具体情况，因地制宜、分区分类地科学选择农村生活污水技术模式。

对位于城镇/园区污水处理厂周边、人口集中、地理和施工条件都满足将污水输送至集中式污水处理厂的村庄，可纳入城镇污水管网，进行统一处理。对于村落规模较大、人口较多、居住相对集中的单个或相邻几个村庄，采取生活污水集中治理模式。离镇区较远的村庄，根据实际情况，采用小型、就地化、分散式的生态化处理模式，自建污水处理设施(污水处理站、净化池等)，经处理后排入自然水体。

表 8-1　渔农村污水治理模式选择

治理模式		适用情况	水量(m³/d)	家庭数(户)	人口数(人)
纳入城镇排水管网治理模式		适用于城镇污水处理厂周边(距离3 km左右)、人口集中、地理和施工条件都满足输送污水至已有集中式污水处理厂的农村地区	—	—	—
集中治理模式	单村集中型	适用于村村距离相对较远(≥5 km)	5.0~200	10~500	100~2 500
	村村连片集中型	适用于村村距离相对较近(<5 km)	200~500	>500	1 000~2 500
分散治理模式	分区/单户分散型	适用于人口数量较少、住宅布局较分散、污水不易集中收集的渔农村地区	≤5	1~10	<100
集中+分散治理模式		适用于多数住宅相对集中、少数分散或具有特殊情况的农村地区	—	—	—

2) 农村生活污水处理技术

基于经济条件、污水收集方式、处理规模和排放控制要求等，统筹考虑农村生活污水治理规划、治理设施建设和运行，科学选择农村生活污水处理技术模式，强化农村生活污水就近就地资源化利用。

沿海地区农村，特别是海岛渔农村和位于风景旅游区的村庄，人口相对集中，污水主要为冲厕、厨房、餐饮、沐浴、洗涤污水等，废水主要含有 COD_{Cr}、悬浮物、氨氮、总磷等污染特征指标，污水 B/C 比高，可生化性好。相应的渔农村生活污水处理工艺包括：预处理−厌氧池−稳定塘/人工湿地/土壤渗滤组合工艺、预处理-生物稳定塘/强化人工快渗-人工湿地组合工艺、预处理-生物接触氧化池/SBR/氧化沟/生物滤池组合工艺、农村生活污水沼气净化处理模式、高效厌氧（ABR）-生态组合处理模式、厌氧-好氧组合一体化设备处理模式等。

3）农村小型 EOD 生态治水模式

针对农村生活污水生态处理尾水、农田退水量大、面广的特点，以因地制宜、低建设运行成本及资源化利用为原则，统筹考虑农村治水和用水的各个环节，打通农村河流和池塘，构建活水循环系统，将农村生活污水和农田退水引入活水系统，将肥水作为水生动植物（如淡水贝类）的营养物质，实施农村生活和农田退水资源化利用工程、淡水贝类繁育及水质净化工程、乡村旅游示范工程等，在削减主要污染物入河量的同时，实现水质净化、生物多样性提升、水生生态产品价值实现与村民收入提高，构建农业农村小型 EOD 生态治水新模式。

8.2.2　本工程采用的主要技术

北海市政府要求"十三五"期间对辖区已投入运行的污水处理厂进行提标改造。2017 年年底前，城市建成区污水处理设施达到一级 A 排放标准；2018 年年底前，合浦县建成区污水处理设施达到一级 A 排放标准。2020 年，全市所有城镇具备生活污水集中处理能力，合浦县城污水处理率达到 85%，北海市建成区污水处理率达到 100%。"十三五"期间，城市建成区和合浦县城污水处理率年增长率不低于2%。按照国家新型城镇化规划要求，继续加强镇级污水处理设施及配套管网的建设，2020 年完成上级部门下达的乡镇污水处理厂的建设任务。因此，针对合浦县沙田等 7 个乡镇的污水排放情况及治理要求，分别建立 7 座污水处理厂，其工程主要技术简述如下。

根据北部湾典型流域农村、小城镇污水排放分散、水量和水质波动大、氮磷浓度高等特点，通过吸收和整合国内外各类不同村镇污水处理技术的优点，采用两级可变溶氧接触氧化工艺和多级泥水回流装置的兼具功能性和经济性的一体化村镇污水处理设备的工艺技术。整个污水处理工艺为"ACM 生物反应器-人工湿地-紫外消毒"，污水经管道收集至污水处理厂的格栅渠，经格栅渠去除污水中较大的悬浮物后进入集水池，经提升泵进入 ACM 生物反应器内，在厌氧微生物的新陈代谢作用下，污水中的各类污染物得到去除，通过膜的过滤作用可以做到"固液分离"，从而保证污水中的各类污染物通过膜的过滤作用得到进一步去除，产生的污泥经过污水处理间进行脱水后压泥，滤出的泥饼外运用于卫生填埋处理或作为有机肥生产的原料，出水采用人工湿地工艺深度处理，经过紫外线消毒后终极外排，外排水达到《城镇污水处理厂污染物排放标准》（GB 18918—2002）一级 A 标准。产生的污泥通过板框压滤机进行脱水和压泥制成泥饼后，集中外运至具有资质的单位进行无害化处理。其处理工艺流程如图 8-1 所示。

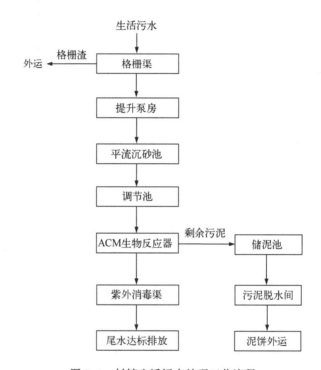

图 8-1　村镇生活污水处理工艺流程

8.2.3　核心工艺描述

1）ACM 生物反应器

ACM 生物反应器（图 8-2）是该工艺用于处理村镇污水中各种污染物的核心设备，根据不同污水处理量及水质要求，设计不同规模的处理设备。该生物反应器包括依次相接的厌氧区、好氧区（生物转盘）、高效泥水分离区，各反应区既能形成独立的生物处理空间，又能形成各单元的循环。污水在 ACM 生物反应器内的厌氧区强化除磷，在好氧区强化脱氮和去除有机物，在泥水分离区强化泥水分离，具有高效去除有机物和脱氮除磷的效果。

图 8-2　ACM 生物反应器

2）人工湿地

人工湿地（图 8-3）是该工艺的深度处理。它是由人工建造和控制运行的与沼泽地类似的地面，将污水、污泥有控制的投配到经人工建造的湿地上，在污水与污泥沿着一定方向流动的过程中，利用土壤、人工介质、植物、微生物的物理、化学、生物三重协同作用，对污水、污泥进行处理的一种技术。其作用机理包括吸附、滞留、过滤、氧化还原、沉淀、微生物分解、转化、植物遮蔽、残留物积累、蒸腾水分和养分吸收。

人工湿地类型为潜流式人工湿地，植物选用深根丛生型的植物及深根散生型植物。其中深根丛生型的植物选用芦竹、纸莎草、野茭草等，深根散生型植物选用芦苇、香蒲、菖蒲、水葱、野山姜等。这些植物的共同特性是适应能力强，为本土优势品种；根系发达，生长量大，营养生长与生殖生长并存，对磷和氮、钾的吸收均比较丰富；能在无土环境下生长。芦苇较高的生物量年产率、适中的根系深度和比表面积大的根须，创造了更好的生物脱氮环境，具有最高的脱氮效率。为了增加湿地的景观效果，在人工湿地后端搭配种植了美人蕉、黄菖蒲等具有景观效果的植物。

图 8-3　人工湿地

8.3　工程实施情况及效果

8.3.1　工程实施情况

结合北海市合浦县环境治理需求，在广西北海市合浦县的 7 个乡镇污水处理及其配套管网工程项目中，沙田镇、石湾镇、乌家镇、闸口镇、白沙镇、星岛湖镇的处理规模均为 500 m³/d，沙岗镇的处理规模为 1 000 m³/d，合计处理规模 4 000 m³/d。7 个乡镇生活污水中主要污染物有 COD_{Cr}、BOD_5、SS、TN、TP 和氨氮。污水处理工艺为：ACM 生物反应器–人工湿地–紫外消毒；污泥处理工艺为：板框污泥机进行脱水和压泥。

8.3.2　工程实施效果及意义

通过工程实施，在有效去除有机物的同时实现强化脱氮除磷，保证村镇生活污水达到《城镇污水处理厂污染物排放标准》一级 A 标准（图 8-4）。项目的实施，可有效处理合浦县 7 个镇区内的生活污水，大大减少镇区生活污水中污染物进入环境，有效保护南流江水体，同时也为合浦县人民创造良好的生活环境，有利于合浦县的经济社会发展，为合浦县的可持续发展提供有力的环境保障。

图 8-4　出水排水口

第9章 海水养殖尾水处理

9.1 工程实施背景

除了畜禽养殖和生活污水之外，南流江-廉州湾的主要水污染来源是种植业、工业企业和水产养殖。然而种植业在污染治理的工程途径难以开展，工业企业大部分都采取了有效处理措施，污染的空间很小，水产养殖尾水的处理就成为南流江流域重点考虑的重要领域。尤其是在廉州湾周边，分布着大量的海水养殖池塘，未经处理的养殖尾水短时间集中排放，对廉州湾水质有着直接的影响。本章节通过廉州湾周边的北海市合浦县海水养殖尾水处理工程案例，介绍水产养殖尾水处理的技术实践。

9.1.1 廉州湾水产养殖特点及治理需求

我国水产养殖业快速发展，成为世界水产品养殖第一大国，总产量占世界水产养殖的 70% 左右。近年来，伴随着海水养殖业的迅速发展，养殖尾水缺乏治理、无序排放带来的污染问题对近岸海域海洋生态环境的影响日益凸显。沿海海水养殖尾水排放带来的近岸海域污染问题也引起了国家的高度关注，在 2021 年中央生态环境保护督察反馈的问题中，部分水产养殖排水口水质污染严重，海水养殖污染防治基础设施薄弱。因此，海水养殖尾水排放污染控制问题，既关系到海洋生态环境系统的健康，又成为水产养殖业可持续健康发展的制约因素。

南流江北海段至廉州湾北岸合浦县各乡镇，都有大量的水产养殖池塘，养殖品种包括南美白对虾、青蟹、弹涂鱼以及淡水鱼等，养殖时需要投放大量饲料，甚至有些品种如弹涂鱼养殖时，需要投放禽类粪便，养殖池塘水质氮磷浓度很高，这些养殖池塘的尾水都未经处理直接排入南流江或廉州湾，是廉州湾海域重要的氮、磷来源。

2016—2018 年北海市海水养殖面积分别为 2.17 万 hm^2、2.27 万 hm^2 和

2.35 万 hm²。廉州湾周边是北海市最主要的海水养殖区，通过卫星遥感观测发现，廉州湾周边海水养殖区域近 1.5 万 hm²。

廉州湾周边水产养殖的规模化水平较低，缺乏大型养殖企业，以个体农民养殖户和小散养殖企业为主，养殖方式粗放，尾水不经过处理直接排放。以弹涂鱼养殖为例，不经处理直接排放的养殖废水总氮和总磷超标倍数分别为 6.9 和 7.7（表 9-1），直排入海对海水水质影响较大。海水养殖往往在短时间内集中排放，排放期间排污量大，其中直接排入廉州湾的污染物总量中，由海水养殖产生的污染物对所有污染来源的贡献较大，需要采取有效措施进行处理，削减污染物入海量。

表 9-1　廉州湾随机池塘养殖尾水监测结果（单位：mg/L）

废水名称	监测项目	监测结果	广西海水养殖尾水排放一级标准	超标倍数（倍）
弹涂鱼养殖废水	总氮	39.4	≤5.0	6.9
	无机氮	24.38	—	
	总磷	6.12	≤0.7	7.7
	活性磷酸盐	3.00	—	
池塘养殖尾水（沟渠）	总氮	3.54	≤5.0	—
	无机氮	1.52	—	
	总磷	1.55	≤0.7	1.2
	活性磷酸盐	1.12	—	

因此，近年来国家高度重视水产养殖尾水的高效处理。2021 年 11 月，中共中央、国务院印发的《关于深入打好污染防治攻坚战的意见》，要求着力打好重点海域综合治理攻坚战。深入推进入海河流断面水质改善、沿岸直排海污染源整治、海水养殖环境治理。2019 年，经国务院同意，农业农村部、生态环境部等十部门联合印发的《关于加快推进水产养殖业绿色发展的若干意见》要求，推进养殖尾水治理，促进产业转型升级，提升养殖尾水回用率或达标排放水平。2022 年，生态环境部、国家发展和改革委等六部门联合印发的《"十四五"海洋生态环境保护规划》提出，加强海水养殖污染防治，规范海水养殖尾水排放。

9.1.2　海水养殖尾水特点及常见处理技术

海水养殖尾水常规污染物主要包括总氮、无机氮、活性磷酸盐、化学需氧量、总磷等。海水养殖尾水与生活污水、工业废水相比，存在以下特点：水量大，污染物种类较少而含量变化小；有机污染物浓度低、含氧量较高（一般大于 5 mg/L）；碳氮比较低（一般为 3~10，远低于微生物的最优碳氮比）；氮磷含量较高，总氮、总磷处理难度大；与淡水养殖尾水相比，海水养殖尾水盐度较高，离子效应强，处理难度大，常见淡水处理方法无法用于海水养殖尾水的处理。

海水养殖尾水处理技术一般包括物理、化学及生物处理方法（表9-2）。

表9-2　海水养殖尾水处理技术比较

处理技术	处理原理	海水养殖尾水处理技术	消除的主要污染物	主要设备
物理法	利用不同孔径的滤材，通过阻断或吸附水体中的杂质已达到净化水质的目的	主要包括固体颗粒物收集技术、固液分离技术、过滤技术、泡沫分离技术、膜分离技术	可以快速有效去除悬浮物和部分耗氧量、BOD，但对可溶性有机物、无机物及总氮、总磷等去除效果有限	微滤机
				蛋白质分离器（泡沫分离）
				沉淀池
				MBR/UF（微滤）膜过滤系统
				MBR/UF+RO（微滤-反渗透）膜过滤系统
化学法	向养殖尾水中添加无机或有机化学试剂，与水体污染物发生化学反应进而改善水质	包括臭氧氧化脱色技术、臭氧消毒灭活技术、紫外杀菌灭活技术、高级氧化技术（AOPs）和电化学技术	V 除藻、去除亚硝酸盐、氨氮、降低浊度和COD、细菌	紫外线消毒器
				臭氧发生器
				电絮凝反应器
生物法	通过特定生物，如利用大型藻类、鱼菜共生系统，光合细菌、芽孢杆菌、硝化细菌等微生物和滤食性的鱼、贝等	包括水生植物处理技术、水生动物处理技术、微生物处理技术和人工湿地、生态浮岛复合生物处理技术	去除水体悬浮物、COD、氨氮、	生物滤池活性污泥池
				一体式生物反应器动态膜生物反应器（DMBR）和膜生物反应器（MBR）
				人工湿地

1）物理法

利用不同孔径的滤材，通过阻断或吸附水体中的杂质以达到净化水质的目的，可以快速有效去除悬浮物和部分耗氧量、BOD，但对可溶性有机物、无机物及总氮、总磷等去除效果有限。海水养殖尾水处理技术的物理方法主要包括固体颗粒物收集技术（使固体颗粒物沉积于水底）、固液分离技术（重力分离方式和机械过滤方式）、过滤技术（利用石英砂、活性炭等过滤介质去除悬浮物质）、泡沫分离技术（去除水中溶解有机物）和膜分离技术（膜集成工艺、纳滤膜和超滤膜）等。其中机械过滤是养殖尾水处理中最常用的方式，其目的是去除尾水中粒径较大的固体微粒,达到固液分离的目的,如微滤机(图 9-1)过滤杂质的处理率可达 80%,但采用机械过滤需要投入大量人力、物力作业,在大型养殖场中运行效率较低。泡沫分离技术是一种新型的尾水处理技术,通过向含有活性物质的液体中鼓入气泡,将活性物质聚集在气泡上,再对气泡和液体进行分离,实现水产养殖尾水处理的目的。海水养殖尾水更易产生泡沫,因此泡沫分离技术应用于海水养殖中具有更大优势。过滤膜技术包括过滤机理、影响过滤的因素、过滤过程中的水头损失、滤层的清洗、普通快滤池和无阀滤池及其他过滤设备和装置。

图 9-1　海水养殖尾水物理处理法常用的微滤机

2)化学法

向养殖尾水中添加无机或有机化学试剂,与水体污染物发生化学反应进而改善水质。早期主要通过水流消毒法以杀灭水体中的致病生物,后来多通过添加化学药剂(次氯酸钙),利用化学反应去除污染物。臭氧作为一种清洁、有效的氧化剂,能有效氧化、去除水体中的大部分有机物和无机物,包括臭氧氧化脱色技术、臭氧消毒灭活技术、紫外杀菌灭活技术、高级氧化技术(AOPs)和电化学技术。近年来,电絮凝技术(EC)作为一种综合利用物理、化学方法处理海水养殖尾水备受关注,主要通过氧化还原、絮凝、气浮实现污水的净化。

3)生物法

通过特定生物(微生物、水生植物和水生动物),如利用大型藻类、鱼藻或贝藻共生系统,人工湿地、生态浮岛系统,光合细菌、芽孢杆菌、硝化细菌等微生物和滤食性的鱼、贝等处理养殖尾水。利用生物特性净化海水养殖尾水的技术包括水生植物处理技术、水生动物处理技术、微生物处理技术和复合生物处理技术等。其中，微生物处理技术和复合生物处理技术应用比较多。微生物处理技术包括微生物制剂、固定化微生物技术和生物膜法，可以通过硝化和反硝化反应分解有机氮和无机氮。复合生物处理技术包括贝藻处理技术和菌藻处理技术。微生物和藻类技术的主要内容包括尾水排放特点和资源化利用，生物膜法处理尾水的适宜性，接触氧化法工艺、MBBR 工艺、BAF 处理工艺设计，藻类反应器的设计，残饵粪便的发酵处理工艺等。

随着对养殖尾水治理要求的提高和排放标准的严格要求，单独一种处理方法往往难以令养殖尾水处理效果达到要求，因此目前往往是多种方法联用形成复合集成工艺。物理和生物的方法因不会产生二次污染，从而不会给水产养殖带来潜在的影响而被联合应用，而化学法在海水养殖尾水处理的应用较少。海水养殖尾水常规处理工艺按照处理的位置分为原位尾水处理工艺和异位尾水处理工艺。

(1)原位尾水处理工艺。常见于循环式或半循环式海水工厂化养殖体系中，一般经过机械过滤、蛋白分离、生物膜接触氧化、消毒增氧、调温等工艺处理后进入循环或部分循环利用。

(2)异位尾水处理工艺。将尾水引出养殖系统，利用各种处理手段处理尾水后循环利用。按照处理形式划分可以分为生物浮床法、人工湿地法、生物絮团法、藻类藕联法等。

在 2016 年的调查中，廉州湾周边海水养殖尾水绝大部分都是未经处理或经简单处理直接排放。简单处理主要是简单沉淀池、沉淀沟占比最高，处理效果成效较低。

9.2　工程主要技术

9.2.1　海水养殖尾水处理模式选择

针对廉州湾周边不同水产养殖类型、养殖品种和养殖规模的产排污特征，依据南流江入海段和廉州湾水环境质量改善需求、国家/地方水产养殖尾水排放标准要求等，对南流江沿岸和廉州湾周边海水养殖尾水治理进行分类、分区、分级管控，确定采用尾水排放浓度限值及相应管控方式，科学合理选取海水养殖尾水处理技术与模式，并因地制宜选择尾水治理技术模式。

针对廉州湾周边连片池塘养殖，推广鱼虾蟹贝多营养层生态混养模式，可采用原位净化方式进行治理。在养殖池塘中布设生物浮床，通过调整养殖结构、开展不同营养级分级养殖或套养，利用养殖系统内微生物、水生植物、滤食性水生动物多营养层级的套放，降解和吸收水体有机物和氮磷营养盐，进而达到净化水质的目的。

海水养殖池塘尾水处理技术主要包括简单沉淀池或沉淀沟、简易"一池两堤"设施、"三池三槽"、标准"三池两坝"处理设施以及"零排放"连续流养殖尾水处理设备等。

针对设施化高位大棚养殖模式，以高密度对虾养殖为主，尾水处理可采用多级沉淀-发酵床固液分离-曝气分解-生物膜过滤-生态浮床-人工湿地（耐高盐度植物）-贝类净化技术模式，配备气泵、纳米增氧盘、水泵等设备。有条件的可以采用标准的预处理-"三池两坝"处理设施，尾水经生态河道净化后回用或达标排放。

针对海水工厂化养殖模式，以高密度海水鱼类、南美白对虾养殖为例，养殖尾水室内循环可采用养殖池-微滤机（滤坝过滤）-紫外线消毒池-三级生物毛刷池-三级 MBBR 填料好氧池-养殖池等工艺。室外养殖尾水处理工艺可采用养殖尾水-初级沉淀池-过滤坝-二级毛刷过滤生物池-三级 MBBR 生物填料好氧池-消毒杀菌池-曝气池除氯-养殖大棚循环使用。

针对滩涂养殖、海水网箱养殖等开放式海水养殖方式，统筹生产发展与环境保护，科学划定禁止养殖区、限制养殖区和养殖区，避让生态保护红线。开展海上网箱养殖环保设施升级改造，积极推广充气式浮球、滚塑浮球、塑料浮球、再生塑料浮球和吹气式塑料浮球等新型环保型养殖浮球，大力发展混养、间养、轮养及立体养殖等海上生态养殖模式，积极推进深远海智能网箱养殖。加强海水养殖投入品管理，提高饲料稳定性，科学投放饵料，引领海上养殖绿色发展。

9.2.2　海水养殖尾水处理工艺

廉州湾周边海水养殖产品以虾类为主，鱼类次之，蟹类和其他类较少。虾类养殖单产量较高，有南美白对虾、罗氏沼虾等品种。针对廉州湾周边海水养殖特点及廉州湾较高的水质要求，需要执行海水养殖尾水排放标准的一级标准，因此廉州湾大部分养殖区需要建设尾水净化处理设施，并且需要处理效率较高的处理模式。结合养殖尾水处理模式的选择，对廉州湾周边不同的养殖规模可采用标准"三池两坝"技术、设备化海水养殖尾水处理技术等实现尾水达标排放。

1)"三池两坝"技术

"三池两坝"技术将物理分离、生物降解、生态净化三个作用单元进行有机组合，对悬浮态、胶体态、溶解态的污染物均能有效去除，从而实现尾水的达标排放或回用于养殖。但该技术需要在养殖池塘之外再设生态池等额外池塘设施，因此适用于集中连片海水池塘养殖区，尤其是适用于面积在 6.7 hm^2 以上集中连片海水池塘养殖尾水的治理，也是当前农业农村部门主推的一种处理模式，其工艺流程见图 9-2。

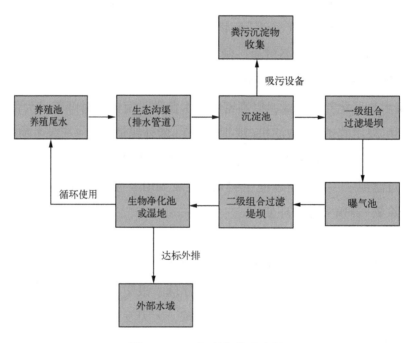

图 9-2 "三池两坝"技术流程

养殖尾水沿着生态沟渠(排水管道)流入沉淀池内，尾水中大颗粒物体在重力作用下形成初步沉淀处理。沉淀池内固液分离，沉淀池底部污泥定期通过机械设备吸污外运处理，沉淀池上清液以自流的方式通过一级组合过滤堤坝。过滤堤坝内设有组合滤料，小颗粒物被滤料进一步截留，部分可溶性有机物被附着在滤料表面的微生物净化分解，一级组合过滤堤坝出水进入曝气池。曝气池内曝气装置在好氧条件下，好氧优势菌群富集，硝化菌发生硝化反应，水中氨氮被去除，曝气池出水透过二级组合过滤堤坝进入生物净化池。在生物净化池中，悬挂毛刷，大量微生物负载在毛刷上，通过微生物的代谢作用，生物净化池中的水被进一步净化处理。净化池内亦可根据处理的尾水中盐度高低，选择种植适宜的水生植物，耦联水生植物的生长代谢作用，对水中的污染物进一步进行处理，最终尾水可以达标外排至外部水域或循环利用。

2）设备化海水养殖尾水处理

设备化海水养殖尾水处理技术是将物理分离、生物降解、消毒等处理流程设备化，将多个设备联用或集成，满足用户对集约化、自动化的需求，运行效果更稳定，抗冲击性也更强。设备化处理适用于工厂化、工程化养殖模式，如陆基集约化设施养殖等，包括池塘工程化循环水养殖（跑道养殖）、集装箱循环水养殖、工厂化循环水养殖、庭院养殖等。因其投资相对较高，通常用于小规模、小水量、利润较高的高密度养殖品种养殖模式，针对用水量较大、多个池塘的养殖模式，从投资、占地、运营等方面综合考虑，一般会与"三池两坝"技术耦联使用。

工艺流程：养殖尾水→养殖尾水处理设备→尾水循环利用或外排（图 9-3）。海水养殖尾水经排污管道或生态沟渠（沟渠内种植部分水生植物）进入海水养殖尾水处理设备内，经过物理过滤、生化分解、化学氧化等处理设备对尾水中各类污染物进行分别或联合处理，然后通过消毒或生物膜处理，实现出水达标排放或循环利用。

因设备化养殖在不同的处理环节需要不同处理设备，养殖尾水处理设施与设备主要有：①固液分离工段，配有转股微滤机、蛋白质分离器、连续砂滤、压力过滤砂缸、竖流沉淀桶、布袋过滤器等，采用物理沉淀分离、过滤分离、气浮分离等多种形式；②生化反应工段，配有生物滤池、曝气池、生物桶、生化处理设备；③消毒杀菌工段，含有臭氧消毒、紫外消毒等。

生物膜过滤式海水养殖尾水处理技术是一种典型的设备化处理模式（图 9-4）。池塘养殖尾水通过微滤网、过滤器进行精细过滤去除饵料残渣等固体颗粒物，然后利用紫外线杀菌模块杀灭水体中的微生物，并通过氮磷除脱模块吸附、聚集、分离、降低水体中的氮磷含量，接着经过 COD 去除装置减少养殖尾水中的 COD 和 BOD_5，再通过膨胀浮珠过滤器的生物膜过滤模块实现物理过滤或净化，并为反硝化细菌提供较大的表面积增加生化效率，最后的曝气修复模块兼顾厌氧菌和兼养菌的繁殖及反应吹脱，最终实现尾水的达标排放或循环利用。

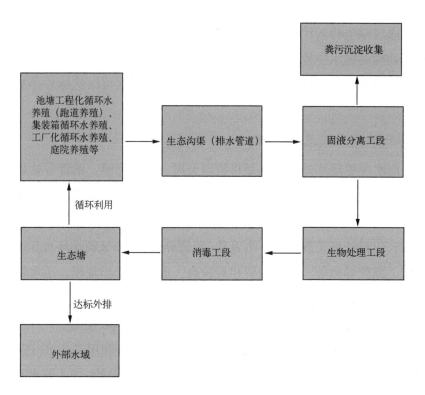

图 9-3　设备化海水养殖尾水处理技术流程

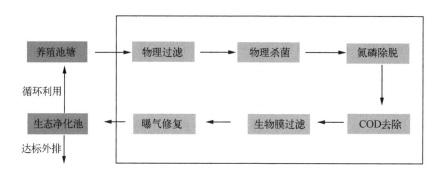

图 9-4　生物膜设备化海水养殖尾水处理技术流程

　　设备化处理模式无须土建施工、处理方式简单有效、占地面积少、效率高、自动化，因此能够适合中小规模的海水养殖尾水处理。

9.3　工程实施情况及效果

9.3.1　治理工程实施情况

1)"三池两坝"治理项目

结合北海市合浦县海水养殖尾水治理需求,"三池两坝"技术应用项目选址位于广西北海市合浦县渔业示范区。该示范区总面积约 467 hm²,其中核心区 80 hm²,包括海水养殖主产区 66.7 hm²,生态沟渠 4 hm²,改造建设 56 个标准化池塘,尾水处理池 2 个。示范区主要养殖七星鲈鱼、石斑鱼、金鲳鱼、马友鱼、对虾、青蟹等,投资接近 1 亿元。

项目尾水处理"三池两坝"设施约 6.7 hm²(其中生态沟渠 4 hm²),服务养殖面积 66.7 hm²(水面积约 53 hm²,水容量 6 万 m³),尾水处理系统占比约 10%。尾水处理量为 3 600 m³/d,尾水排放量为 6 000 m³/d。

2)设备化治理项目

设备化海水养殖尾水处理项目主要应用在北海市合浦县的 2 家对虾养殖企业。

实施养殖企业 1 拥有 2 400 m³ 海水水体对虾育苗车间、6.7 hm² 精养虾塘的养殖规模,每年可供应约 5 亿尾的南美白对虾苗,可出成品对虾约 2.5 万 kg。该公司安装了一台 30 m³/h 的生物膜过滤式尾水处理设备,能满足 342 个小棚养殖尾水处理要求。

实施养殖企业 2 的南美白对虾养殖基地占地约 53 hm²,总投资 4 800 万元。已建成小棚虾塘 342 座,小棚虾塘水域总面积 123 120 m²,养殖尾水总量 98 496 m³。

已建成的排水沟渠(总长 22 563 m,平均宽 8 m,深 1.2 m,可蓄养殖尾水量 216 604.8 m³)安装的生物膜过滤式尾水处理设备一次处理完全部养殖尾水需 20.5 天,满足一次处理完全部养殖尾水需 30 天的需求。

9.3.2　工程实施效果及意义

通过工程实施,"三池两坝"技术处理工程应用实施能够有效去除海水养殖尾水的主要污染物含量,通过对实施项目的随机监测结果,显示其对主要污染物都有着明显的处理效率(表 9-3)。通过"三池两坝"技术处理后,活性磷酸盐、总磷、无机氮、总氮主要污染物的处理率均达 60% 以上，pH、化学需氧量、悬浮物、总氮、总磷 5 个指标均达到了海水养殖尾水排放标准的一级标准，表明在严格按照"三池两坝"技术处理后，海水养殖尾水能够达到当前海水养殖尾水排放标准。

表 9-3 "三池两坝"技术处理监测结果（单位：mg/L）

采样点	养殖场类型	pH 值	化学需氧量	活性磷酸盐	悬浮物	总氮	总磷	无机氮
进口 1	高位池	7.92	6.61	0.67	4	6.04	1.02	5.84
出口 1	高位池	8.05	0.72	0.01	1	0.79	0.03	0.62
处理效率（%）		—	89.1	99.7	75.0	86.9	97.4	89.3
进口 2	育苗场	7.84	1.40	0.48	12	9.98	0.52	8.82
出口 2	育苗场	7.27	3.34	0.16	7	2.83	0.20	2.32
处理效率（%）		—	—	65.8	41.7	71.6	60.2	73.7

对应用设备化进行尾水处理的海水养殖企业进行监测结果显示，设备化对海水养殖尾水的治理也有着较好效果（表 9-4）。通过工程实施，经过设备化处理，能够有效去除海水养殖尾水的主要污染物含量。经过设备化处理后，活性磷酸盐、无机氮、化学需氧量等主要污染物的处理率都达到 40% 以上，其中活性磷酸盐和悬浮物可以达 80% 以上。在监测中虽然没有监测总氮和总磷的指标，但结合表 9-3 中其他养殖场总氮/无机氮和总磷/无机磷的转化系数，也可以估算出经过处理后总氮和总磷也得到有效去除，并且能够满足海水养殖尾水排放标准的一级标准。

表 9-4 设备化海水养殖尾水处理监测结果（单位：mg/L）

采样点	pH 值	化学需氧量	活性磷酸盐	悬浮物	无机氮
企业 1 进口	7.8	22	0.30	225	5.0
企业 1 出口	7.8	12	0.06	42	1.5
处理效率（%）	—	45.5	80.0	81.3	70.0
企业 2 进口	7.1	15.7	0.06	80	1.39
企业 2 出口	7.1	3.1	0.01	11	0.78
处理效率（%）	—	80.2	83.3	86.2	43.9

通过海水养殖尾水排放标准当前两个主流技术的实际应用，可以看到通过有效处理技术的应用，可以有效去除海水养殖尾水中主要污染物，并满足海水养殖尾水

排放标准的要求，甚至可以循环回收再用于海水养殖，实现海水养殖的零排放。通过项目的实施和示范性应用，为"十四五"规划及以后海水养殖尾水的处理提供了实践经验和达标的信心，势必会促进海水养殖尾水处理技术的发展和政策的落地、标准的颁布，进而推动海水养殖的绿色发展和污染治理，减少污染排放，提升水环境质量。

第 10 章　港湾黑臭水体修复

10.1　工程实施背景

根据第 3 章的分析，位于廉州湾南部的北海市外沙内港黑臭水体是影响廉州湾水环境的主要因素，因此本章重点介绍北海市外沙内港的黑臭水体修复工程实践。

10.1.1　外沙内港概况

北海港作为中国对外贸易重要港口，是北海市六大港口之一，外沙内港是北海港的一个内港。外沙内港从地角至外沙港口总长 3 459.9 m，宽 36~160 m，面积 45.15 万 m^2，港池水深 0~5 m。其中外沙桥以东长 531 m，平均宽 49 m，面积 2.6 万 m^2；外沙桥与区渔船厂之间长 623 m，平均宽 105 m，面积 6.5 万 m^2，尚没有被充分利用；区渔船厂桥至西港口入口处长 1 500 m，平均宽 160 m，面积 24 万 m^2，已被全部利用，是最拥挤地段，港务、航运、外出捕捞、水产以及军用码头均在其中；西港口至地角避风港长 800 m，平均宽 150 m，面积 12 万 m^2，是渔船主要停泊和避风区。

外沙内港作为区域经济发展的重要因素，已经受到越来越多的关注。作为一个历史悠久的渔港，可容纳上千艘船只，已成为一个观光旅游的好地方和渔船等船只停放的港湾。但随着区域的发展，也同时带来了日益突出的环境问题，区域市政基础配套设施落后，尤其区域污水管网不完善，部分排水系统为合流制排水体制，工厂废水、渔船洗舱水和生活污水等未经处理达标直接排入外沙内港；沿线生活垃圾、工业废弃物随意堆放，部分垃圾随雨水冲刷进入内港；管理不到位，废弃船只弃置在港池里，垃圾漂浮在水里无人打捞等，造成了水体污染严重，港口生态环境恶化，尤其落潮时底部淤泥显露，并散发出恶臭。

10.1.2　黑臭水体污染成因

海洋污染物总量的 85% 以上来自陆源污染物，其主要成分是化学需氧物质、氨氮、油类物质和磷酸盐四类，合计占总量的 95% 以上，还有硫化物、锌、砷、铅、铬、挥发酚、氰化物、铜、镉、汞等。结合外沙内港目前周边环境现状，水体污染物主要来自主城区居民生活污水、养殖废水、船舶污染、城镇生活垃圾等以点源、面源或其他形式进入港池的污染。因此，外沙内港水体污染源可分为点源污染、面源污染、内源污染、船舶污染四个方面。

1）点源污染

点源污染包括各类未完成内源截流直排的排污口及沟渠排水。

2）面源污染

面源污染是以非点源形式进入城市水体的各种污染源，主要包括各类降水所携带的污染负荷、城乡接合部分散式畜禽养殖废水的污染等。由于历史原因，北海市主城区排水管网和排水设施不完善，污水与雨水为同一管网排放。外沙桥至地角段暂时没有统一排水管网，企业、商铺与周边居民排水管尚未截污，雨水、污水直接排放进入内港；无初期雨水调蓄设施，下雨时，雨水冲刷路面带来的油污、粉尘及其他污染物进入港池。

3）内源污染

内源污染包括底泥污染、浮油污染、岸带垃圾污染。①底泥污染。当水体被污染后，部分污染物日积月累，通过沉降作用或随颗粒物吸附作用进入水体底泥中，在酸性还原条件下，污染物和氨氮从底泥中释放，厌氧发酵产生的甲烷及氮气导致底泥上浮也是水体黑臭的重要原因之一。②浮油污染（图 10-1）。由于船舶漏油、含油洗舱水等随意排放，使港池内油污漂浮水面，加之船舶舱底油污水及修船产生的油污水处理不当而进入内港引起内港部分水面有油污膜，这也是水质差的原因之一。③岸带垃圾污染（图 10-2）。外沙内港的港池及岸带由于人为的垃圾丢弃和堆放，对水质造成了潜在污染。虽然相关部门已经安排外业公司对港池大部分区域垃圾进行打捞，但是港池浅水区域及陆地岸带的建筑垃圾并无专人清理，这些垃圾的存在都将成为潜在的污染源。

图 10-1　浮油污染

图 10-2　岸带垃圾污染

4) 船舶污染

根据水产部门提供的资料,内港现有大小渔船约 1 000 艘,且大多数渔船都停泊在本锚地,另外每年来本港停泊和装卸作业的外地渔船还有 500 艘左右,因此每年总共有约 1 500 艘的渔船常年在本港靠泊、卸鱼和避风等。其船型以 400 t 及以下船型为主,约占船舶总数的 80%,500 t 以上船型占 20%。台风期和伏季休渔期进入锚地的渔船数量更是多达 3 000 艘，最多时达 4 000 艘。船舶的压舱水、洗舱水、船舶漏油或维修清洗产生的油污，渔民的生活污水直接排入内港，同时因船上居民环保意识不高，船舶停靠产生的大量生活垃圾，以及随意排放入海的废水加重了水体自净的负担，也成为港池污染的主要原因之一（图 10-3）。船舶污染主要来自船舶废水和船舶垃圾污染，具体污染量估算见表 10-1。

图 10-3　船舶污染

表 10-1　船舶污染物的产生量（单位：t/a）

	船舶污染项目	普通季节 8 个月（1 500 艘）	台风及休渔期 4 个月（4 000 艘）	备注
船舶废水	船底含油污水	210	68 880	污水含油 100~300 mg/L
	生活污水	225	73 800	人数为 3 人/艘，船员人均排水量 0.05 m³/d
	压载水	280	34 440	水量为船舶重量的 5%~15%
	洗仓水	120 000	39 360 000	水量为船舶容量的 1%~3%
船舶垃圾	生活垃圾	2.25	738	人数为 3 人/艘，渔民人均每天生活垃圾产生量按 0.5 kg/d 计

10.2　工程概述

外沙内港水体水质恶化不仅影响了两岸居民正常生活，同时也影响北海市旅游的发展和城市整体形象，因此对外沙内港水体进行治理迫在眉睫。2016 年 7 月，北海市政府办公室印发的《北海市外沙内港、侨港内港、南沥渔港水体整治工作方案》指出：通过采取探源截污、垃圾清理、清淤疏浚、生态修复等措施，加快推进北海市外沙内港、侨港内港、南沥渔港水体整治工作，逐步改善全市内港水质，保护北海市海洋生态系统。为完成水体治理目标，北海市城市管理局对北海市外沙内港、侨港内港、南沥渔港水体进行整治。

根据整治方案内容，结合水体整治技术进行综合分析，完成了外沙内港黑臭水体整治工程，包括：①控源截污工程：完善沿岸各单位排水支管，包括已发现的8处新增零星排口，使其自流入现有市政污水管网，最终杜绝沿岸污水直排入港池。②初期雨水处理工程：沿港池地角岸带段新建雨水明渠，后汇至地角码头的初期雨水调蓄池，最终将收集的初期雨水在红坎污水处理厂运营闲时送往处理厂处理。③内源治理工程：包括垃圾清理工程和浮油治理工程，垃圾清理工程是指对沿岸生活垃圾和建筑垃圾的收集处理；浮油治理工程是指对港池内浮油进行收集处理，建油污接收池。④其他工程：包括水系连通工程和信息化管理工程，水系连通工程是指在港池外侧新建一座一体式泵站，将外海干净海水抽至港池内，促进海水流动和对污染物的稀释能力；信息化管理工程是指新建3座水质自动监测站及监控系统。

具体整治技术路线如图10-4所示。

1)控源截污工程

该工程实施目的是完成外沙内港周边排水口污水截流整治，使区域污水截污率大于等于95%，改善北海市人居环境、旅游城市品位及投资环境。外沙内港周边多属于老城区，部分地区未按规划建设，目前只有主干道铺设有污水主干管，主干道至港池一带居民区的污水支管并不完善，大部分片区均为散排，港池周边单位或厂区的污水均直排入港池内。项目对港池周边各单位直排口进行摸排，并对沿岸各直排口进行整治截污，完善港池周边的污水支管，使大部分管道能通过重力自流进入就近的市政污水主干管内，少部分无法实现重力自流的排污口，通过汇集后利用泵提升排入市政管网内。截污管网完善工程分为南北两段，北段为入海口自西向东至外沙桥段，南段为渔政码头自西向东至外沙桥段。

(1)外沙内港北段截污方案。港池北岸主要为船厂、水产养殖加工厂等单位，从最西端外沙消防站、水上边防派出所，往东有外沙冰厂、新奥海运船厂、广西渔轮厂等十余家单位目前污水均为散排，采用DN400支管从最西端外沙岛消防站逐一完善各单位排水支管，使单位污水通过支管流入明珠路污水主干管，最终经外沙半岛处提升泵提升至红坎污水处理厂处理。

(2)外沙内港南段截污方案。港池南岸主要为渔政、军事、货运码头和少部分

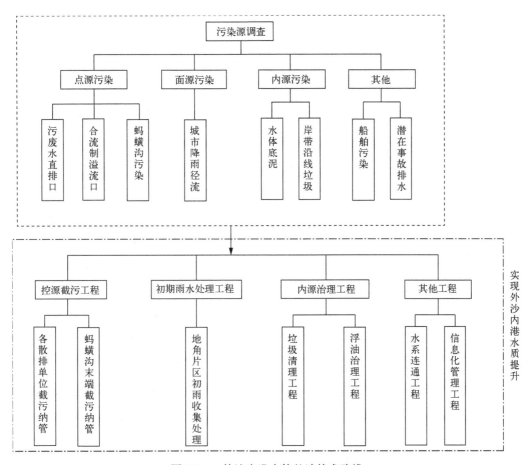

图 10-4 外沙内港水体整治技术路线

水产加工厂，采用 DN400 支管将南岸各单位内污水支管完善后接入海角路现有市政污水管道内，最终汇入外沙桥泵站经提升后送至红坎污水处理厂。晴天时，将蚂蟥沟末端收集到的污水通过提升泵提升至地角路现有市政污水管网。

2）初期雨水处理工程

该工程实施的目的是通过初期雨水处理工程，解决地角片区初期雨水的面源污染，以减少进入外沙内港的初期雨水污染。结合外沙内港地角段的实际环境条件，目前该片区多为混凝土路面，加上初期雨水量较大，污染较严重，故不适宜使用源头分散控制措施，采用收集调蓄处理的方法解决初期雨水污染问题。主要措施是通过新建初期雨水调蓄池对雨水进行收集后，在污水处理厂运营闲时运送到红坎污水处理厂处理。

3) 内源治理工程

该工程是全面清除外沙内港范围内的海面浮油和垃圾,营造海洋良好的生态环境,包括浮油治理工程、垃圾清理工程。

(1)浮油治理工程。本工程属于内港水体,因涨潮、落潮等水体质量(污染物浓度)起伏较大,与外海水交换频繁,水环境不稳定,不适宜使用分散法和凝固法去除浮油,因此选用围栏法和吸附法联合处理。由于水面浮油大部分分散在水里,密度不大,达不到可燃点,且周边船舶较多,不适用燃烧,同时考虑价格等因素,浮油处理技术在对浮油进行围栏的基础上,采用绳式撇油器、抽吸式溢油回收船或黏附式溢油回收船对浮油进行回收处理,部分浮油较分散区域可以使用集油剂,配合提高浮油收集效率。收集到的油污将委托当地具有船舶油污回收资质的企业,处理回收油污并依规处置渔船废油废水,杜绝油污对环境产生二次污染。为防止船舶油污进入水体,同时配备建造 20 座油污接收池和 2 艘油污接收船,鼓励渔民将油污上岸处理,渔民将固体废弃物及船舶油污运回处理点进行统一处理。

(2)垃圾清理工程。对外沙内港港池及沿岸垃圾进行全面清理。根据现场调查,外沙内港废弃船只大大小小约 50 艘,以老旧木制船只居多,另外水体上漂浮一些如泡沫、塑料瓶、塑料袋等垃圾。根据估算,水体废弃船只和漂浮垃圾量约 450 t,岸带垃圾 600 t。由于外沙内港停泊船只较多,航道狭窄,因此港池垃圾主要采用体形较小的水上垃圾打捞船和水上智能清污机器人进行打捞清理;岸带垃圾则根据垃圾堆量大小和位置选择人工收集清理或机械清理。同时根据周围环境情况布设垃圾收集设施,对港口岸带垃圾分类收集,在后期运营中配备 2~3 名清洁工定期清理及外运。垃圾收集后统一运送至生活垃圾处理厂进行处理。

4) 其他工程

其他工程包括水系连通工程和信息化管理工程。

(1)水系连通工程。水系连通工程是将外港水质较好的海水通过压力管引入港池内,对港池水体进行补充,提高内港与外港海水的流动和交换,进一步消减港池污染物,以解决地角片区因水体流动性差导致的水质污染问题。

(2)信息化管理工程。信息化管理工程是为了实时监测水质信息,保护重点水生态环境。监控中心对河道水质监测信息、视频监控情况、设备运行情况等进行报表统计和数据曲线分析,可以判断水质类别、水质污染物和其他各指标的超标情况,根据要求进行数据处理,可以进行不同时段的数据对比,在计算机网络及其他基础设施支持下对采集的水质参数信息、监测站点视频、设备运行数据进行分析处理，能自动生成日报、周报、年报等各种报表、图表，并能动态制定各种报表。通过数据传输整合，综合信息展示及管理，全面建立"外沙内港智慧河道管理平台"，完成港口重点断面的水质、水利、视频图像等信息在线管理，推广"港口智慧管理"体系化技术理念与整体方案，推进流域信息化、现代化、可持续发展，提供全新的海港综合管理模式，为外沙内港管理与综合治理提供便利。

10.3　工程实施情况及效果

工程项目选址位于北海市外沙内港，全长约 3.45 km，宽 36～160 m，面积约 45.15 万 m²。通过控源截污、初期雨水处理、内源治理(垃圾清理工程和浮油治理工程)和其他工程(主要为水系连通工程)对外沙内港水体进行综合整治，消除内港"黑臭"水体，实现外沙内港综合环境和水质提升。

通过对外沙内港黑臭水体的整治，从源头上解决港池水体污染问题，进一步改善了外沙内港水环境质量(图 10-5)，具有良好的环境效益、经济及社会效益。

图 10-5　外沙内港黑臭水体治理后环境

(1)有利于区域治污工程的实施。外沙内港作为区域经济发展的重要因素，水质污染将会影响到城市环境和区域旅游发展。近几年来，随着区域经济的发展，污水日益增多，内港水质污染也日益严重。污染源主要来源是沿港两侧工厂排放污水及居民生活、酒店餐饮、渔船等所排放的污水和垃圾。通过水体治理，两侧实施垃圾清理、污水截留、清除淤泥等，不但有效减少水体污染，也满足了北海水体减排工程和水体治污的要求。

（2）有利于自然生态的恢复。天然水体是相互联系的统一体，而这种联系是一种有机的动态联系。提高水系的水质和生态环境，从生物种群的角度上看，可以增加水体的生物多样性；从系统层次与景观模式上看，扩大了水体的结构组成和功能，增加了水体系统的复杂特性，使其具备很高的抗逆能力，同时也增加了水体生态系统的稳定性。

（3）有利于北海旅游业的发展。良好的环境包括经济环境、人文环境、城市景观和城市风貌。改善北海市目前的海港水环境，也就是改善城市的景观和风貌，增强北海市城市发展潜力，增加城区环境资源的承载力，为旅游业的快速发展创造良好的环境保障。水体治理后，水质将大大改善，水体恶臭将逐渐减弱直至消失，大大提高了水体的卫生环境和区域景观环境，有助于北海旅游业的发展。

（4）加强近岸海域环境保护的重要举措。通过采取综合性、针对性措施，全面实施入海河流流域综合整治工程，加大沿海污水的截留和城乡生活污水垃圾处理力度，强化沿海企业污染治理，加强船舶港口污染防控，完善码头治污设施，建立陆海统筹、天地一体的近岸海域环境保护全防全控体系。项目的实施，有助于指导沿海地区合理开发利用海洋资源，优化布局临海企业项目，有效利用环境容量，保护珍稀海洋资源和海洋生态环境，促进沿海地区经济可持续发展和海洋资源的永续利用。

（5）是区域人民健康需求的保障。择水而居是现代人追求的一种时尚，也是城市居民对自然的一种向往。项目沿岸部分地段人群居住密集，内港水体水质污染严重，尤其落潮时淤泥裸露有恶臭逸出，对周边居民正常生活产生不利影响，同时也对他们的健康存在潜在风险。项目的实施将有效消除环境污染安全隐患，保障人民正常生活和生命健康。同时，改善水环境无疑会刺激水体周边经济和商业、旅游业的发展，提升城市居民的居住质量，创造休闲舒适的娱乐环境，为构筑现代化城区打下坚实的基础。

第三篇

陆海统筹水环境治理成效评估

第 11 章 重点治理任务落实

"十三五"期间，针对南流江-廉州湾流域各项问题，广西壮族自治区党委、各级政府坚持"绿水青山就是金山银山"的绿色发展理念，结合陆海统筹治理目标，坚持系统治理、源头治理、协同治理，针对区域重点问题因地制宜推进流域畜禽养殖污染、生活污染、工业污染等治理工作，强力推进将南流江-廉州湾流域水环境综合工作纳入自治区重大项目，取得显著成效。

11.1 保障措施

1) 成立自治区级工作指挥部

南流江是广西流程最长、流域面积最大、水量最丰富的独流入海河流。随着全流域经济发展，污染物排放量日益增大，南流江水质呈逐年下降趋势，成为广西境内污染最严重的河流之一。面对日益严重的水污染，广西壮族自治区政府高度重视南流江水环境治理工作，多措并举全面推进南流江治理。

针对流域呈现的污染问题，自治区成立重点流域生态保护和环境治理工程建设指挥部，全面统筹推进重点流域生态保护和环境治理工作；流域内北海市、钦州市、玉林市均成立了南流江治理工作指挥部，统筹推进南流江治理工作。

各级党委、政府把流域治理保护工作纳入党委、政府的重点工作，作为首要任务、头号工程。相关部门，按照职责分工，各负其责，密切配合，形成强大合力，齐心协力做好南流江流域生态保护和环境治理工作。

2) 强化政策保障

(1) 完善法律法规。从 2018 年起，流域地方政府玉林市、钦州市和北海市结合地方水污染防治实际工作情况，先后出台了《玉林市南流江流域水环境保护条例》《玉林市禁止生产销售使用含磷洗涤用品条例》《玉林市苏烟水库饮用水水源保护条例》《北海市养殖水域滩涂规划（2018—2030）》等畜禽养殖污染源、重点污染行业工业污染源、水源地保护等专项整治法规和条例，严格贯彻落实国家和地方各项环境质量标准及城镇污水处理、污泥处理处置、农田退水等污染物排放标准。

（2）制定精准工作方案。为确保流域治理工作顺利推进，2018—2020 年，广西通过对南流江-廉州湾陆海统筹治理研究，制定了 2016—2030 年近期和远期不同阶段的总量控制方案和绩效目标，将污染物削减和工程项目落实到各控制片区，相继印发了《2018 年南流江流域水环境综合治理攻坚方案》《南流江流域水环境综合治理工作联席会议制度》《广西水污染防治攻坚三年作战方案（2018—2020 年）》《2019 年南流江流域水环境综合治理攻坚方案》《南流江北海流域主要支流水环境综合治理工作方案》《北海市 2019—2021 年南流江流域生态保护和环境综合治理攻坚方案》《玉林市 2019 年南流江流域水环境综合治理攻坚方案》《2020 年南流江流域水环境综合治理攻坚方案》等一系列方案，其中广西壮族自治区政府印发实施《南流江-廉州湾陆海统筹水环境综合整治实施方案（2016—2030）》，要求玉林市、钦州市和北海市政府会同生态环境厅和自治区相关部门按照职能分工加强南流江-廉州湾相关工作。

通过各项工作方案建立了南流江流域统筹协调机制，实行南流江-廉州湾流域水污染防治统一规划、统一标准、统一监测、统一防治措施，明确治污方向、水质目标、治理任务、责任单位和完成时间节点等，要求以"控磷除氮"为重点，抓好养殖、生活、工业、农业面源等污染治理，压实各级各部门责任，聚焦问题治理，精准施策，督促指导南流江流域水环境综合整治工作。

3）加大执法力度

2018 年，广西壮族自治区生态环境厅制定了南流江督查工作方案，并于 2018 年 4—12 月共开展了 12 次督查，此后 2019—2020 年每年开展 4 次以上定期督查，督促相关市、县加快整改，加强技术指导，及时通报南流江水质状况并跟进综合治理进度。加强环境执法力度，建立南流江-廉州湾流域工业企业和畜禽养殖企业红黄牌管理制度，由自治区检查组逐一排查流域内工业企业排污情况，企业应采取措施确保稳定达标；对超标和超总量的企业予以"黄牌"警示，一律限制生产或停产整治；对整治仍不能达到要求且情节严重的企业予以"红牌"处罚，一律停业、关闭。严厉打击环境违法行为。加大对南流江-廉州湾流域内非法排污、非法采砂、破坏生态环境行为的查处和打击力度，严肃查处建设项目环境影响评价领域越权审批、未批先建、边批边建、久试不验等违法违规行为。对构成犯罪的，要依法追究法律责任。

4）加大资金投入

（1）多种途径争取资金。流域内各级政府和各有关部门加大对流域环境保护支持力度，积极争取中央资金，并整合市本级预算内基本建设资金、农业相关资金、水利相关资金用于水污染防治的重点工作。积极引导社会资本投入，以畜禽养殖企业、城镇生活污水、垃圾收集处理和工业园区为重点，推行环境污染第三方治理。推动政府和社会资本合作模式（PPP），吸引社会资金投入水污染防治重点项目的建设和运营。对第三方污染治理企业采取财政补贴、减免税收手段，确保第三方污染治理企业合理的盈利能力，提高社会资本参与环保产业的积极性。

2016 年以来，广西壮族自治区财政厅下达 3 360 万元污染防治资金项目，用于开展南流江水污染综合整治。2017 年，玉林市累计投入南流江资金约 38.2 亿元。2018 年，玉林市和北海市累计投入 13.2 亿元财政资金用于流域污染综合整治。2019 年，自治区、市、县三级继续加大投入，共筹集资金 15.27 亿元，其中争取上级专项资金超 9 亿元，获得债券资金额度 7 亿元，全面推进南流江流域治理。其间，玉林市经济开发区污水集污干管工程、北海市合浦县廉州镇北河水系整治工程等项目获准纳入国家水污染防治中央储备库，获得数亿元国家治理资金。

（2）加强资金监管。加强对污染治理资金管理使用情况和水污染防治工程项目建设情况的监督，严格落实污染治理资金专款专用，提高工程项目建设质量，杜绝专项资金被截留挪用、工程项目建设弄虚作假、偷工减料等情况的出现。依据《广西环境污染第三方治理实施细则》，对第三方治理项目进行严格监管。各项专项资金采用月报制度，及时掌握项目进展，切实推进项目进度。

5）强化管理机制

（1）加强绩效考核机制。2016 年以来，广西壮族自治区生态环境厅每年和流域地区玉林、钦州、北海三市政府签订了目标责任状，对南流江流域水环境综合治理进行绩效考核，倒逼和推进流域污染治理目标。玉林市、钦州市和北海市政府是规划的责任主体和实施主体。各地级市按照广西壮族自治区生态环境厅的统一部署，开展以污染减排为抓手，以确保环境安全为底线，严格落实生态环境厅"六步工作法"，即专业查污、专项控污、帮企减污、督政治污、依法惩污、公众评污。加大环保督察力度，落实地方党政环境保护责任，实行"党政同责、一岗双责"，提高治污的效果。对不顾生态环境盲目决策，导致水环境质量恶化，造成严重后果的领导干部，视情节轻重，给予组织处理或党纪政纪处分。涉嫌违法犯罪的，移送司法机关依法处理。已经离任的也要终身追究责任。

（2）全面推行排污许可。2017 年年底前，各市政府均完成南流江范围内污染源排污许可证发放工作，完成全区排污许可证管理信息平台建设。以水质改善、防范环境风险为目标，将污染物排放种类、浓度、总量、排放去向等纳入许可证管理范围。禁止无证排污或不按许可证规定排污。

（3）依法公开环境信息。玉林市、钦州市和北海市政府每年通过互联网等形式公布行政区域内六司桥、玉林市站-钦州市站断面、南域、亚桥、江口大桥、武利江（东边埇）等重点水质断面，以及江口水库、大容山水库-苏烟水库、绿珠江水源地、南流江总江口饮用水水源保护区、小江水源地等重点水源地的水质信息。每年公开规划项目落实情况，对未能如期完成的项目和投资要进行说明。各地级市确定的重点排污单位应依法向社会公开其产生的主要污染物名称、排放方式、排放浓度和总量、超标排放情况，以及污染防治设施的建设和运行情况，主动接受监督。

6）加强技术支撑

（1）开展流域水污染防治技术研究。结合南流江-廉州湾流域水污染防治的实际情况，广西壮族自治区开展南流江-廉州湾流域水环境承载力和质量目标管理研究、高架网床养殖技术研究、畜禽养殖污染全过程控制技术及示范研究、北海市总氮总量控制方案研究、南流江流域水环境容量动态分配研究和北海市红坎污水处理厂尾水资源化利用及其对近岸海域水质的影响研究，为南流江-廉州湾流域水污染防治提供坚实的技术支撑。一是加大水质预测预警力度，每月在全区地表水断面水质监测结果出来后，及时召开全区水环境质量分析会，对南流江、九洲江、钦江、漓江等重点流域水质数据开展同比、环比分析，及时掌握考核断面水质变化情况，查找原因、提出建议。同时预测下月水质状况，提醒相关市存在的水质风险点，预先做好防范。二是组建水污染防治专家团队，不定期组织水专家团队到钦州、玉林、北海等水质没有稳定达标的市开展现场指导，充分发挥专家团队的作用，帮助各市查找原因，提出针对性解决措施。三是建立重点流域污染防治三维地理信息系统，通过信息化手段全面、直观掌握南流江流域水污染状况，识别主要污染来源，实时监控水质变化情况，实施精准治污。目前已建立了南流江流域污染防治三维地理信息系统。

（2）大力发展环保产业。以污水收集和处理、垃圾收集和处理、工业园区污染治理为重点，推行南流江-廉州湾流域环境污染第三方治理，采用 PPP 等形式吸收社会资本参与污染治理，促进环保产业良性发展。针对南流江流域畜禽养殖量大、畜禽养殖污染较重的现状，扶持建设畜禽养殖有机肥收集和加工企业，提供畜禽养殖粪便收集、加工、运输和使用一条龙服务。重点发展新型生态工业，大力发展生态农业，积极推进生态服务业，推动传统产业生态化改造，打造生态产业园区，把末端治理变为源头控制。对涉及环保市场准入、经营行为规范的法规、规章和规定进行全面梳理，废止妨碍形成统一环保市场和公平竞争的规定和做法。

11.2 污染物排放控制

1) 狠抓畜禽养殖污染

畜禽养殖污染是南流江首要污染源，养殖污染约占流域污染的 46%。为抓好畜禽养殖污染这个"大头"，全面落实《广西畜禽规模养殖污染防治工作方案》的部署，广西壮族自治区环境保护厅联合农业厅科学合理规划养殖布局，划定干支流禁养区限养区，禁养区内养殖场全部清拆（含去功能化）搬迁；小散养殖场推广干清粪模式，开展"截污建池、收运还田"；2017 年年底，南流江-廉州湾流域禁养区的地理标注工作完成率达 100%；2018 年年底，禁养区内畜禽规模养殖场（小区）的关闭或拆迁率达 100%；到 2020 年，畜禽规模养殖场（小区）均建有与粪污产生量相匹配的粪污处理设施和贮存利用设施，粪污综合利用率达 90%。治理期间畜禽养殖造成的面源污染得到有效控制，农村环境质量得到有效改善。

推进畜禽养殖方式转变，提高养殖废弃物综合利用水平。广西壮族自治区鼓励和推广高架网床养殖模式，规模养殖场重点推广"高架床-有机肥-益生菌-种植""异位发酵床"、粪污收集服务合作社等多种生态养殖模式，提高粪污综合利用率。2018 年流域内完成了 50% 以上的规模化养殖场和养殖小区采用高架网床养殖模式改造。对南流江干支流 200 m 范围内畜禽养殖进行全面调查和重点改造，综合采用高架网床改造、搬迁等多种手段，基本实现干支流 200 m 内零排放。

开展治理以来，玉林市南流江流域累计清拆（含去功能化）养殖场 1.93 万家，清拆栏舍面积达 365.32 万 m^2；推广"益生菌-低架网床-异位发酵粪肥利用"等生态养殖模式，生态养殖场达到 1 559 家，现代畜禽规模养殖场生态养殖认证率达 95%；完成粪污处理设施装备配套 3 166 家，配套率达 98.22%；畜禽粪污综合利用率达 93.05%。北海市对南流江沿岸乡镇的 487 个养殖场进行"一场一册"入户登记，累计完成 98 家畜禽养殖户的搬迁和整治，完成了养殖禁养区 200 m 范围内畜禽养殖场清理；推广"微生物+"生态养殖模式，目前全市认证生态养殖场共 141 家；全市畜禽粪污综合利用率达 85.65%，规模化畜禽养殖场设施装备配套率达 100%。钦州市在灵山县、浦北县实施畜禽粪污资源化利用整县推进项目，升级改造生猪规模养殖场 692 个，建设有机肥厂 2 个、大型沼气池 2 个；全市规模化畜禽养殖场设施装备配套率达 92.69%，畜禽粪污综合利用率达 89.3%，认证生态养殖场 510 家。合浦县畜禽粪污综合利用率达 86.75%，完成配套建设粪污处理设施的规模养殖场有 117 家，设施配套率达 100%。广西壮族自治区合计共 115 家畜禽养殖场通过生态养殖场认证，并获得了"广西现代生态养殖场"称号，认证率达 91.27%。

2) 推进生活污染治理

生活污染是南流江第二大污染源，流域内人口众多，生活污水排放量巨大，由于配套管网建设严重滞后，生活污水收集率过低，生活污染约占流域污染的 30%。生活污染的治理迫在眉睫。广西壮族自治区财政厅、生态环境厅、住房和城乡建设厅通过加大资金投入，完善城乡污水处理厂配套管网建设。截至 2020 年，玉林市、钦州市和北海市各政府累计投资 33.0 亿元，开展南流江-廉州湾污水处理设施及配套管网建设，对市内现有合流制排水系统加快实施雨污分流改造；对于难以改造的，采取截流、调蓄和治理等措施。新建污水处理设施的配套管网实现同步设计、同步建设、同步投运。结合海绵城市建设，城镇新区建设实行雨污分流，推进初期雨水收集、处理和资源化利用。截至 2020 年，流域地区新增玉林城区污水管网 55.9 km，镇级污水处理厂管网 141.4 km；完成沿江城区 34 个生活直排口截污。北海市南流江流域 6 个镇级污水厂建成污水管网 33.16 km；全市需要整治的入河排污口问题共 26 个，目前已完成 24 个问题的整治。钦州市流域内武利镇二期截污工程预计敷设管网 1.255 km，现已完成管道混凝土基础；浦北县安石、大成、石埇等镇级污水处理厂新增污水管网 8.2 km，泉水、石埇等镇实施雨污分流管网改造 5 km，整治流域入河排污口 2 个。

对县级污水厂全部进行提标改造至一级 A 排放标准，提高污水收集率、进水浓度、负荷率及处理率；2017 年年底前完成对玉林市美林污水处理厂、北海市红坎污水处理厂的提标改造，处理后的污水达到一级 A 排放标准；2018 年年底所有 8 个县级以上污水处理厂全部达到一级 A 排放标准，涉及总设计规模 53.5 万 m³/d。推进了乡镇污水处理设施建设。"十三五"期间，玉林市建设 36 个乡镇污水处理厂，日处理规模为 500 ~ 1000 t，配套建设污水管网；钦州市建设 13 座 500 ~ 5 000 t/d 处理能力的乡镇污水处理厂，处理生活污水总规模约为 19 300 t/d，并配套铺设污水管网；北海市建设 7 个处理污水能力 500 ~ 1 000 t/d 的乡镇污水处理厂及铺设配套管网。重点乡镇驻地污水收集处理率达 40%。开展治理以来，流域内 5 个县级以上污水处理厂已完成提标改造；61 个镇级污水处理厂全部建成并投入运行，实现全覆盖；建成农村污水处理设施 568 套；建成生态湿地 68 套。玉林市流域内马坡镇、米场镇、菱角镇、沙河镇等镇级污水处理厂完成提标改造；博白县 21 家镇级污水处理厂完成除磷工艺设备安装并试运行。

3) 强化工业污染防治

流域内企业数量多达 2 万家，其中绝大多数的小企业管理粗放，散、乱、污现象非常严重；8 家工业集聚区就有 6 家未建设污水处理设施，未安装自动监测设备，工业污染约占流域污染的 20%。为抓好工业污染防治，广西壮族自治区生态环境厅每年不定期开展涉水企业"铲污除险"专项整治，加大环境执法力度，打击环境违法行为，全面加强环境监管执法。流域内各部门狠抓落实，推进整改，要求流域"散乱污"企业全部"退城进园"，污水集中处理，实现环保治理提档升级。

以南流江流域内水洗、制革、造纸和印染行业为重点，广西壮族自治区生态环境厅制定专项整治工作方案并进行专项治理，按照"污染治理达标排放""搬迁入园升级改造""淘汰关闭落后产能"三项整改原则，确保企业污水达到规定排放标准。加强对流域内有毒有害污染物排放企业的监管，主要包括排放六价铬、氰化物等污染物的企业。2017 年，南流江流域造纸行业完成纸浆无元素氯漂白改造或采取其他低污染制浆技术，水洗印染行业实施低排水工艺改造，制革行业实施铬减量化和封闭循环利用技术改造，共完成 47 家重点企业整治，其中玉林市 41 家，北海市 6 家。

强化南流江-廉州湾流域经济技术开发区、高新技术产业开发区、出口加工区等工业集聚区污染集中治理，集聚区内工业废水必须经预处理达到集中处理要求方可进入城市污水集中处理设施。"十三五"期间，工业集聚区推进配套污水管网建设，建设污水处理厂和处理站，提高中水回用率。其中，玉林市玉柴工业园建设污水处理泵站 2 座，配套建设污水管网 20 km，污水接入玉林市污水处理厂；玉林(福绵)节能环保产业园建设年处理废水 3 300 万 t(即日处理废水 9 万 t)，年中水回用

990 万 t(即日中水回用 2.7 万 t)的污水处理厂,配套建设污水管网;博白县城东工业园区建设接入县城区污水处理厂的污水管网约 6 km;广西农垦旺茂新型建材产业园建设污水处理厂日处理污水能力 3 万 t,同时配套铺污水收集输送系统;陆川县北部工业集中区建设日处理规模为 1 万 t 的污水处理厂,配套建设污水管网,出水达到一级 A 标准。钦州市浦北县泉水产业园建设日处理污水 1 000 t 设施;张黄产业园建设日处理污水 2 000 t 设施;武利工业园建设日处理污水 3 000 t 污水处理站,配套建设污水管网。

自开展治理以来,流域内 11 个工业园区污水处理设施正常运行,尾水达标排放,其中玉林市 7 个工业园区完成基础设施投资 10.82 亿元,玉林(福绵)节能环保产业园污水厂出水总磷达到地表水 IV 类标准限值。玉林市对排查发现的"散乱污"企业进行分类整治,全市"散乱污"企业共 285 家,284 家已完成整治,完成率为99.6%。北海市多次对南流江流域石康镇、常乐镇周边入河排污口开展综合执法检查。钦州市加大制糖、造纸、丝绸等重点涉水企业监管检查,对非法生产企业进行查处。2020 年共出动执法人员 420 人次,检查企业 180 家次,立案查处环境违法行为 4 件。

4)完善垃圾收集和处理

2017 年起,流域内各县(区、市)、乡镇、村积极建设符合本地实际的农村垃圾分类、收集、转运和处理设施网络。推进垃圾分类收集,实现垃圾源头减量。在现有的县城(城区)垃圾处理体系基础上,新建或改建乡镇运转设施或片区处理中心,因地制宜地形成"村收镇运县处理""村收镇运片区处理"的农村垃圾治理模式。2017 年实现流域内 100% 乡镇建有垃圾运转或处理设施;90% 的村庄垃圾得到有效处理。2020 年流域内垃圾日收集能力达到 1 885 t,日处理垃圾能力达到 2 000 t,建设垃圾焚烧发电工程。

5)加强农村环境综合整治

以建设"美丽广西·清洁乡村"为契机,流域内各级政府积极推进农村环境综合整治,建设清洁家园、清洁水源、清洁田园,整治农村环境卫生;治理乡村小河流、排水沟,清理水面漂浮物;清除各种农业生产废弃物;大力推广农业清洁生产实用技术,控制农药的过量使用。"十三五"期间,南流江流域完成 284 个行政村环境整治,建设农村污水处理设施及配套工程、垃圾收集设施、畜禽养殖小区污染治理设施和饮用水源地保护设施等。采用增加分散小湿地、生态补水的措施,治理农村和农业面源污染。2020 年，北海市为加快推进水源地周边农村生活污水处理，争取到中央农村环境整治资金及南流江流域水环境综合治理攻坚战资金，建设 41 套集中式农村生活污水处理设施及 10 套分散式农村生活污水处理设施，大力实施南流江环境综合整治等基础设施项目。

6) 加强农业面源污染控制

玉林市、钦州市和北海市积极推进农业面源治理和节水工程实施。"十三五"期间，三市分别投入 200 万元，实施测土配方施肥，农作物病虫害综合防治和绿色防控，推广微灌滴灌等农业节水净化工程。截至 2020 年，各市测土配方施肥技术覆盖率达 90%，畜禽粪便养分还田率达 75%，农作物秸秆养分还田率达 60%；机械施肥面积占主要农作物种植面积的 10% 以上；主要农作物肥料利用率达 40%。截至 2020 年，北海市推广秸秆还田 4.5 万 hm^2，完成中低产田改良 0.5 万 hm^2，推广测土配方施肥技术 10.7 万 hm^2/次，推广节水农业技术面积 6.8 万 hm^2，其中水肥一体化技术推广面积 1.8 万 hm^2。

11.3　经济结构转型升级

1) 实施生态化产业转型

依法淘汰落后产能，加快创新驱动发展和绿色发展转型，化解过剩产能，推进循环经济和清洁生产。南流江-廉州湾流域各级政府加大对水洗、造纸、制革、食品加工等重点企业的监管力度，开展清洁生产和技术升级，对不能达到污染物排放标准的企业依法淘汰。大力开展生态化畜禽养殖，鼓励发展高架床等生态养殖模式，逐步淘汰落后的养殖工艺，禁止新建水冲式养殖企业。严格环境准入。严格控制影响水体的化学需氧量、氨氮、总氮、总磷及五类重点重金属（汞、铅、六价铬、镉、砷）等污染物总量。新建、改建、扩建涉及上述污染物排放的建设项目，必须满足南流江-廉州湾水环境质量以及污染物总量控制要求，符合工业企业环境准入规定，对现有的"两高"项目，狠抓污染防治，对造纸、钢铁、氮肥、印染、制药、制革六大重点行业企业实施清洁化改造，减少污染排放。2018—2020 年，北海市、玉林市和钦州市政府积极组织工业企业开展清洁生产，推进自治区级"清洁生产企业"称号的企业完成了复审换证工作，深入推进绿色制造体系建设，2020 年新添了中国石化北海炼化有限责任公司、北海绩迅电子科技有限公司、华润水泥（合浦）有

限公司等广西壮族自治区级绿色工厂。推动鱼峰建材项目一期等重点工业固废综合
利用项目建设。

开展南流江-廉州湾流域市域、县域水环境承载能力、水资源承载能力现状评
价。建立水资源承载能力监测评价体系，进行承载能力监测预警，水质不能稳定达
标、超过环境承载力的县(区、市)禁止建设、新增相应不达标污染物指标排放量的
工业项目，已超过承载能力的地区要实施水污染物削减方案，加快调整发展规划和
产业结构。2018—2020 年，广西壮族自治区组织开展每年南流江综合治理方案和南
流江-廉州湾综合治理实施规划中期评估等工作，开展流域污染物总量承载研究。

2) 优化空间布局

合理确定发展布局、结构和规模。充分考虑水资源、水环境承载能力，以水定
城、以水定地、以水定人、以水定产。按照南流江-廉州湾流域生态红线、海洋生
态红线以及畜禽养殖禁养区、限养区的要求，合理布局产业发展空间。对禁止发展
区、禁养区内的工业企业、畜禽养殖企业，坚决实行搬迁和拆除；对限制发展区、
限养区内的工业企业和畜禽养殖企业，要加强监督管理，通过排污许可证等手
段，严格实行达标排放控制。2020 年，北海市政府印发《关于加快推进北海水产养
殖业绿色发展的实施意见》《北海市加快现代海洋渔业发展 助力打造向海经济行动
方案》等，加快推进绿色渔业发展。

建立污染企业退出机制。玉林市对 21 家污染较重的水洗企业，流域内污染较
重、改造较为困难的畜禽养殖企业，排放有毒有害重金属的相关企业进行技术升级
改造，对不能按规定完成技术改造、未达到国家法定排放标准的企业，推动其合理
退出。

11.4　水生态环境安全保障

1) 保障饮用水水源安全

治理期间，各级流域政府积极开展集中式饮用水水源环境保护规范化建设，依
法清理饮用水水源保护区内违法建筑、排污口、畜禽养殖和网箱养殖。玉林市建设
罗田水库饮用水水源保护区、江口水库饮用水水源保护区、兴业县马坡水库饮用水
水源保护区、富阳水库饮用水水源保护区、长壕水库饮用水水源保护区、绿珠江饮
用水水源保护区、老虎头水库饮用水水源保护区环境综合整治工程；钦州市建设

1 000 人以上农村集中供水工程饮用水水源保护区保护工程、钦南区饮用水源地保护与污染防治工程、浦北县饮用水源地保护与污染防治工程、浦北县县城饮用水水源保护项目、浦北县备用水水源地保护项目和灵山县城镇饮用水源地保护与污染防治工程。

2）开展水体综合整治

流域地方政府积极组织开展入海河流整治，玉林市开展南流江干流范围内采砂场地生态修复、福绵区沙田河治理工程、玉州区城区南流江干流河道整治工程、清湾江河道整治工程、博白县江宁镇城镇区至入库区河道综合整治工程和博白县城区直排口截污工程；钦州市开展浦北县南流江干流河道综合整治工程、浦北县至小江水库河道综合整治工程、浦北县张黄镇城镇区河道综合整治工程；北海市开展南流江沿岸护岸工程项目、合浦县廉州镇北河水系整治工程、合浦县常乐平心至石湾清水段整治工程、合浦县百曲围海堤整治工程、合浦县南域海堤标准化建设工程和北海内港黑臭水体整治工程。针对北海市外沙内港黑臭水体问题，采取控源截污、垃圾清理、清淤疏浚、生态修复等治理措施。

截至 2020 年，玉林市联合整治违法采砂，开展执法巡查 395 次、联合执法行动 9 次，打击取缔违法采砂场 38 个，依法查处违法采砂船 39 艘，清理平整违法采砂场 7 个，清理上砂设施 9 个。2020 年以来，钦州市查处非法采砂点 9 个，非法洗砂点 2 个，扣押非法采砂船 4 艘，捣毁采砂机械 4 台，立案查处非法砂石案 1 起、行政罚款 5 000 元，清理南流江干流水面生活垃圾等其他垃圾逾 60 t。北海市每年组织开展"北海市城区河湖和水库整治大行动"，着力解决流域城区河湖水库环境"脏、乱、差"以及水域岸线乱占、乱采、乱堆、乱建等现象，排查矿砂加工企业 25 家，其中涉嫌非法加工海砂 2 家，涉嫌非法收购加工矿砂 1 家。

3）加强水和湿地生态系统保护

以南流江源头各支流为重点，加强源头区水土保持和生态建设；结合农村环境综合整治，开展南流江源头的畜禽养殖、农村生活污染源治理，确保南流江源头水质清洁。截至 2020 年，对廉州湾实施退渔还湿工程 6.7 hm²、建设红树林苗圃基地 6.7 hm²；建设湿地保护管理站、红树林保护围栏及巡护道路、鸟类救护站等，其中建设红树林人工促进自然恢复 272.61 hm²，人工营造红树林 137.23 hm²。2020 年，北海市湿地面积 17.67 万 hm²，其中滨海湿地面积 14.59 万 hm²，符合湿地指标要求。

根据国家和广西关于生态红线划分的要求，开展南流江流域生态红线划分。其中陆地生态红线包括重点生态功能区保护红线、生态敏感区/脆弱区保护红线、生物多样性保护红线等，并制定相应的红线管理办法与保障措施。

11.5 廉州湾生态保护与修复

1）科学划定海洋生态保护红线

2016 年，在廉州湾区域开展海洋生态保护红线划分，确定区内的重要海洋生态功能区、海洋生态脆弱区和敏感区分布情况，界定海洋生态红线区范围。2017 年严格实施海洋生态红线控制管理，认真执行填海管制计划，严格实施围填海管理和监督，使重点生态功能区、生态环境敏感区和脆弱区得到有效保护。2020 年红线区内入海排污口污染物排放达标率达 100%。根据《广西海洋生态红线划定方案》，修改完善北海市海洋生态红线划定工作。北海市自然岸线保有率达到不低于 35% 的要求。海洋生态红线区面积占管辖海域面积的比例、湿地面积、海水养殖面积达到自治区指标要求。完成了湿地红线划定工作，红线区内入海排污口污染物排放达标率达 100%。

2）实施入海排污口达标排放

2017 年 9 月底，全面清理非法或设置不合理的入海排污口，廉州湾沿岸新设排污口选址必须符合《中华人民共和国海洋环境保护法》《防治陆源污染物污染损害海洋环境管理条例》等有关规定。2020 年廉州湾现有直排海污染源全部实现达标排放，合浦船厂附近综合排污口等按照《污水综合排放标准》（GB 8978—1996）的要求实现达标排放。

3）推进生态健康养殖

廉州湾合浦县、海城区政府组织《养殖水域滩涂规划》的编制工作，完成行政区域内基本养殖区、限制养殖区和禁止养殖区的划定工作，加大水产养殖业执法力度，依法清理不符合养殖规划规定的养殖设施和养殖活动。北海市利用渔业油价补助政策调整后的转移支付资金和标准化健康养殖（原菜篮子项目）等项目资金，推进水产养殖池塘标准化改造和养殖方式优化。通过为池塘养殖增配废水处理设施设备、为工厂化养殖增配循环水设备等措施，探索开展近海养殖网箱环保改造。鼓励有条件的渔业企业开展海洋离岸养殖和集约化养殖。积极推广人工配合饲料，逐步减少冰鲜杂鱼饲料的使用。

11.5.1 加强海洋生态保护

1) 严控围填海和占用自然岸线的开发建设活动

严格岸线管理，认真开展码头项目的岸线前置审核。开展围填海历史遗留问题处置工作。加强红树林、珊瑚礁、海藻场、海草床等海洋生态系统保护，开展生态预警监测。对侵占、破坏红树林事件立案调查，推进海洋生态整治修复。

2) 保护典型海洋生态系统和重要渔业水域

加强红树林保护。北海市政府印发了《北海市红树林资源分布图》《北海市红树林巡护检查制度》《北海市破坏红树林资源行为举报制度》等，2020年已投入超过1 300万元在合浦县开展红树林生态修复工作，合计修复红树林34 hm²。强化合浦县红树林保护机构编制保障。2020年6月，合浦县在9个沿海乡镇分别挂牌成立红树林保护站。全力推进红树林相关问题整改，针对榄根村红树林问题，刑事立案2起，行政立案2起，对市、县两级相关部门共15人进行党纪、政务处分。对相关涉案单位、人员分别处以罚款100万元、7 956元，并与相关企业签订生态损害赔偿协议，落实生态损害赔偿资金2 051.13万元。

3) 加强海洋生物多样性保护

加强国家级自然保护区保护管理，完成山口红树林保护区确界工作，完成山口红树林保护区砂场清理，清理山口红树林保护区海上非法养殖活动，逐步清退陆域养殖塘，扎实开展渔业资源人工增殖放流。2020年下达北海市的中央财政农业资源及生态保护补助资金合计85万元，其中，65万元用于开展2020年水生生物增殖放流苗种2 840万尾；20万元用于开展2020年海洋水生生物增殖放流效果评估。

4) 实施红树林湿地生态修复

建立广西党江红树林自然保护区，保护南流江入海口红树林湿地生态系统的生物多样性。推进红树林的保护和恢复，抓好红树林种苗工程建设，开展人工造林，不断扩大红树林面积，逐步恢复红树林资源。规范红树林区渔业生产活动，加大红树林周边养殖塘的养殖排污治理，禁止在红树林区滥捕滥挖、挖塘养殖虾蟹等行为，控制红树林区放养海鸭规模，禁止各类非法破坏红树林的行为。加强红树林修复技术研究，加强团水虱等红树林有害生物侵害机理及综合治理技术研究，加快科研成果在红树林保护与修复中的转化和应用。2020 年，北海市保持滨海湿地总面积不少于 14.59 万 hm^2，组织编制《北海市红树林保护修复专项行动实施方案（2020—2025 年）》，新种植红树林 33.68 hm^2，修复红树林 34 hm^2，确保红树林面积在 2019 年年底 4 192 hm^2 的基础上只增不减。

11.5.2　加强海上污染源控制

1）积极治理船舶污染防治

治理期间，北海市持续加强船舶污染治理，贯彻落实《北海市防治船舶及其有关作业活动污染水域环境应急能力建设规划（2016—2020 年）》，将有处置船舶废油水资质的两家公司纳入日常环境安全监管，定期开展检查，确保回收的船舶油污得到安全处置。2020 年共进行防污染检查 147 艘次，开展生活污水抽样送检 5 艘次，对船舶未按要求排放污染物进行行政处罚 1 起，清污公司对到港船舶进行垃圾接收 189 艘次。切实做好应急防备，加强应急演练，每年开展船舶消防、救生、防污染综合应急演练。

2）增强港口（渔港）码头污染防治能力

执行船舶污染物接收、转运和处置联合监管制度，委托专业清污企业进行船舶垃圾、油污水、生活污水的接收、转运和处置，2015—2020 年 10 月，累计完成船舶垃圾接收转运 4 294.6 t，船舶生活污水槽车接收转运 10 377.4 t，船舶含油污水槽车接收转运 5 015.32 t，无化学品洗舱水接收转运。

3）提高船舶与港口污染事故应急处置水平

强化应急能力建设，提升应急处置能力。北海市建立了溢油应急物资储备中心和相关的管理制度，确保发生溢油事件状况下的应急物资供应。制定了《北海涠洲岛原油码头及配套工程项目溢油应急预案》《北海市处置海洋石油勘探开发溢油事故应急预案》等，各涉油企业、码头、储运单位也制定了各自的溢油应急预案。加强对中海油涠洲终端厂入海排污口的日常监管。以联合举办的形式开展应急演练的次数达到自治区的要求。

4）加强海水养殖污染防控

廉州湾流域一县三区均印发关于海水养殖污染防控行动计划，在市委、市政府的统一部署下，组织各县（区）政府全面开展声势浩大的清理圈海、占海非法养殖行动，清理行动仍在抓紧分步推进。截止到 2020 年，北海市已清理传统网箱（鱼排）356 组，抗风浪网箱 148 口，蚝架 1 435 组，蚝排 896 组，蚝柱 466 hm²，捣毁围网27 km，渔箔 150 所，浅滩青蟹等养殖场 6 个。

11.6　环境监测管理能力提高

1）完善水环境监测网络

玉林、钦州和北海加强协作，建立健全综合性的南流江-廉州湾流域水环境监测网络（点位），提高跨地级市、跨县（区、市）控制断面的监测能力。提升饮用水水源水质全指标监测、水生生物监测、地下水环境监测、海洋环境监测及环境风险预警对流域水环境保护的支撑能力。

2）提高环境监管能力

加强环境监测、环境监察、环境应急等专业技术培训，严格落实执法、监测等人员持证上岗制度，加强基层环保执法力量，具备条件的乡镇（街道）要配备必要的环境监管力量，逐步提升基层环境执法人员对污染源现场检查的技能和环境违法案件调查取证的能力，力争使全市环境监察执法人员持证上岗率达到 100%。

第12章 陆海生态环境改善

12.1 流域生态环境改善效果

12.1.1 全流域水环境质量实现有效改善

自2016年开展南流江陆海统筹治理后，广西生态环境系统持续对全流域开展定期监测。选取2016年5月、2019年5月和2020年5月的水质监测数据，分析南流江综合治理前后的变化。其中2016年5月布设42个，2019年5月和2020年5月均布设61个。监测数据来源于广西壮族自治区海洋环境监测中心站和广西壮族自治区生态环境监测中心。

12.1.1.1 全流域优良水质有所增加

2016年南流江总体水质类别为Ⅳ类，主要分布在北流市、玉州区、福绵区、陆川县；Ⅴ类水质分布在兴业县、玉州区、福绵区、博白县；劣Ⅴ类水质则出现在玉州区；Ⅰ类和Ⅱ类水质则主要分布在浦北县、灵山县和合浦县。2019年和2020年南流江总体水质类别为Ⅲ类，Ⅳ类水质主要分布在兴业县、玉州区、博白县；Ⅴ类水质主要分布在福绵区、博白县；Ⅰ类和Ⅱ类水质则主要集中在中下游的博白县县城往下的流域以及灵山县、合浦县。与2016年相比，2019年和2020年玉林市境内的综合水质类别为Ⅰ~Ⅲ类的水质有所增加。

开展治理后的4年(2016—2020年)监测数据显示，与2016年相比，2019年和2020年南流江水质总体趋于改善，Ⅰ~Ⅲ类水质比例分别上升21.98%和25.25%。

1) 干流情况

2016年南流江干流区域的北流市、福绵区、玉州区和博白县部分监测断面水质较差，下游的合浦县、浦北县总体水质较好。到2019年和2020年，北流市、玉州区、福绵区的水质均有所好转。博白县部分监测断面水质虽然有所好转，但部分断面水质仍较差，主要集中在博白镇、水鸣镇、东平镇、菱角镇、亚山镇。合浦县除了石康镇水质较差外，其他监测断面水质良好。

2）支流情况

在上游支流中，定川江流域在 2016 年总体水质较差，2019 年和 2020 年总体水质呈现好转趋势。仁东河流域在 2016 年水质差，2019 年和 2020 年总体水质得以改善。清湾江流域和丽江流域总体水质呈现好转趋势，水质由Ⅳ类逐渐转为Ⅱ类和Ⅲ类。沙生江流域和沙田河流域水质在 2016 年、2019 年和 2020 年保持良好，均在Ⅲ类及以上。

在中游支流中，马江流域水质较好，绿珠江流域水质在这 3 年里均达到Ⅲ类及以上。鸦山江流域水质污染加重，由 2016 年的Ⅳ类逐渐转为 2019 年和 2020 年的劣Ⅴ类。水鸣河流域水质呈现好转趋势，由Ⅴ类逐渐转为Ⅳ类。合江流域水质状况反复，2016 年水质类别为Ⅳ类，2019 年达到水质功能区要求，2020 年水质又恶化为Ⅳ类。

在下游的支流中，张黄江流域、洪潮江流域水质保持良好，均达到Ⅲ类及以上。武利江流域水质呈现好转趋势，2016 年有部分监测断面水质为Ⅳ类，到 2019 年和 2020 年水质均达到Ⅱ类。2016 年、2019 年、2020 年 3 年里南流江水质总体趋于改善，玉林市范围南流江干支流中氨氮、总磷年际变化明显。

12.1.1.2 全流域氨氮、总磷削减明显

各指标总体监测结果显示，流域总体氨氮、总磷削减变化明显。与 2016 年相比，2019 年、2020 年氨氮分别下降 27.78%、30.55%，总磷分别下降 27.78%、25%。中上游支流中氨氮、总磷年际变幅较大，与 2016 年相比，2019 年、2020 年氨氮都下降 31.75%，总磷分别下降 25.40%、44.44%；下游各支流中，氨氮、总磷的年际变幅不明显。

1）干流情况

2016 年南流江干流中，北流市、博白县、玉州区和福绵区的大部分监测断面氨氮浓度超标，超标断面单因子指数为 4.0～8.0，下游合浦县单因子指数为 1.5～2.5。2019 年和 2020 年玉林市氨氮单因子指数有所下降，特别是北流市、玉州区、福绵区，但是博白县部分断面氨氮单因子指数仍较高。

2016 年南流江干流中，北流市、福绵区和玉州区监测断面总磷浓度超过南流江Ⅲ类水质功能区类别，博白县超过一半的监测断面超过南流江Ⅲ类水质功能区类

别，5 个区（县）超标断面单因子指数为 4.5~8.5。2019 年和 2020 年，福绵区、北流市、玉州区、博白县和合浦县总磷指数均有所下降，但仍有些监测断面总磷浓度超过南流江Ⅲ类水质功能区类别，单因子指数为 4.5~8.5。

2）支流情况

（1）氮削减。

氨氮浓度在上游支流中定川江流域下降明显，2016 年单因子指数为 3.5~7.5，2019 年和 2020 年为 1.0~4.0。清湾江流域氨氮浓度下降明显，2016 年单因子指数为 4.5~6.0，2019 年为 1.0~5.0，到 2020 年转为 2.0~3.5。仁东河流域氨氮浓度有所下降，2016 年单因子指数为 6.5~8.5，到 2019 年和 2020 年为 4.5~6.5，但氨氮含量依然超过南流江Ⅲ类水质功能区类别。

在开展治理后的 3 年里，沙生江流域、丽江流域和沙田河流域的氨氮浓度均优于水质功能区类别，单因子指数均小于 4.0。

在中游支流中，绿珠江流域在这 3 年中的氨氮浓度均优于水质功能区类别。水鸣河流域这 3 年氨氮浓度达到Ⅲ类水质功能区类别。鸦山江流域氨氮单因子指数变动较大，由 2016 年的 5.0~6.0 变为 2019 年的 3.5~8.0，再变为 2020 年的 5.5~6.0。合江流域氨氮单因子指数由 2016 年的 4.0 变为 2019 年和 2020 年的 2.5~4.0。

在下游支流中，武利江流域、张黄江流域、洪潮江流域 3 年的氨氮浓度优于水质功能区类别，单因子指数均为 1.5~3.0。

（2）磷削减。

总磷浓度在上游支流中定川江流域显著下降，2016 年单因子指数为 4.5~7.5，2019 年和 2020 年为 3.0~4.5。清湾江流域总磷浓度下降明显，2016 年单因子指数为 5.0~6.0，2019 年为 1.0~5.0，到 2020 年转为 2.0~3.5。仁东河流域总磷浓度超标，2016 年单因子指数为 6.0~9.0，到 2019 年和 2020 年为 4.3~6.0。沙生江流域总磷单因子指数较小，水质类别均达到水质功能区类别。沙田河流域总磷浓度下降明显，由 2016 年的 4.5~5.5 转为 2019 年和 2020 年的 3.0~4.0。

在中游支流中，绿珠江流域总磷浓度变化反复，由 2016 年的 3.6 变为 2019 年的 4.3，到 2020 年转为 2.7。水鸣河流域、鸦山江流域和合江流域总磷浓度超标，3 年单因子指数均大于 4.5。

在下游支流中，武利江流域、张黄江流域和洪潮江流域在 3 年中的氨氮浓度均优于Ⅲ类水质功能区类别，单因子指数均小于 4.0。

12.1.2　干流考核断面水质情况

根据南流江陆海统筹治理体系指标，南流江流域共布设6个水质考核监测断面[六司桥、玉林市站-钦州市站断面(横塘)、南域、亚桥、江口大桥和武利江(东边埇)]，其中玉林市站-钦州市站断面、亚桥断面为国家重点流域控制单元考核断面，开展治理后3~5年中，南流江流域水质考核断面年平均水质优良比例(即Ⅰ~Ⅲ类断面占比率)从2018年的33.3%提升至83.3%，达标率明显提高(表12-1)。

表12-1　2018—2022年南流江流域年均水质类别

断面所在行政区	断面名称	2018年	2019年	2020年	2020年目标值	是否达到治理目标	2020年同比2018年水质变化情况
玉林市	六司桥	Ⅴ类	Ⅳ类	Ⅳ类	Ⅲ类	否	变好
	玉林市站-钦州市站断面(横塘)	Ⅳ类	Ⅳ类	Ⅲ类	Ⅲ类	是	变好
北海市	南域	Ⅳ类	Ⅲ类	Ⅲ类	Ⅲ类	是	变好
	亚桥	Ⅲ类	Ⅲ类	Ⅲ类	Ⅲ类	是	持平
	江口大桥	劣Ⅴ类	Ⅳ类	Ⅲ类	Ⅲ类	是	变好
	武利江(东边埇)	Ⅱ类	Ⅱ类	Ⅱ类	Ⅱ类	是	持平

根据表12-1，除六司桥未达2020年目标值外，其他的5个断面均能达到2020年治理的目标值。开展流域治理后的5年里，南流江6个监测断面水质稳中有升，超标断面逐年递减。其中，江口大桥水质由2018年的劣Ⅴ类上升至2020年的Ⅲ类，水质状况上升两个级别，水质明显好转；六司桥(水质由2018年的Ⅴ类上升至2020年的Ⅳ类)、玉林市站-钦州市站断面(水质由2018年的Ⅳ类上升至2020年的Ⅲ类)、南域(水质由2018年的Ⅳ类上升至2020年的Ⅲ类)3个断面水质状况均上升一个级别，水质有所好转，亚桥(Ⅲ类)、武利江(Ⅱ类)2个断面3年水质状况等级不变，水质无明显变化。

各断面指标中(表12-2)，2018—2020年，南流江流域主要的超标指标为总磷，超标倍数为0.04~1.1。其中，2018年江口大桥断面总磷超标倍数最大，2020年六司桥总磷超标倍数最小。六司桥断面3年均超标，玉林市站-钦州市站断面和江口大桥断面2018年、2019年2年均超标，南域断面2018年超标，武利江和亚桥断面3年均达到水质目标要求。由此可见，在实施南流江-廉州湾陆海统筹治理期

间，南流江干流主要考核断面主要污染物浓度逐步减少，主要超标因子的超标频次
也明显减少，从 2018 年 3 个超标断面减少到 2020 年的 1 个。虽然上游玉林市六司
桥在 2018—2019 年的总磷都出现超标，但其超标的倍数也明显降低，表明主要超
标污染物的浓度明显降低，也展现了流域环境治理取得了显著的效果。

表 12-2　2018—2022 年南流江流域年均水质主要超标指标及超标倍数

年份	六司桥	玉林市站-钦州市站断面	江口大桥	武利江(东边埇)	亚桥	南域
2018	总磷(0.67)	总磷(0.50)	总磷(1.1)	—	—	总磷(0.11)
2019	总磷(0.24)	总磷(0.06)	总磷(0.25)	—	—	—
2020	总磷(0.04)	—	—	—	—	—

注：超标倍数为水质浓度与Ⅲ类标准的比值，下同。

12.1.3　集中水源地水质达标率提高

根据南流江陆海统筹治理体系指标，南流江流域共有 5 个城市、县级集中饮用
水源地，分别为江口水库、大容山水库-苏烟水库、绿珠江、南流江总江口饮用水
水源保护区和小江水源地水质考核监测断面，开展治理后的 3~5 年时间里，南流江
流域 5 个水源地逐年达标(表 12-3)。

表 12-3　2018—2022 年南流江流域附近水源地年均水质类别

水源地名称	2018 年	2019 年	2020 年	2020 年目标值	是否达到治理目标	2020 年同比 2018 年水质变化情况
江口水库	Ⅲ类	Ⅲ类	Ⅲ类	Ⅲ类	是	持平
大容山水库-苏烟水库	Ⅲ类	Ⅲ类	Ⅲ类	Ⅲ类	是	持平
绿珠江	Ⅲ类	Ⅲ类	Ⅲ类	Ⅲ类	是	持平
南流江总江口饮用水水源保护区	Ⅳ类	Ⅲ类	Ⅲ类	Ⅲ类	是	变好
小江水源地	Ⅲ类	Ⅲ类	Ⅲ类	Ⅲ类	是	持平

由表 12-3 可知，南流江流域 5 个城市、县级集中饮用水源地经过治理后，全
部都达到饮用水的水质要求，4 个集中饮用水源地水质均保持稳定，南流江总江口
饮用水水源保护区的水质得到明显提升，治理后水质变好，保障了流域饮用水安
全。经过治理后，流域 5 个集中饮用水源地的水质都能达到南流江-廉州湾陆海统
筹治理的水质目标。

12.2　海湾环境改善效果

12.2.1　廉州水质优良比例明显提高

廉州湾是南流江流域-廉州湾的末端水体，廉州湾水质的改善是检验南流江-廉州湾陆海统筹治理成效的最主要指标。为科学有效评估廉州湾水质改善效果，采用廉州湾现状调查和治理分配中相同的监测站点，布设的监测点位有GX015、GX020、GX025和GX026，以廉州湾的水质变化情况分析海湾环境改善效果。

在南流江流域开展陆海统筹治理的 3~5 年内，廉州湾海水环境质量明显好转，2018—2022 年，水质综合评价从一般改善到优，优良比例（一、二类水质占比）变化范围为 75.0%~100%，水质得到大幅改善。其中 2018 和 2019 年水质为一般，2020—2022 年水质为优，改善了 2 个级别。廉州湾 2018—2022 年水质情况见表 12-4 和表 12-5。

表 12-4　2018—2022 年廉州湾水质比例状况（%）

年份	站位数	一类	二类	三类	四类	劣四类	一、二类占比	水质状况
2018	4	50.0	25.0	0.0	25.0	0.0	75.0	一般
2019	4	50.0	25.0	0.0	25.0	0.0	75.0	一般
2020	4	75.0	25.0	0.0	0.0	0.0	100.0	优

表 12-5　2018—2020 年廉州湾水质评价结果

海域名称	站位编号	2018 年	2019 年	2020 年	2020 年目标值	水质评价
廉州湾	GX015	四类	一类	一类	二类	优
	GX020	一类	二类	一类	二类	优
	GX025	二类	四类	一类	二类	优
	GX026	一类	一类	二类	二类	达标

由表可知，2020 年廉州湾 4 个站点都达到了优良水平（一类、二类水质以上）。与 2018 年相比，GX015 由四类上升至一类水质，水质明显好转；GX025 由二类上升至一类水质，水质有所好转；GX020 水质类别保持持平，无明显变化。

12.2.2　廉州湾氮磷明显降低

在南流江流域-廉州湾开展治理的 3~5 年中，廉州湾主要污染指标活性磷酸盐 2018—2020 年分别为 0.021 mg/L、0.018 mg/L 和 0.011 mg/L；无机氮浓度分别为 0.189 mg/L、0.187 mg/L 和 0.096 mg/L。2020 年与 2018 年相比，活性磷酸盐浓度下降了 47.7%，无机氮浓度下降了 49.3%，经过几年的陆海统筹治理，廉州湾主要污染指标氮磷明显下降（表 12-6）。

表 12-6　2018—2020 年廉州湾水质各点位主要污染指标监测结果（单位：mg/L）

	活性磷酸盐浓度			无机氮浓度		
	2018	2019	2020	2018	2019	2020
GX015	0.031	0.012	0.014	0.387	0.168	0.066
GX020	0.009	0.012	0.003	0.055	0.113	0.054
GX025	0.029	0.034	0.007	0.218	0.319	0.054
GX026	0.015	0.014	0.019	0.095	0.146	0.208
均值	0.021	0.018	0.011	0.189	0.187	0.096

图 12-1 展示了 2014—2022 年位于廉州湾中间靠近南流江口的 GX015 化学需氧量和无机氮浓度的变化情况，可以更直观地展示治理成效。由图可见，GX015 站点化学需氧量浓度范围为 0.86~1.71 mg/L，平均值为 1.21 mg/L，均符合第一类水质标准。尤其是在 2016 年，即南流江-廉州湾开展陆海统筹治理之后，化学需氧量逐

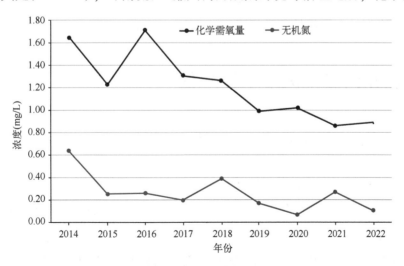

图 12-1　2014—2022 年廉州湾 GX015 站点化学需氧量和无机氮浓度变化

年降低，很好体现了治理较好的成效。无机氮浓度范围为 0.066~0.627 mg/L，平均值为 0.26 mg/L，在 2014 年和 2018 年未达到第二类水质标准，其余年份均符合第二类水质标准。GX015 站点无机氮浓度总体上也呈下降趋势，尤其是在 2014—2020 年，除了 2018 年有所波动上升外，其他年份呈现出明显的逐年下降趋势，也展现了较好的治理成效。

12.2.3 廉州湾沉积物环境质量保持稳定

廉州湾 4 个站点表层沉积物环境质量在 2016—2020 年变化不大。与 2016 年相比，2020 年位于南流江口附近的 GX015 站点和 GX020 站点的表层沉积物环境质量都保持稳定，处于最优状态的一类环境质量标准。而位于廉州湾南部，北海市海城区外沙港附近的 GX025 站点和 GX026 站点的表层沉积物环境质量却略有波动。GX025 站点虽然在 2017 年从二类提升到一类，但在 2016—2020 年 5 年中的其他 4 年都是二类，总体保持稳定，但与最优一类还有一定差距。GX026 站点在 5 年中也相对保持稳定，除了 2019 年出现二类之外，其余 4 年都保持在最优的一类。结合 GX025 站点和 GX026 站点所处的位置以及第 10 章中北海市在"十三五"期间开展的外沙内港环境综合治理工程，很可能是因为外沙内港综合整治尤其是清淤疏浚等工程，导致了部分环境质量较差的淤泥扩散到廉州湾南部的近岸海域，进而在 2018—2020 年使上述 2 个站点表层沉积物受到轻微污染。但就 4 个站点表层沉积物环境质量的总体变化而言，廉州湾表层沉积物在"十三五"期间总体保持稳定，大部分海域的表层沉积物都处在最优的一类标准。

12.3 廉州湾赤潮风险明显降低

12.3.1 廉州湾富营养化指数降低

"十二五"期间，水质较差导致了海湾富营养化程度的加剧，并引发了赤潮等生态风险，廉州湾发生赤潮等生态事件次数明显增多，持续时间和影响范围也在不断增大。2014 年年初，廉州湾局部海域发生持续时间长达近 3 个月的球形棕囊藻赤潮现象；2014 年年底至 2015 年年初，廉州湾及附近海域大范围发生长达 1 个多月的球形棕囊藻赤潮现象。廉州湾水质超标带来的富营养化程度加剧，在治理之前引起了赤潮等生态风险加剧。评估廉州湾富营养化程度的变化，为更清楚掌握南流江-廉州湾陆海统筹治理成效提供更为直接的证据。

结合各站点化学需氧量、无机氮和活性磷酸盐的浓度，图 12-2 列出了靠近南流江口 2 个站点富营养化指数的变化。从图上可以看出，位于南流江口的 GX015 站点富营养化指数较高，主要是受南流江直接输入的影响。但在"十三五"期间，该站点富营养化指数明显下降，尤其是 2018—2020 年，富营养化指数从超过 3.0 下降到 0.3 左右，2020 年只有 2018 年的 1/10，富营养化程度也从中等富营养化到贫营养的级别，下降幅度非常大。GX020 站点离南流江口距离较远，因此在 2016—2020 年富营养化指数都较低，均小于 1，都属于贫营养，但其富营养化指数的数值也呈明显下降的趋势，尤其是在 2017—2020 年，富营养化指数 2020 年比 2017 年也低了约一个数量级。由此可见，在经过几年的治理之后，廉州湾的富营养化已明显改善，也反映了从南流江流域和廉州湾周边汇入廉州湾的主要污染物明显减少，陆海统筹治理取得了显著成效。

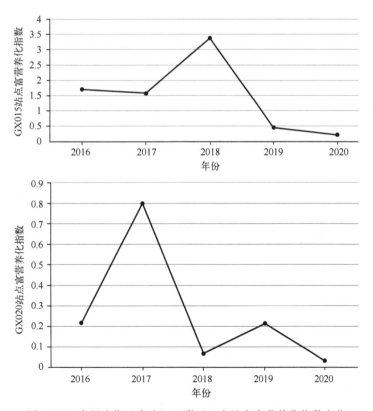

图 12-2　廉州湾靠近南流江口附近 2 个站点富营养化指数变化

12.3.2 廉州湾赤潮频次和风险明显降低

廉州湾富营养化指数的明显降低，也给海湾赤潮等生态风险带来了明显变化。

赤潮发生的监测手段，已从现场采样和实验室分析等向自动化方向发展。从 2010 年开始，广西近岸部分海域实现了近岸海域自动监测浮标监测，实现每 30 min 一次的全天候连续定点观测。通过现场调查和自动监测浮标的监测结果发现，当叶绿素出现高值且溶解氧、pH、叶绿素出现同步升高或降低的现象时，相应海域藻类同时出现暴发性增殖，密度达到赤潮发生阈值，会出现赤潮。本书利用广西近岸海域自动监测网络在廉州湾 3 个自动监测浮标站点的连续监测数据，研究分析基于自动监测系统的廉州湾赤潮发生频次的变化，分析 2015—2020 年即南流江-廉州湾陆海统筹治理前后 6 年的变化趋势，以评估廉州湾赤潮发生风险的变化。

所选用的 3 个站点，结合廉州湾受陆源径流影响大、入海污染物量大的特点，其中 A9 站点位于南流江入海口附近，A10 位于北海市外沙港附近，A8 位于廉州湾西部相对远离南流江口。

在线监测数据来源于广西壮族自治区海洋环境监测中心站，海洋自动监测仪器主要监测表层（1.5 m）水质状况，监测要素包括水温、pH、溶解氧、盐度、电导、叶绿素（含叶绿素 a、b、c）、蓝绿藻等；采样频率为 30 min/组。监测分析方法均采用相关的国家标准方法，按照《近岸海域水质自动监测规范》有关规定开展质量控制，保障数据的准确可靠。

根据已有的研究成果，赤潮时叶绿素含量通常超过 10 μg/L。结合多年来对广西近岸海域水质自动监测网络的数据分析，赤潮发生期间，叶绿素、溶解氧以及 pH 均有显著的同步升高或降低现象。为减少因自动监测数据可能导致的误差，本书将叶绿素含量大于或等于 15μg/L 时，同一时间叶绿素、pH、溶解氧均出现升高或降低的一组数据为可疑赤潮发生数据，采用 Origin9.0 完成相关统计分析，研究廉州湾赤潮或者接近赤潮的浮游植物大量增殖的事件，从事件发生的频次、持续事件等来研究廉州湾赤潮风险的变化情况。

1）2015—2020 年廉州湾赤潮或接近赤潮事件变化趋势

基于 2015—2020 年廉州湾海域自动监测结果，当叶绿素含量大于 15 μg/L 时，溶解氧、pH、叶绿素出现同步升高或降低现象的数据组变化见图 12-3。统计结果表明，位于南流江口的 A9 站点接近赤潮事件的频次较高，其次是位于廉州湾中部的 A8 站点，南部外沙港附近的 A10 站点相对较少。从 3 个站点 6 年的变化可以看出，3 个站点统计的可疑数据从 2015 年的 2 443 次逐步降低至 2020 年的 507 次，下降约 79.2%，下降趋势明显。其中 A8 站点可疑数据组下降 52%，A9 站点下降 89.1%、A10 站点下降 78.8%，2015—2020 年廉州湾出现接近赤潮事件的数据量总体呈现逐年下降的趋势。

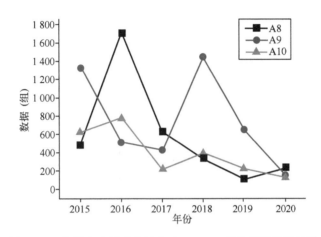

图 12-3 廉州湾叶绿素含量大于 15 μg/L 的数据组统计结果

根据文献资料，2010—2015 年有报道记录的廉州湾发生赤潮事件为 5 次，而在 2016—2020 年，结合现场调查，廉州湾监测到的赤潮降为 2 次，尤其是在 2019—2020 年没有调查或报道赤潮现象，也印证了自动监测数据所展现出的趋势的准确性。

为了更清晰地掌握可疑赤潮数据数组的变化趋势，将 3 个站点的数据按季节进行统计，其趋势变化见图 12-4。从图上可以看出，可疑数据比较多的季节出现在冬季和春季，其次是夏季，秋季最少，这也和廉州湾赤潮发生特征相符。从各个季节来看，从 2015—2020 年可疑赤潮监测数据也呈现出明显的下降趋势，其中春季、夏季和冬季较为明显，而秋季因其发生频次本来就少而呈现相对平稳的趋势。

2) 可疑赤潮数据持续事件变化

2015—2020 年，自动监测站 A8 可疑赤潮数据连续时长小于或等于 7 天的次数为 12~23 次，与 2015—2018 年出现频率较为一致，2019 和 2020 年明显下降，较最

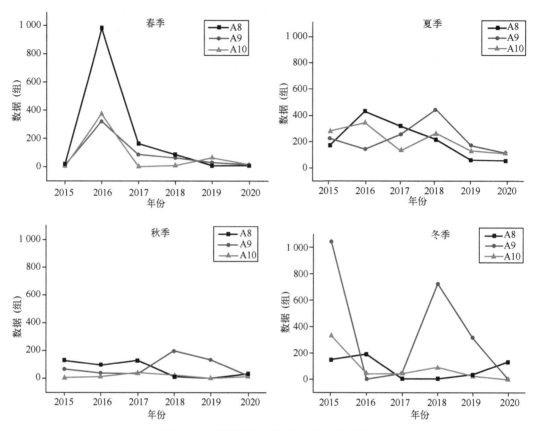

图 12-4　廉州湾藻类增殖数据组统计结果

高年份 2016 年分别下降 48% 和 43%。A8 站点可疑赤潮数据持续 8~14 天和大于或等于 15 天的次数均为 1 次。

A9 站点可疑赤潮数据连续出现小于或等于 7 天的次数为 10~23 次，与 2017—2019 年出现频率较为一致，2020 年明显下降，较最高年份 2017 年下降 57%。A9 站点可疑赤潮数据持续 8~14 天和大于或等于 15 天的次数分别为 2 次和 3 次。

A10 站点可疑赤潮数据连续出现小于或等于 7 天的次数为 10~21 次，2018 年出现频率最高，2020 年明显下降，较最高年份 2018 年下降 52%。该站点可疑赤潮数据持续 8~14 天的次数为 3 次。

廉州湾 3 个站点较高的叶绿素、pH、溶解氧的数据持续时间在一定程度上反映了浮游植物大量增殖甚至接近赤潮的现象，因此从可疑赤潮数据的持续时间也反映了浮游植物大量增殖或接近赤潮事件持续的时间。从表 12-7 可以看出，廉州湾海域浮游植物大量增殖或接近赤潮现象持续时间不长，绝大部分小于或等于 7 天，

2015—2020 年出现频率呈现逐年降低趋势，尤其是 2020 年都是以非常短暂的时间而且发生次数也明显减少。这也从侧面证明了廉州湾在 2015—2020 年赤潮等生态灾害风险已明显减少，海湾生态环境得到明显改善。

表 12-7　廉州湾藻类增殖情况

站点	持续时间	年份					
		2015	2016	2017	2018	2019	2020
A8	总次数	22	25	22	20	12	13
	≤7 天	22	23	22	20	12	13
	8~14 天	0	1	0	0	0	0
	≥15 天	0	1	0	0	0	0
A9	总次数	12	16	23	22	20	10
	≤7 天	11	16	23	20	19	10
	8~14 天	0	1	0	1	0	0
	≥15 天	1	0	0	1	1	0
A10	总次数	13	17	17	21	14	10
	≤7 天	12	15	17	21	14	10
	8~14 天	1	2	0	0	0	0
	≥15 天	0	0	0	0	0	0

第 13 章　陆海统筹治理
总体成效评估

本章根据流域陆海统筹治理提出的各项目标(详见第 5 章),重点以中期 2020 年目标为导向,评估完成成效,针对不足之处查找差距,结合实际工作提出下一步流域治理建议。

13.1　治理目标指标达标评估

广西壮族自治区党委、政府坚持系统治理、源头治理、协同治理,强力推进南流江-廉州湾流域水环境综合治理工作,印发《南流江-廉州湾陆海统筹水环境综合整治规划(2016—2030)》,将南流江治理纳入 2018—2020 年自治区重大项目,明确了畜禽养殖污染治理、城乡生活污水治理、工业污染治理、农业面源污染治理、水产养殖污染治理、控磷排放、河道河岸综合治理、水环境质量监测 8 类 18 项重点任务。经过南流江-廉州湾流域水污染防治攻坚,流域在河流水质、水源地水质、廉州湾水质、污染物总量控制、城镇污水处理设施建设、垃圾收集与处理、畜禽养殖污染治理、工业污染治理、农业面源治理和廉州湾生态保护 10 个方面均有不同程度的提高(表 13-1)。

表 13-1　南流江-廉州湾陆海统筹水环境治理 2020 年指标完成情况

指标类别	指标名称	目标值	达标情况	指标性质
河流水质目标类别	六司桥	Ⅲ类	未达标(Ⅳ类)	约束性指标
	玉林市站-钦州市站断面	Ⅲ类	达标	约束性指标
	江口大桥	Ⅲ类	达标	约束性指标
	东边埇	Ⅱ类	达标	约束性指标
	亚桥	Ⅲ类	达标	约束性指标
	南域	Ⅲ类	达标	约束性指标

指标类别	指标名称	目标值	达标情况	指标性质
水源地水质目标类别	江口水库	Ⅲ类	达标	约束性指标
	大容山水库-苏烟水库	Ⅲ类	达标	约束性指标
	绿珠江	Ⅲ类	达标	约束性指标
	南流江总江口饮用水水源保护区	Ⅲ类	达标	约束性指标
	小江水源地	Ⅲ类	达标	约束性指标
廉州湾水质目标类别	GX015	Ⅱ类	达标	约束性指标
	GX020	Ⅱ类	达标	约束性指标
	GX025	Ⅱ类	达标	约束性指标
	GX026	Ⅱ类	达标	约束性指标
污染物总量控制目标	$COD_{Cr}(t/a)$	144 924	达标	参考性指标
	$NH_3-N(t/a)$	6 650	达标	参考性指标
	$TN(t/a)$	15 487	达标	参考性指标
	$TP(t/a)$	2 706	达标	参考性指标
城镇污水处理设施建设	地级市市辖区城市污水处理率	95%	达标	约束性指标
	县和县级市驻地城市污水处理率	85%	达标	约束性指标
	重点乡镇驻地污水收集处理率	40%	达标	约束性指标
	县级以上污水处理厂出水浓度	一级 A	达标	约束性指标
垃圾收集与处理	垃圾无害化处理率	95%	达标	约束性指标
畜禽养殖污染治理	畜禽规模养殖场(小区)粪污综合利用率	90%	达标	约束性指标
工业污染治理	工业污染源达标排放率	95%	达标	约束性指标
农业面源治理	测土配方施肥技术推广覆盖率	90%	达标	参考性指标
	主要农作物化肥利用率	40%	达标	参考性指标
	农作物病虫害统防统治覆盖率	40%	达标	参考性指标
廉州湾生态保护	廉州湾大陆自然岸线保有率	40%	达标	参考性指标
	廉州湾港口生活污水收集和处理率	90%	达标	约束性指标
	船舶油污水收集和处理率	100%	达标	约束性指标

13.1.1 河流水环境总体达标

针对南流江流域水质目标，共设有 6 个区控断面(六司桥、横塘、江口大桥、东边埇、亚桥、南域)，将其中北海市亚桥、南域断面，钦州市东边埇断面，玉林市横塘断面 4 个断面纳入国考"水十条"考核。2018—2020 年流域断面水质达标率分别为 33.3%、50% 和 83.3%，水质达标率逐年提升。

2020 年，横塘断面(Ⅲ类)、亚桥断面(Ⅲ类)、南域断面(Ⅲ类)、东边埇断面(Ⅱ类)水质均达到或优于国家考核目标要求(表 13-2)。其中，横塘断面与 2019 年同期相比提升一个类别，主要污染物氨氮浓度同比下降 69.7%，总磷浓度同比下降45.2%。但同时 2020 年仍有 1 个区控断面(六司桥)未达到年度Ⅲ类水质的目标，主要污染物为总磷超标。

表 13-2　南流江流域水质达标情况

位置	站名	2018 年	2019 年	2020 年	2020 年目标	是否达标	主要污染指标
玉林市	六司桥	Ⅴ类	Ⅳ类	Ⅳ类	Ⅲ类	否	总磷(0.04)
	玉林市站-钦州市站断面(横塘)	Ⅳ类	Ⅳ类	Ⅲ类	Ⅲ类	是	
北海市	江口大桥	劣Ⅴ类	Ⅳ类	Ⅲ类	Ⅲ类	是	
	东边埇	Ⅱ类	Ⅱ类	Ⅱ类	Ⅱ类	是	
	亚桥	Ⅲ类	Ⅲ类	Ⅲ类	Ⅲ类	是	
	南域	Ⅳ类	Ⅲ类	Ⅲ类	Ⅲ类	是	

13.1.2　饮用水源地水质达到要求

南流江流域三市建成区共分布 5 个地表水集中式饮用水水源地(江口水库、大容山水库-苏烟水库、绿珠江、南流江总江口饮用水水源保护区、小江水源地)，2020 年均为Ⅲ类，水质达到或优于Ⅲ类比例为 100%，县级集中式饮用水水源水质达到或优于Ⅲ类比例总体达到 90%以上。总体达到流域设定目标(表 13-3)。

表 13-3　南流江饮用水源地水质达标情况

地级市	水源地类型	所在县(区、市)	水源地名称	2020 年水质	2020 年目标
玉林市	设区市集中式饮用水水源地	玉林市	江口水库	Ⅲ类	达到或优于Ⅲ类
			大容山水库-苏烟水库	Ⅲ类	达到或优于Ⅲ类
		博白县	绿珠江	Ⅲ类	达到或优于Ⅲ类
北海市	县级城市集中式饮用水水源考核	合浦县	南流江总江口饮用水水源保护区	Ⅲ类	达到或优于Ⅲ类
钦州市	县级以上集中式饮用水水源考核	浦北县	小江水源地	Ⅲ类	达到或优于Ⅲ类

13.1.3　近岸海域水环境质量稳中向好

在廉州湾流域布设近岸海域环境质量水质点位共 4 个，2018—2020 年优良点位比例(一类、二类点位比例)分别为 75%、75% 和 100%，从 2020 年起全部达到考核目标要求，总体上呈稳中向好趋势，内河基本消除黑臭水体，总体达到目标要求(表 13-4)。

表 13-4　廉州湾水质目标达标情况

站位	纬度	经度	近岸海域环境功能区	2018 年	2019 年	2020 年	2020 年目标
GX015	21.535 0°N	109.029 0°E	二类	四类	一类	一类	二类
GX020	21.528 0°N	108.921 0°E	二类	一类	二类	一类	二类
GX025	21.493 2°N	109.086 0°E	四类	二类	四类	一类	二类
GX026	21.465 8°N	109.049 0°E	四类	一类	一类	二类	二类

13.1.4　流域环境治理工作总体成效显著

生活污染治理方面：截至 2020 年，流域地级市市辖区城市污水处理率达到 95%，县和县级市驻地城市污水处理率达到 85%，重点乡镇驻地完成污水处理厂建设，61 个镇级污水处理厂全部建成并投入运行，实现全覆盖，污水收集处理率达到 40%；流域内现有城市污水处理厂全部完成技术改造，流域内 5 个县级以上污水处理厂已完成一级 A 排放标准提标改造；建成农村污水处理设施 568 套；建成生态湿地 68 套。垃圾无害化处理率达到 95%。

畜禽养殖污染整治方面：截至 2020 年，畜禽规模养殖场(小区)粪污综合利用率达 90% 目标要求。玉林市推广"益生菌-低架网床-异位发酵粪肥利用"等生态养殖模式，生态养殖场达到 1 559 家，现代畜禽规模养殖场生态养殖认证率达 95%；完成粪污处理设施装备配套 3 166 家，配套率达 98.22%；畜禽粪污综合利用率达 93.05%。北海市累计完成 98 家畜禽养殖户的搬迁和整治，推广"微生物+生态养殖"模式，认证生态养殖场共 141 家；全市畜禽粪污综合利用率达 85.65%，规模化畜禽养殖场设施装备配套率达 100%。钦州市全市规模化畜禽养殖场设施装备配套率达 92.69%，畜禽粪污综合利用率达 89.3%，认证生态养殖场 510 家。

工业污染治理方面：截至 2020 年，流域内 11 个工业园区污水处理设施正常运行，尾水达标排放，所有的工业园区必须建成污水集中处理设施并投入运行，工业污染源达标排放率达到 95% 以上。

农业面源治理方面：2020 年，测土配方施肥技术推广覆盖率达 90% 以上，主要农作物化肥利用率提高到 40% 以上，农作物病虫害统防统治覆盖率达到 40% 以上。

流域生态治理方面：2020 年，廉州湾大陆自然岸线保有率不低于 40%；廉州湾港口生活污水收集和处理率达到 90%，船舶油污水收集和处理率达到 100%。

13.1.5 管理机制建设进一步完善

截至 2020 年，流域内各市全面完成污染源排污许可证的发放工作。建立北海、钦州、玉林三市畜禽养殖污染治理部门联动机制。建立南流江-廉州湾水环境保护目标考核机制。将规划中的任务措施细化分解到三市的县、市、区政府，确定和落实年度目标和任务，并将规划落实情况进行年度考核作为对领导班子和领导干部综合考核评价和生态补偿相关资金分配的参考依据。流域内水环境质量和企业污染物排放量信息公开进一步完善，各地级市通过政府网站定期公布流域内主要水质监测断面的水质状况，以及固定源排污许可证审批和实施情况。

13.2 陆海统筹治理总体成效

13.2.1 南流江-廉州湾陆海统筹治理中期目标的实现情况

结合南流江-廉州湾 10 个方面指标达标情况，南流江流域水质达标率不断提升。国家考核断面横塘断面水质从 2018 年年初的劣 V 类提升至 2019 年 12 月的 III 类，水质提升三个类别，54 个支流断面全部消除劣 V 类，廉州湾 2020 年水质全部达到二类水质，南流江-廉州湾污染防治攻坚战明显见效，各方面治理成效显著。2020 年，南流江-廉州湾流域主要污染物排放量得到有效控制，水质有所改善，达标率进一步提高，城市黑臭水体基本消除，饮用水安全保障水平持续提升；廉州湾水质总体保持稳定，生态系统健康恶化趋势得到遏制，规划区域环境监管能力、环境风险防范和应急处置能力明显提高，流域海域协同治理、污染防治攻坚战见成效。

13.2.2 南流江-廉州湾陆海统筹治理对广西等区域生态环境治理的社会效益

南流江-廉州湾陆海统筹治理是广西首个较大流域陆海统筹治理案例，其成效说明陆海统筹的理念应用于河流-海湾流域的生态环境综合治理具有典型性和推广性。在南流江-廉州湾流域治理之后，系统治理方法还应用于西门江-廉州湾、钦江-钦州湾等流域，并逐步广泛应用于北部湾地区，应用后对改善生态环境、消除环境风险、腾出环境容量等方面产生了显著的社会效益。

1) 改善生态环境，提升居民幸福感

"十三五"时期前，广西南流江等河流及多处重点海湾水质较差或不稳定，如南流江常年超标，钦州湾(茅尾海)长期保持劣Ⅳ类水质，廉州湾水质极不稳定、富营养化指数较高(图 13-1)。应用陆海统筹流域-海域综合系统治理后，降低流域排污总量，消除劣Ⅴ类黑臭水体，加强河道、近岸海域生态修复，极大促进了广西水生态环境稳中有升的优良态势，提升流域沿河沿海居民居住幸福度。

2) 消除环境风险，保障安全感

2014 年冬至 2017 年春，广西北部湾棕囊藻赤潮经常暴发，不仅影响北部湾渔业、旅游业发展等，而且严重影响沿岸人民的生产生活，造成大量经济损失，并且对附近核电设施造成严重威胁。2018 年实施陆海统筹系统治理后，重点流域-海域水质明显改善，富营养化指数显著降低，有效解决了廉州湾等河口海湾富营养化的问题，北部湾近岸海域球形棕囊藻、夜光藻等赤潮发生频次大幅减少，规模也大幅降低，从根本上消除赤潮、绿潮等生态灾害发生的土壤，有效保护了北部湾沿岸的经济发展和核电安全。

3) 腾出环境容量，支撑经济发展

北部湾向海经济重点工业布局的钦州港、防城港、北海港等均位于富营养化较重的河口海湾附近，氮磷超标使得这些港口附近海域没有容量，制约了发展。通过技术成果的应用，北部湾水质明显改善，廉州湾水质由 2019 年劣Ⅳ类改善至稳定的Ⅰ类，污染物浓度的下降，为港口工业腾出环境容量，支撑世纪工程"平陆运河"等北部湾经济带重大产业布局和向海经济的高质量发展。北部湾经济区的生产总值从 2009 年的 3 481 亿元增长到 2022 年的 9 778 亿元,在承受巨大压力的情况下,生态环境质量不降反升,优良的生态环境支撑了向海经济高质量发展。

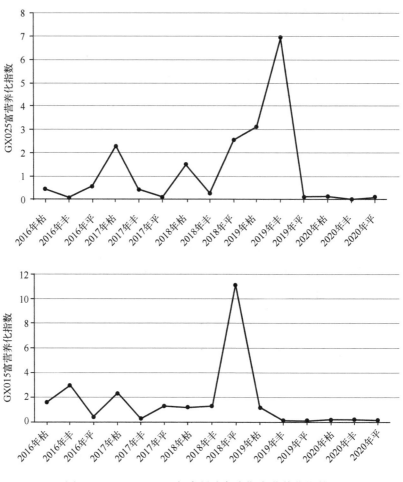

图 13-1　2016—2020 年廉州湾各水期富营养化指数

13.2.3　南流江-廉州湾协同治理的示范效益

陆海统筹治理方法在环境管理上具有示范性效益,可推广到流域海域的各项环境保护方案、规划和各项污染防治工作,提高精准治理。

近年来,应用陆海统筹治理方法,在广西层面印发实施了南流江-廉州湾陆海统筹水环境综合整治规划等十多项污染防治规划、方案,在沿海三市(北海市、防城港市和钦州市)印发了三市"十四五"海洋生态环境保护规划、粤桂两省(区)九洲江流域水污染防治规划等约 30 项污染防治规划,在广西区外印发了《大辽河控制单元水质目标管理技术方案》《鄱阳湖入湖 TP 总量控制方案》等，以最终海域水质目标为导向，抓住入海河流环境问题，提升了广西和沿海地区的环境问题诊断、污染来源解析技术等污染防治能力，极大地提升了科学性和精准性。

本陆海统筹治理方法成果同时广泛应用于广西和国内各重点海湾和重点流域污染防治工作，通过对水质较差的南流江、西门江、钦江等流域和常年超标的茅尾海、廉州湾等海域的污染来源开展陆海统筹监测与溯源、陆海统筹精准管理与治理研究，有针对性地提出各流域海域因地制宜的污染防治工程清单以及环境保护治理措施，并利用污染物陆海统筹精准治理的产业化应用成果，开展流域海域黑臭水体修复、流域村镇污水处理、沿海工业园区和工业企业污水处理、生态修复等工程，有效改善北部湾区域水质状况。

"十三五"末期，广西近岸海域水质优于国家考核要求，并维持全国前三；广西长期保持劣四类的茅尾海海域近十年首次消除劣四类，主要污染物无机氮和活性磷酸盐浓度分别下降 41.6 个和 38.4 个百分点；重点海湾防城港湾从劣四类水质提升到二类以上的优良水质，活性磷酸盐和无机氮分别下降了 74.3 个和 43.5 个百分点；重点海湾廉州湾从劣四类至四类水质稳定达到二类优良水质；重点入海河流西门江和钦江西（大榄河）从劣五类提升至四类水质，白沙河消除了劣五类并提升至三类水质，南流江和钦江东断面从四类至五类改善到稳定三类，入海跨境河流九洲江从劣五类改善到稳定三类，保障粤桂交界河流的水质稳定。成果支撑广西入海流域和近岸海域海洋生态环境稳中有升的优良态势，实现"水十条"国考断面水质优良比例三连升，国家地表水考核断面水质优良比例实现 100%，排名全国第一，全国城市前 30 名中广西有 9 个市入围，保持全国第一，不断擦亮"山清水秀生态美"的金字招牌，在实现广西高质量发展、打造向海经济新一极产生了显著的社会效益。

13.3　治理仍存在的问题

南流江-廉州湾污染防治攻坚战各方面治理总体成果显著，流域治理总体达到 2020 年目标要求，但是在水质稳定达标、环境治理工作上还存在一些问题，流域治理工作仍然需要进一步发力。

1）流域水质部分未达标、不稳定达标

南流江流域自 2018 年实施综合治理后，干流水质达标率逐年上升，2020 年南流江 6 个区控考核断面达标率为 83.3%，其中上游六司桥未达标，为Ⅳ类水质，超标指标为总磷。同时部分支流水质不稳定。如博白县小白江、合浦县石康镇支流年均水质仍未消除劣Ⅴ类。这说明流域内河流水质虽然总体改善，但仍然未能稳定达标，干流和支流局部污染均未能消除。这和周边工业废水、生活污水和农业面源污染物的排放有关，局部污染治理工作仍需加强。

南流江作为廉州湾的重要纳入河流，其水质状况直接关系到廉州湾的水质。廉州湾虽然年均水质总体逐步提高，但是各水期中水质不稳定，2019 年夏季存在超Ⅱ类现象，并仍暴发藻类异常增殖现象。

2) 工作落实仍存在问题

在整个流域系统治理工作中，部分重点任务成效欠佳，推进稍显落后。主要原因如下。

一是畜禽养殖污染治理遇瓶颈。流域内畜禽养殖仍以小散养为主，小散养殖场污染防治配套设施不足，粪污资源化利用途径有限，粪污综合利用率低。流域养殖污染物总磷占流域总量的 48.8%，氨氮占流域总量的 27.6%，是首要污染源。玉林市为传统生猪养殖大市，南流江流域规模养殖场、规模以下养殖户及小散养户数量多，存栏 11 头以上生猪的养殖户达 10 000 户以上，年存栏量 230 余万头，其中小散养户的生猪存栏量约 77 万头，占 33.5%。长期以来，流域内群众以养猪为生计和增收手段，小散养户"遍地开花"，普遍直排，导致流域养殖污染呈现面源污染特征，治理难度非常大。虽然在开展综合治理期间推广生态高架床养殖，依靠人力督导对小散养户养殖废水外排进行监督检查，但是还需继续寻找养殖农户适用的养殖方法。

二是流域乡镇级污水处理厂仍有部分未能有效运行。乡镇居民居住分散，在乡镇中布设污水管网难度大、资金多，因此乡镇污水厂普遍存在管网不完善、雨污不分流现象，导致管网覆盖率低，污水收集率偏低，尚有大量生活污水未经处理直排南流江。

三是资金使用和筹集进展不足。玉林市 2018—2020 年获南流江治理中央资金 8 200 万元，截至 2019 年，资金执行率仅为 65.78%，2020 年仅为 0.55%。根据《南流江-廉州湾水体污染防治总体实施方案》，南流江流域环境综合整治估算总资金约 69 亿元，资金缺口较大，对地方筹集压力增加，同时部分县(区、市)政府仍存在"等靠要"思想，影响部分项目推进，尤其对养殖清拆、生态改造、乡镇污水厂建设、工业园区污水处理厂建设等方面工作推进力度不足。

3) 环保监测、执法、监管等能力仍不足

环境监测是环境管理的基础支撑，环保执法是保障环保政策有效实施的重要手段。然而，在广西地区，环境监测和执法队伍的水平参差不齐，监测设备落后，流域中多个县级缺乏监测力量；执法力度和效果也不尽如人意。这些问题导致了对环境污染的监测不够全面、及时，难以准确反映环境状况，一些违法排污行为（如畜禽养殖污水直排等）得不到及时有效的制止和处罚，导致部分区域环境污染问题屡屡存在。同时整个流域的环保监管体系尚不完善，存在监管空白区域。应加大对环保监测、执法、监管等方面的投入，提高相关人员的专业素质和技能水平。同时，要建立健全环保监管体系，明确各级政府的环保责任，形成齐抓共管的良好局面。

4) 陆海统筹机制仍需进一步完善

南流江-廉州湾综合治理项目，作为广西首个较大流域的陆海统筹治理案例，标志着广西在陆海环境治理方面迈出了坚实的步伐。此项目不仅是对陆海统筹机制和实行机制的首次综合尝试，更是广西对海洋生态文明建设作出的积极贡献。南流江-廉州湾综合治理项目涉及流域自治区、市、县、镇、村五级联动，初步构建了多部门联动的治理框架。但在陆海环境治理的衔接上仍存在一定的不足，多部门整合各方资源、形成合力方面仍然较薄弱，跨区域、跨部门的协作和沟通合力亟须加强，联动机制仍需进一步完善。

13.4　中远期统筹治理目标

到 2020 年，南流江-廉州湾流域主要污染物排放量得到有效控制，水质有所改善，达标率进一步提高，城市黑臭水体基本消除，饮用水安全保障水平持续提升；廉州湾水质总体保持稳定，生态系统健康恶化趋势得到遏制，规划区域环境监管能力、环境风险防范和应急处置能力明显提高。

到 2030 年，南流江流域和廉州湾海域受损水生态系统功能初步恢复，水生态环境质量整体有明显改善，河流和海域水质全面稳定达到功能区要求。

13.4.1 水质目标

按照水环境质量"只能更好、不能变坏"的原则，南流江流域范围内北海市、钦州市、玉林市的生态效益目标为6个区控断面年平均水质全部达到Ⅲ类（表13-5）。

表13-5 南流江流域水质目标

位置	站名	2015年水质	2020年目标	2030年目标	备注
玉林市	六司桥	四类	三类	三类	
	玉林市站-钦州市站断面	四类	三类	三类	玉林与钦州交界断面
北海市	江口大桥	四类	三类	三类	钦州与北海交界断面
	东边埇	二类	二类	二类	
	亚桥	三类	三类	三类	
	南域	三类	三类	三类	

注：① 指标五日生化需氧量、高锰酸盐指数、化学需氧量、氨氮、溶解氧、总磷、挥发酚、硫化物、氰化物、氟化物、石油类、粪大肠菌群、阴离子表面活性剂、汞、镉、六价铬、砷、铅、锌、铜、硒，评价标准为《地表水环境质量标准》（GB 3838—2002）；② 2020年目标为年平均水质类别达标，2030年目标为稳定达标，即最差月水质类别也达标。

城市建成区地表水型集中式饮用水水源水质达到或优于Ⅲ类比例为100%（除禾塘、龙潭水质保持不退化外），县级集中式饮用水水源水质达到或优于Ⅲ类比例总体达到90%以上（表13-6）。

表13-6 南流江流域饮用水源地水质目标

地级市	水源地类型	所在市、县（区）	水源地名称	水质类别（要求）
玉林市	设区市集中式饮用水水源地	玉林市	江口水库	达到或优于Ⅲ类
			大容山水库-苏烟水库	达到或优于Ⅲ类
		博白县	绿珠江	达到或优于Ⅲ类
北海市	县级城市集中式饮用水水源考核	合浦县	南流江总江口饮用水水源保护区	达到或优于Ⅲ类
钦州市	县级以上集中式饮用水水源考核	浦北县	小江水源地	达到或优于Ⅲ类

按照水质不退化的原则，廉州湾4个国控站位的水质目标见表13-7。到2019年，流域内城市建成区内河（含内港）黑臭水体基本消除。

表13-7 廉州湾水质目标

站位	纬度	经度	近岸海域环境功能区	2014年水质	2020年目标	2030年目标
GX015	21.535 0°N	109.029 0°E	二类	劣四类	二类	二类

站位	纬度	经度	近岸海域环境功能区	2014 年水质	2020 年目标	2030 年目标
GX020	21.528 0°N	108.921 0°E	二类	三类	二类	一类
GX025	21.493 2°N	109.086 0°E	四类	二类	二类	二类
GX026	21.465 8°N	109.049 0°E	四类	二类	二类	一类

注：① 考核的指标为《海水水质标准（GB 3097—1997）》表 1 中的指标，评价标准为该标准；② 2020 年目标为年平均水质类别达标，2030 年目标为稳定达标，即最差月水质类别也达标。

13.4.2　环境治理目标

按照分步走的原则，以实现南流江流域和廉州湾 2020 年和 2030 年水质目标为依据，提出南流江-廉州湾流域污染物总量控制目标（表 13-8）。

表 13-8　南流江-廉州湾流域污染物总量控制目标（单位：t/a）

类别		2020 年				2030 年			
		COD_{Cr}	NH_3-N	TN	TP	COD_{Cr}	NH_3-N	TN	TP
城镇生活和工业源	控制目标	22 473	1 711	3 245	254	22 473	1 280	2 745	221
	削减比例(%)	17	47	41	45	17	60	51	52
农业源	控制目标	122 451	4 940	12 242	2 452	103 889	4 124	6 192	905
	削减比例(%)	29	24	29	30	40	37	64	74
合计	控制目标	144 924	6 650	15 487	2 706	126 363	5 403	8 937	1 126
	削减比例(%)	27	32	32	32	37	44	61	72

注：表中的削减比例为相对 2015 年排放量的削减比例。

到 2020 年，流域内 COD_{Cr}、NH_3-N、TN 和 TP 分别控制在 144 924 t/a、6 650 t/a、15 487 t/a 和 2 706 t/a，在 2015 年排放量的基础上分别削减 27%、32%、32% 和 32%。其中，城镇生活和工业源 COD_{Cr}、NH_3-N、TN 和 TP 分别控制在 22 473 t/a、1 711 t/a、3 245 t/a 和 254 t/a，在 2015 年排放量的基础上分别削减 17%、47%、41% 和 45%；农业源 COD_{Cr}、NH_3-N、TN 和 TP 分别控制在 122 451 t/a、4 940 t/a、12 242 t/a 和 2 452 t/a，在 2015 年排放量的基础上分别削减 29%、24%、29% 和 30%。

到 2030 年，流域内 COD_{Cr}、NH_3-N、TN 和 TP 分别控制在 126 363 t/a、5 403 t/a、8 937 t/a 和 1 126 t/a，在 2015 年排放量的基础上分别削减 37%、44%、

61%和72%。其中，城镇生活和工业源 COD$_{Cr}$、NH$_3$-N、TN 和 TP 分别控制在 22 473 t/a、1 280 t/a、2 745 t/a 和 221 t/a，在 2015 年排放量的基础上分别削减 17%、60%、51% 和 52%；农业源 COD$_{Cr}$、NH$_3$-N、TN 和 TP 分别控制在 103 889 t/a、4 124 t/a、6 192 t/a 和 905 t/a，在 2015 年排放量的基础上分别削减 40%、37%、64% 和 74%。

13.4.3 管理效力目标

到 2020 年，地级市市辖区城市污水处理率达到 95%，县和县级市驻地城市污水处理率达到 85%，重点乡镇驻地完成污水处理厂建设，污水收集处理率达到 40%，流域内现有城市污水处理厂应完成技术改造，2018 年年底前，县级以上污水处理厂达到一级 A 类排放标准。到 2020 年，垃圾无害化处理率达到 95%。到 2030 年，地级市市辖区城市污水处理率达到 100%，县和县级市驻地城市污水处理率达到 90%，重点乡镇驻地污水收集处理率达到 60%。

到 2017 年年底，南流江-廉州湾流域禁养区的地理标注工作完成率达 100%；2018 年年底前禁养区内畜禽规模养殖场(小区)的关闭或拆迁率达 100%；到 2020 年，畜禽规模养殖场(小区)粪污综合利用率达 90%。到 2030 年，畜禽规模养殖场(小区)粪污综合利用率达 100%。

全面取缔"十小"企业，专项整治"十大"重点行业。到 2020 年，所有的工业园区必须建成污水集中处理设施并投入运行，工业污染源达标排放率达到 95% 以上。到 2030 年，工业污染源达标排放率达 100%。

测土配方施肥技术推广覆盖率达 90% 以上，主要农作物化肥利用率提高到 40% 以上，农作物病虫害统防统治覆盖率达 40% 以上。

到 2020 年，廉州湾大陆自然岸线保有率不低于 40%；廉州湾港口生活污水收集和处理率达 90%，船舶油污水收集和处理率达 100%。到 2030 年，廉州湾港口生活污水收集和处理率达 100%。

1) 管理机制建设

2017 年年底前，全面完成污染源排污许可证的发放工作。以改善水质、防范环境风险为目标，将污染物排放种类、浓度、总量、排放去向等纳入许可证管理范围。禁止无证排污或不按许可证规定排污。

建立北海、钦州、玉林三市畜禽养殖污染治理部门联动机制。各市、县的发展和改革委、环保、农牧、国土、工商等部门建立和完善畜禽养殖项目审批、用地许可、信息资源共享、污染信息通报、项目申报等信息共享机制。

2016 年年底前，建立健全南流江流域跨界断面联合监测机制，建立和完善玉林市、钦州市和北海市水污染联防联控协作机制。

建立南流江-廉州湾水环境保护目标考核机制。将规划中的任务措施细化分解到三市的县、市、区政府，确定和落实年度目标和任务，并对规划落实情况进行年度考核，作为对领导班子和领导干部综合考核评价和生态补偿相关资金分配的参考依据。

2）信息公开与公众参与

进一步完善 12369 热线电话，建立健全环境违法案件网络举报机制，并派专人负责。完善流域内水环境质量和企业污染物排放量信息公开，各地级市通过政府网站如实公布流域内主要水质监测断面的水质状况，以及固定源排污许可证审批和实施情况。在玉林、钦州和北海各中小学开展环保教育，中小学生环保活动参与率达 100%。

13.4.4　治理绩效指标

表 13-9 是南流江-廉州湾陆海统筹水环境综合整治规划指标。

表 13-9　南流江-廉州湾陆海统筹水环境综合整治规划指标

指标类别	站位/指标名称	2030 年目标值	指标性质
河流水质目标类别	六司桥	三类	约束性指标
	玉林市站-钦州市站断面	三类	约束性指标
	江口大桥	三类	约束性指标
	东边埇	二类	约束性指标
	亚桥	三类	约束性指标
	南域	三类	约束性指标
水源地水质目标类别	江口水库	三类	约束性指标
	大容山水库-苏烟水库	三类	约束性指标
	绿珠江	三类	约束性指标
	南流江总江口饮用水水源保护区	三类	约束性指标
	小江水源地	三类	约束性指标

指标类别	站位/指标名称	2030 年目标值	指标性质
廉州湾水质目标类别	GX015	二类	约束性指标
	GX020	一类	约束性指标
	GX025	二类	约束性指标
	GX026	一类	约束性指标
污染物总量控制目标	$COD_{Cr}(t/a)$	126 363	参考性指标
	$NH_3-N(t/a)$	5 403	参考性指标
	$TN(t/a)$	8 937	参考性指标
	$TP(t/a)$	1 126	参考性指标
城镇污水处理设施建设	地级市市辖区城市污水处理率	100%	约束性指标
	县和县级市驻地城市污水处理率	90%	约束性指标
	重点乡镇驻地污水收集处理率	60%	约束性指标
	县级以上污水处理厂出水浓度	一级 A	约束性指标
垃圾收集与处理	垃圾无害化处理率	95%	约束性指标
畜禽养殖污染治理	畜禽规模养殖场(小区)粪污综合利用率	100%	约束性指标
工业污染治理	工业污染源达标排放率	100%	约束性指标
农业面源治理	测土配方施肥技术推广覆盖率	90%	参考性指标
	主要农作物化肥利用率	40%	参考性指标
	农作物病虫害统防统治覆盖率	40%	参考性指标
廉州湾生态保护	廉州湾大陆自然岸线保有率	40%	参考性指标
	廉州湾港口生活污水收集和处理率	100%	约束性指标
	船舶油污水收集和处理率	100%	约束性指标

13.5 下一步统筹治理建议

针对目前在综合治理上出现的问题和挑战，为了推动工作的顺利开展和取得更好的成效，下一步要继续加强组织领导、强化责任担当、加强监督检查，确保各项任务得到有效落实并取得预期成效，流域生态环境得到最终稳定改善和提高。

1)进一步压实流域各级政府责任

一是严格落实生态环境保护"党政同责""一岗双责"制度，切实把水污染防治工作职责扛在肩上，把防治任务抓在手上，层层明确责任、传导压力，确保治理工作落实到位。

二是充分发挥市县级河长统筹协调作用，同时对于海湾探索"湾长制"，加强流域治理工作督查、督办和跟踪指导。

三是加大地方财政投入，探索建立融资平台，为流域治理拓宽资金渠道，为南流江流域水环境综合治理筹集更多资金，争取银行信贷资金，通过运用公私合营模式，引入财政与社会资本共建，加大对流域重点项目建设的资金支持。

2）持续推进流域重点工作任务

一是加强畜禽养殖污染治理。全面推进畜禽粪污资源化利用，整县推进项目实施，流域内畜牧大县全面完成国家下达的任务，畜禽规模养殖场配套建设畜禽粪污全量化处理利用设备设施，小散养殖户得到畜禽粪污综合利用第三方服务机构服务，建立畜禽粪污综合利用长效机制。加大畜禽养殖禁养区、限养区监管力度，推行生态养殖，实现源头减量。进一步加强畜禽存量粪污监管和治理工作，确保养殖废弃物得到有效处理。

二是加强城乡生活污水治理。推进市、县、镇级污水处理厂管网建设，提高城镇生活污水处理效能；推进流域内重点镇级污水处理厂提标改造、扩容改造工作，以提高镇级污水处理厂处理能力。加强污水处理厂运行和在线监控管理工作，确保污水处理厂稳定运行，自动监测设备与生态环境主管部门监控设备联网，实现数据实时监控。加强对工业企业、市政、农业农村等入河排污口的监管，不定期开展监测，对不达标的排污口要开展整治。加快推进流域农村生活污水治理，提高农村生活污水处理率。加强已建成的农村生活污水处理设施监督管理，确保污水处理设施正常运行。扎实推进农村生活污水治理，因地制宜开展农村生活污水试点工程。

三是强化工业污染治理。加大流域内工业园区污水处理设施监管力度，保证流域内工业园区污水处理设施正常运行，废水达标排放。定期开展涉水污染企业专项整治工作，全面加大对涉水环境违法行为打击力度，依法查处违法违规企业，切实解决涉水环境污染突出问题。

四是加强农业面源污染治理。流域内主要农作物化肥、农药使用量实现零增长，发展节水农业，加强节水灌溉工程建设和节水改造，推广水肥一体化等节水技术，推广农业清洁生产和循环农业技术模式，鼓励农民增施有机肥和秸秆还田，推进生态农业建设。

五是推进水产养殖污染治理。加强水产养殖禁养区监督管理，开展养殖水域滩涂环境治理，加大执法力度，依法清理违法违规的养殖设施，严厉打击非法养殖行为，推广生态健康养殖。

六是加强控磷排放。落实控磷措施，加大控磷宣传力度，提高有机肥施用率，减少化肥施用比例，引导居民使用无磷洗衣粉、无磷洗涤剂，严控水洗企业在生产过程中使用有磷产品。

七是加强河道河岸综合治理。加大非法采砂打击力度，加强南流江干支流河道、河岸垃圾清理和日常保洁，保持河道畅通、河面清洁、河岸干净。

八是加强水环境质量监测。每月对南流江干支流开展水质监测，跟踪南流江干支流水质状况，为开展流域水污染治理提供技术支撑。加快水质自动监测站建设，提高运行管理水平，实现监测数据实时获取。

3) 加强技术帮扶和指导服务

一是自治区各有关部门根据自身职能，进一步加大对南流江流域水环境综合整治工作支持，加大资金支持，继续在政策方面给予适当倾斜。

二是加强对流域各市县的技术帮扶，指导地方开展畜禽养殖污染治理、生活污染治理、工业污染治理及项目储备、项目管理等工作，实施精准治污。

三是针对重点支流持续推进制定"一河一策"。各县(区、市)政府要重点排查重点支流(北流市白鸠江，玉州区仁东河，兴业县车陂江，福绵区定川江、沙田河，陆川县米马河，博白县东平河、水鸣河、清湖江等)的污染源，按照"一河一策"要求，分别编制综合治理方案，明确具体治理任务、完成时间节点、责任人、责任单位、督办部门。

4) 加强流域内生态系统保护与修复

南流江-廉州湾流域生物多样性丰富，同时涵盖森林、河口海湾、红树林等典型生态系统。因此，在流域综合治理的后期阶段，需要采取更加有力的措施，加强生态环境的治理和修复。

一是加强生态系统恢复。要严格控制污染源，降低污染物排放量，以减轻对生态环境的压力。着重推进生态修复工程，恢复受损生态系统的功能，保护珍稀濒危物种，维护生物多样性。此外，加强公众教育，提升公众的环保意识，形成全社会共同参与生态环境保护的良好氛围。

二是关注流域内生态系统的整体性和关联性。南流江-廉州湾流域的各个生态系统之间存在着千丝万缕的联系，任何一个生态系统的破坏，都可能对整个流域的生态环境造成深远的影响。因此，在进行生态治理时，应坚持整体性原则，注重生态系统之间的相互关系，实现全流域的综合治理和可持续发展。

三是强化利用现代科技手段，提高生态治理的效率和效果。例如，利用遥感、地理信息系统等技术手段，对流域生态环境进行实时监测和评估；利用大数据、云计算等技术手段，对生态环境数据进行深度挖掘和分析，为生态治理提供科学依据。

5）加强对新污染物治理的重视

南流江-廉州湾流域农业面源污染较突出，养殖和种植使用的饲料、农药、化肥等导致流域土壤、水体存在持久性有机污染物、抗生素等，然而，当前的污染防治和流域综合治理工作主要集中在常规污染物和超标污染物的治理上，对于持久性有机污染物、抗生素和微塑料等新污染物的关注相对较少。这导致一些潜在的环境风险被忽视，甚至可能加剧这些新污染物的扩散和积累，而这些污染物往往具有难以察觉的生态毒性，通过食物链的累积和放大，最终可能对人类健康造成严重影响。

随着社会和科技的进步，下一步的环境治理工作必须紧跟时代步伐，尤其在流域污染治理领域，需要站在更高的视角，拓宽治理的边界，将新污染物（微塑料、新型农药残留等）的治理纳入工作重点。不仅要关注传统的污染物，还要加强对新污染物的监管和治理，对接国际社会的热点环境问题，学习借鉴先进的治理经验和技术手段。一是加强对流域-海域面源污染的科学研究，深入了解新污染物的产生机制、扩散途径和生态风险，为制定科学的治理策略提供理论支撑。这包括开展基础研究，如新污染物的生成机理、环境行为等，以及应用研究，如开发高效的检测技术、治理技术等。二是持续推广绿色农业技术，减少化学农药、化肥的使用量，提高农业生产的可持续性。三是建立健全流域污染防治和综合治理的法律法规体系，明确各方责任和义务，形成齐抓共管的良好局面。四是加强国内外合作与交流，分享治理经验、技术和资源，形成合力，共同应对全球性的环境问题。

6）进一步推进跨部门联动的治理体系

一是加强区域间联防联控。流域-海域区域具有较强的流动性和跨区域传输特点，海洋生态环境保护通常涉及多个责任主体，需要毗邻海域内相关省份强化联防联控机制建设，建立海域、海湾内海洋环境信息，应急资源共享和重大工程项目环评会商等机制，围绕海洋生态环境保护目标，协力加强污染防治、生态保护、风险防范、灾害应急和监督管理等工作，共同保护同一片流域。

二是加强部门间协调联动。机构改革将职能相近与业务趋同的部门进行集中，以避免因职能交叉而出现重复与多头管理问题。目前，流域涉海管理部门包括生态环境部门、自然资源部门、交通运输部门等。加强海洋生态环境保护需要各职能部门各司其职、各尽其责，积极开展联合执法，共同打击污染海洋环境和破坏海洋生态的违法行为，加强联动协同应对海上环境风险以及海洋灾害等问题。在此过程中，各级政府和相关部门应进一步明确责任，优化协同机制，加强信息共享，形成更加紧密的合作关系。

三是继续提升社会参与度。鼓励公众、企业和社会组织等多元主体共同参与陆海环境治理，形成全社会共同参与的良好氛围。此外，还应注重科技创新和人才培养。通过引入先进的治理技术和手段，提高治理效率和质量。同时，加强对相关领域人才的培养和引进，为陆海环境治理提供坚实的人才支撑。

7) 协同推进美丽河湖和美丽海湾建设

一是加强河海间统筹联动。入海河流携带高负荷通量的污染物传输是近岸海域水质差的主要原因之一，为有效改善近岸海域水质，需要持续坚持"陆海统筹、以海定陆"原则，基于近岸海域水质保护和改善需求，由入海河流流域涉及地方政府共同制定入海河流水质达标及提升方案，实行系统谋划、统筹联动、一体推进、同向发力，达到进一步减少入海污染通量，改善近岸海域水质的目的。

二是构建美丽河湖海评价与考核体系。进一步强化海域与陆域相关政策体系衔接，推动流域山水林田湖草沙及海洋一体化保护和系统治理政策向海延伸，系统谋划美丽河湖及美丽海湾保护、建设与管理的配套政策体系，统筹设计流域水生态恢复与海洋生物多样性保护衔接的政策等，细化考核体系，让各项制度措施有效互动，形成联动效应，陆、海各项政策互相支撑、各就其位、各司其职，逐步构建成套政策体系，达到整合提升和系统集成目标，实现协同增效的目的。